传感器与检测技术

郭艳艳　贾鹤萍　李　倩　著

科学出版社

北京

内 容 简 介

本书将各类传感器的原理、结构、测量电路,以及应用与测试技术相结合,系统论述信息的采集、信号转换、信息处理及传输的整个过程。全书从内容上分为三部分。第一部分为传感器原理及应用,按照传感器的物理和化学效应,介绍电阻式、电感式、电容式、磁电式、压电式、光电式、热电式、新型传感器,以及智能传感器,以效应原理、转换电路、输出特性、性能参数、误差分析与补偿、应用实例为主线进行阐述;第二部分为信息检测与处理,介绍数据检测与处理方法,并引入多传感器数据融合技术;第三部分为信息传输,介绍传感器网络技术。

本书可作为测控技术与仪器、电子信息工程、光电信息工程、电气工程与自动化等专业本科生教材,也可供教师和工程技术人员参考。

图书在版编目(CIP)数据

传感器与检测技术/郭艳艳,贾鹤萍,李倩著. —北京:科学出版社,2019.2
ISBN 978-7-03-059441-9

Ⅰ.①传… Ⅱ.①郭…②贾…③李… Ⅲ.①传感器-检测 Ⅳ.①TP212

中国版本图书馆 CIP 数据核字(2018)第 253863 号

责任编辑:魏英杰 / 责任校对:郭瑞芝
责任印制:吴兆东 / 封面设计:铭轩堂

科学出版社 出版
北京东黄城根北街 16 号
邮政编码:100717
http://www.sciencep.com

北京中石油彩色印刷有限责任公司 印刷
科学出版社发行 各地新华书店经销
*
2019 年 2 月第 一 版 开本:720×1000 B5
2020 年 1 月第二次印刷 印张:21 3/4
字数:439 000
定价:130.00 元
(如有印装质量问题,我社负责调换)

前　　言

当今世界,互联网的出现为人们构建了一个逻辑上的信息世界,改变了人与人之间的交流与沟通方式。物联网作为互联网的延伸与扩展,将逻辑上的信息世界延伸至客观上的物理世界,使人与人的交流和沟通演变为人与自然界的交互。人类探知工程信息的领域和空间不断拓展,要求信息传递的速度更快、信息处理的能力更强。传感器与检测技术既是现代信息的"源头",又是信息社会赖以存在和发展的技术基础。因此,应用、研究和发展传感器与检测技术是信息时代的关键。

传感器与自动检测技术是集材料、机械、电子、信息及控制于一体的综合技术。

本书由郭艳艳、贾鹤萍和李倩共同撰写。郭艳艳撰写第2章电阻式传感器、第3章电感式传感器、第4章电容式传感器、第6章压电式传感器、第11章检测技术基础、第13章多传感器数据融合技术和第14章传感器网络技术;贾鹤萍撰写绪论、第1章传感器的基本特性、第5章磁电式传感器、第7章光电式传感器、第8章热电式传感器和第12章传感器的标定;李倩撰写第9章新型传感器和第10章智能传感器。

本书与国内外现有的相关书籍比较具有以下特色。

① 以信息的获取、转换、处理为主线,将测试技术和各类传感器的原理、结构、测量电路,以及应用有机结合起来,使读者能在有限的时间内全面掌握信息采集、信号转换、信息处理及传输的整个过程。

② 紧密跟踪和联系传感器与检测技术的最新技术进展,引入多传感器信息融合和传感器网络技术,使读者对最新的技术有所掌握和了解,开拓读者的眼界和思维。

③ 提炼检测技术领域的精髓,使读者在有限的篇幅内对测试方法和数据处理有一个全面的了解和掌握。

本书的写作和出版得到马杰教授的无私帮助,山西大学物理电子工程学院支持了本书的出版。

限于作者水平,不妥之处在所难免,恳请读者批评指正。

作　者
2018年1月

目　　录

第0章 绪 论

0.1 传感器的作用与发展

在信息化社会,没有一种科学与技术的发展及应用能够离开信息采集技术的支持。传感技术作为信息采集的最主要手段,在各个领域内得到广泛的应用。例如,一般汽车上装有几十个传感器,有的甚至可达三百多个,而飞机上传感器的数量更是多达几千个。

随着传感器种类、数量的增加及应用领域的扩展,新一代传感器正在向微型化、智能化、集成化、新材料化和网络化的方向发展。

1. 微型化

传统的大体积、弱功能型传感器已逐步被各种不同类型的高性能微型化传感器取代。微型化传感器是以微机械电子系统技术为基础,将微电子、微机械加工与封装技术结合,制造出体积小但功能强大的传感器。就当前技术发展现状来看,微型化传感器已经应用于航空、远距离探测、医疗及工业自动化等众多领域的信号探测系统。

2. 智能化

智能化传感器内装有微处理器,不但能够执行信息处理和信息存储,而且能够进行逻辑思考和结论判断,主要组成部分包括主传感器、辅助传感器和微型机的硬件设备。智能化传感器在 20 世纪 80 年代末出现,一经问世便受到科研界的普遍重视,尤其在探测器应用领域,如分布式实时探测、网络探测和多信号探测方面一直颇受欢迎,影响巨大。

3. 集成化

传感器集成化包含两方面的含义:一方面指传感器本身的集成化;另一方面指多种功能的集成化。前者是将同一类型的单个传感器元件集成为一维线型、二维阵列(面)型传感器,使传感器的检测参数由点、面到体多维化,甚至能加上时序;后者是将多种功能的传感器与放大、运算、补偿等环节集成一体化。

4. 新材料化

传感器材料是传感器技术的重要基础和前提。目前除传统的半导体材料、陶瓷材料、石英晶体材料、光导材料、超导材料,新型纳米材料、智能材料的出现有利于传感器向微型化和集成化方向发展。

5. 网络化

将多个传感器通过通信协议连接组成的传感器网络是当前国际上备受关注的研究领域。传感器网络不仅在许多传统领域具有巨大的应用价值,在新兴领域也体现出其优越性,如家居、保健、交通等。

0.2　传感器的定义与组成

0.2.1　传感器的定义

GB 7665—2005 定义传感器是能感受被测量并按照一定规律转换成可用输出信号的器件或装置,通常由敏感元件和转换元件组成。现有的很多教科书对其做了更加通俗的定义:传感器是依照一定规律以一定精确度把被测量转换为与之有确定关系的、便于应用的某种输出信号的测量装置。

无论哪种定义都包含以下几方面的内容。

① 传感器是测量装置,能完成检测任务,以测量为最终目的。例如,发电机是将机械能转换为电能的一种装置,但不是用于测量的,所以发电机仅作为发电设备时,不是传感器;利用发电机发电量的大小来测定调速系统机械转速时,发电机就是一种用于测量的传感器。

② 传感器的输入量是某一种被测量,这个被测量一般指非电量,可能是物理量,也可能是化学量、生物量等,如压力、流量、浓度、酸碱度、温度等。

③ 传感器的输出量是某种可用信号,这种信号要便于传输、转换、处理、显示等,可以是声、光、电信号。电信号是目前最易于处理和便于传输的信号,因此常将传感器技术称为非电量电测技术。随着科技的进步,可用信号的内涵也会改变。

④ 传感器输出量和输入量的转换必须遵循客观规律,同时两者之间应有确定的对应关系和一定的精确程度。

0.2.2　传感器的组成

由传感器的定义可知,传感器的核心模块是敏感元件和转换元件。传感器的一般组成如图 0.1 所示。

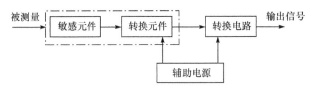

图 0.1 传感器的一般组成框图

1. 敏感元件

敏感元件是指传感器中能直接感受或响应被测量的部分。图 0.2 是某一测力传感器的结构示意图,砝码与弹簧相连,弹簧一端固定,另一端与可变电位器的电刷相连,电位器接入电路,这里的弹簧就是敏感元件,感受作用在砝码上的被测力 F。当 F 变化时,引起弹簧压缩或者伸长,即输出相应的位移量。

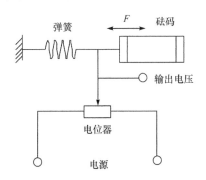

图 0.2 测力传感器结构示意图

2. 转换元件

转换元件是指传感器中能将敏感元件感受和响应的被测量转换成适于传输或测量的电信号部分。当传感器的输出为标准信号时,则称作变送器。在图 0.2 中,测力传感器通过可变电位器的电刷移动,将输入量转换成电阻的变化,因此转换元件是可变电位器。需要说明的是,大多数传感器都具有上述结构,但也有一些传感器的敏感元件能直接输出电信号,即这种敏感元件同时兼为转换元件。

3. 转换电路

由于传感器转换元件输出的电信号一般较微弱,而且存在各种误差,有些输出量难以显示、记录、处理和控制(如电阻、电感、电容等),因此需要进一步变换成可直接利用的电信号(如电压、电流信号等)。传感器中能完成这一功能的部分称为转换电路。如图 0.2 所示,将可变电位器接入电路后,可以将电阻的变化转化为电压变化,然后输出。常见的转换电路有放大器、电桥、振荡器、电荷放大器等,它们分别与相应的传感器配合。

此外,很多传感器的转换元件和转换电路需要外接辅助电源。

0.3　传感器的命名与分类

传感器的种类繁多,原理各异。据不完全统计,传感器的种类约有 2 万种,国内各类传感器产品已超过 6000 余种。这些名目繁多、性能各异的传感器产品,若不加以科学的命名,必然会妨碍传感器技术的交流与发展,也会给用户带来诸多不便。

一般来讲,对于同一种被测量,可以用多种传感器进行测量。同样,同一种传感器也可以测量多种不同类型的被测量。对传感器进行分类有助于从总体上认识和掌握传感器的原理、性能和应用。

本节简要介绍有关传感器的命名法及分类等基本知识。

0.3.1　传感器的命名

根据 GB 7666—2005 规定,一种传感器的全称应由"主题词＋四级修饰语"组成。

主题词——传感器。

一级修饰语——被测量,包括修饰被测量的定语。

二级修饰语——转换原理,一般可后续以"式"字。

三级修饰语——特征描述,指必须强调的传感器结构、性能、材料特征、敏感元件,以及其他必需的性能特性,一般可后续以"型"字。

四级修饰语——主要技术指标(如量程、精确度、灵敏度范围等)。

在有关传感器的统计表格、图书索引,以及计算机汉字处理等特殊场合,传感器名称应采用正序排列,即传感器→一级修饰语→二级修饰语→三级修饰语→四级修饰语。例如,"传感器,位移,电容式,差动,±20mm";"传感器,压力,压阻式,[单晶]硅,600kPa"。

在技术文件、产品样本、学术论文、教材及书刊的陈述句子中,传感器名称应采用反序排列,即四级修饰词→三级修饰语→二级修饰语→一级修饰语→传感器。例如,"100～160dB 差动电容式声压传感器"。

在实际应用中,可根据产品具体情况省略任何一级修饰语,例如"100mm 应变片式位移传感器"。作为商品出售时,传感器的第一级修饰语不得省略。

0.3.2 传感器的分类

传感器常用的分类方式有以下几种。

1. 按基本效应分类

传感器按基本效应可以分为物理型、化学型和生物型。

（1）物理型传感器

物理型传感器是利用某些变换元件的物理性质，以及某些功能材料的特殊物理性能制成的，又分为结构型和特征型两种。结构型传感器依赖其结构参数变化实现信息转换。例如，变极距型电容式传感器利用极板间距离的变化来实现。特征型传感器依赖其物理特性变化实现信息转换。例如，金属热电阻式传感器是利用金属导体的电阻值随温度的增加而增加这一特性实现温度的测量。

（2）化学型传感器

化学型传感器是利用电化学反应原理，把无机和有机化学的成分、浓度等转换为电信号的传感器。例如，半导体气敏传感器是依据金属半导体氧化物材料与气体相互作用时，产生表面吸附或反应，引起以载流子运动为特征的电导率、伏安特性或表面电位变化而做成的传感器。

（3）生物型传感器

生物型传感器是利用生物活性物质选择性，识别和测定生物和化学物质的传感器。例如，细胞器传感器是一种以真核生物细胞、细胞器作为识别元件的生物型传感器。

2. 按能量转换关系分类

传感器按能量转换关系可以分为能量转换型和能量控制型。

（1）能量转换型传感器

能量转换型传感器是直接将被测量的能量转换为输出量的能量，不需要外加激励源，因此也称为有源传感器或换能器，如光电式传感器、热电式传感器等。

（2）能量控制型传感器

能量控制型传感器是由外部提供传感器能量，而由被测量来控制输出的能量，需要外加激励源才有输出信号，如电阻式传感器、电感式传感器、电容式传感器等。

3. 按被测对象分类

传感器按被测对象分类，可以分为位移传感器、速度传感器、温度传感器、压力传感器等。这种分类方法明确指出了传感器的用途，便于用户选择。因为需要测量的对象几乎有无限多个，所以这种分类方法会造成传感器的名目繁多，又把原理互不相同、同一用途的传感器归为一类,很难找出各种传感器在原理上的共性与差异,不利于掌握传感器的原理与性能。

4. 按输出信号分类

传感器按输出信号可以分为模拟式和数字式。

（1）模拟式传感器

模拟式传感器将被测非电信号转换为模拟信号,其输出信号中的信息一般由信号的幅度表达,需经过 A/D 转换后才能由计算机对其进行分析、处理。

（2）数字式传感器

数字式传感器将被测非电信号转换成数字信号输出。数字信号不仅重复性好、可靠性好,而且不需要 A/D 转换,比模拟信号更容易传输,但由于敏感机理、研发历史等原因,目前实用的数字式传感器种类很少,市场上更多的是准数字式传感器。准数字式传感器输出为方波信号,其频率或占空比随被测量变化而变化,这类信号可以直接输入到微处理器中,利用微处理器中的计算器即可获得相应的测量值,准数字式传感器与数字电路具有很好的兼容性。

5. 按工作原理分类

传感器按工作原理可以分为电阻式、电感式、电容式、磁电式、压电式、光电式、热电式等。

0.4　检测技术

检测技术是利用物理、化学和生物的方法,获取被测对象的组成、状态、运动和变化的信息,通过转换和处理,使其成为人们易于识别的量化形式。检测技术属于信息科学的范畴,与计算机技术、自动控制技术和通信技术构成完整的信息技术学科。自古以来,检测技术早已渗透到人类的生产活动、科学实验和日常生活的各个方面。

随着半导体与计算机技术的发展,检测装置向小型化、固体化和智能化方向变革,广泛应用于工业控制、科学实验、家用电器、个人用品等领域。目前,检测技术的发展主要表现在以下几个方面。

① 不断提高检测系统的测量精度和量程范围、延长使用寿命、提高可靠性等。

② 应用新技术和新物理效应,扩大检测领域。

③ 采用微型计算机技术,使检测技术智能化。

④ 不断研究和发展微电子技术、微型计算机技术、现场总线技术与仪器仪表和传感器相结合的多功能融合技术,形成智能化检测系统,使测量精度、自动化水

平进一步提高。

　　⑤ 不断研究开发仿生传感器,主要是指模仿人或动物感觉器官的传感器,即视觉传感器、听觉传感器、嗅觉传感器、味觉传感器、触觉传感器等。

　　⑥ 参数测量和数据处理的高度自动化。

习　　题

　　0.1　简述传感器的地位、作用及发展方向。

　　0.2　简述传感器的定义、组成及各部分的作用。

　　0.3　简述传感器的分类。

第 1 章　传感器的基本特性

传感器的输入-输出特性(输入信号与输出信号之间的关系)是其基本特性。按照输入信号状态的不同,传感器的基本特性可以分为静态特性和动态特性两种。静态特性是指当输入量不随时间变化或者变化极其缓慢时,传感器的输入-输出特性。动态特性是指传感器对于随时间变化的输入量的响应特性。

传感器能否正确完成检测任务,主要取决于传感器的基本特性。由于传感器的内部参数各不相同,它们的静态特性和动态特性也表现出不同的特点。一个高质量的传感器,必须具有良好的静态特性和动态特性,这样才能保证信号无失真地转换。

本章主要从静态特性和动态特性的角度分析传感器的基本特性。

1.1　传感器的静态特性

1.1.1　传感器的静态数学模型

传感器的静态数学模型是输入量为静态量,即输入量对时间的各阶导数等于零时,其输出量与输入量关系的数学模型。如果不考虑迟滞和蠕变效应,传感器的静态数学模型一般可用多项式表示为

$$y = a_0 + a_1 x + a_2 x^2 + a_3 x^3 + \cdots + a_n x^n \tag{1.1}$$

其中,x 为传感器的输入量;y 为传感器的输出量;a_0 为输入量为零时的输出量,即零位输出量;a_1 为线性项的待定系数,即线性灵敏度;$a_2, a_3, \cdots, a_n$ 为非线性项的待定系数。

实际应用时,建立传感器静态数学模型的古典方法是分析法。但该方法太复杂,有时甚至难以获得,利用实际测量获得的校准数据建立数学模型是目前普遍采用的一种方法。

1.1.2　传感器的静态特性指标

用于描述传感器静态特性的主要指标有线性度、迟滞、重复性、灵敏度与灵敏度误差、分辨率与阈值、稳定性、温度稳定性、多种抗干扰能力、静态误差等。

1. 线性度

线性度是指传感器输出与输入之间的线性程度,是衡量传感器输出量与输入量之间能否保持理想线性特性的一种度量,也称为非线性误差。

输出与输入关系可以分为线性特性和非线性特性。在实际使用中,为了标定和数据处理的方便,希望输出与输入之间具有线性关系,但实际遇到的传感器大多为非线性。因此,需要引入各种非线性补偿环节,如采用非线性补偿电路或计算机软件进行线性化处理,使传感器的输出与输入关系为线性或接近线性。如果传感器的非线性阶次不高,输入量变化范围较小,可用一条直线近似代表实际曲线的一段,使传感器输入-输出特性线性化,所采用的直线称为拟合直线。

传感器的线性度通常用相对误差 γ_L 表示,即在全量程范围内,测量所得的校准曲线与拟合直线之间的最大偏差值与满量程输出值之比,即

$$\gamma_L = \pm \frac{\Delta L_{max}}{y_{FS}} \times 100\% \tag{1.2}$$

其中,ΔL_{max} 为最大非线性绝对误差;y_{FS} 为传感器满量程输出量。

非线性误差的大小与拟合直线的选取有关,得到拟合直线的方法不同,计算得出的线性度就有所不同。因此,选择拟合直线的原则是获得尽量小的非线性误差,同时要考虑使用方便、计算简单等因素。目前常用的拟合方法包括理论拟合、过零旋转拟合、端点拟合、端点平移拟合和最小二乘法拟合。前四种方法如图 1.1 所示,实线为实际输出的校准曲线,虚线为拟合直线。

如图 1.1(a)所示,在理论拟合时,拟合直线为传感器的理论特性,与实际测量值无关,这种方法十分简便,但最大非线性绝对误差 ΔL_{max} 一般较大。

如图 1.1(b)所示,过零旋转拟合常用于校准曲线过零的传感器,拟合时,使 $\Delta L_1 = |\Delta L_2| = \Delta L_{max}$,这种拟合方法也比较简单,非线性误差比理论拟合得到的非线性误差小很多。

如图 1.1(c)所示,在端点拟合中,将校准曲线两端点的连线作为拟合直线,这种方法较简单,但 ΔL_{max} 较大。

如图 1.1(d)所示,端点平移拟合是在端点拟合的基础上使直线平移,平移距离为端点拟合中 ΔL_{max} 的一半,使校准曲线分布于拟合直线的两侧,$\Delta L_2 = |\Delta L_1| = |\Delta L_3| = \Delta L_{max}$。与端点拟合相比,端点平移拟合所得的非线性误差减小一半,提高了精度。

采用最小二乘法拟合时,设拟合直线方程式为

$$y = kx + b \tag{1.3}$$

假定实际校准点有 n 个,第 i 个数据经过传感器后对应的输出值是 y_i,第 i 个校准数据在拟合直线上相应的输出值为 $kx_i + b$,则第 i 个校准数据与拟合直线上

对应值之间的差值为

$$\Delta_i = y_i - (kx_i + b) \tag{1.4}$$

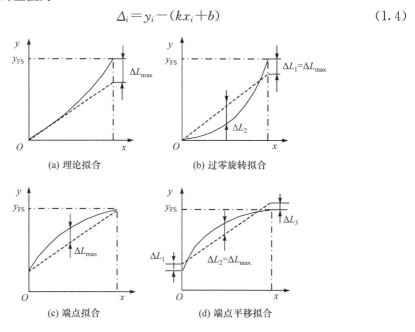

图 1.1　几种常用的拟合方法

最小二乘法拟合的原则是使 $\sum\limits_{i=1}^{n}\Delta_i^2$ 为最小值,就是使 $\sum\limits_{i=1}^{n}\Delta_i^2$ 对 k 和 b 的一阶偏导数为零,即

$$\frac{\partial}{\partial k}\sum_{i=1}^{n}\Delta_i^2 = \sum_{i=1}^{n}\frac{\partial}{\partial k}\Delta_i^2 = \sum_{i=1}^{n}2\Delta_i\frac{\partial}{\partial k}\Delta_i = \sum_{i=1}^{n}2[y_i-(kx_i+b)](-x_i) = 0 \tag{1.5}$$

$$\frac{\partial}{\partial b}\sum_{i=1}^{n}\Delta_i^2 = \sum_{i=1}^{n}\frac{\partial}{\partial b}\Delta_i^2 = \sum_{i=1}^{n}2\Delta_i\frac{\partial}{\partial b}\Delta_i = \sum_{i=1}^{n}2[y_i-(kx_i+b)](-1) = 0 \tag{1.6}$$

其中,x_i 和 y_i 已知,联立可以求出 k 和 b 的表达式分别为

$$k = \frac{n\sum(x_iy_i) - \sum x_i\sum y_i}{n\sum x_i^2 - (\sum x_i)^2} \tag{1.7}$$

$$b = \frac{\sum x_i^2\sum y_i - \sum x_i\sum(x_iy_i)}{n\sum x_i^2 - (\sum x_i)^2} \tag{1.8}$$

将 k 和 b 代入式(1.3)即可得到最小二乘法拟合的直线。该方法尽管计算繁杂,但得到的拟合直线精密度高(误差小)。

2. 迟滞

迟滞表示的是在相同工作条件下,传感器在同一次校准中,对应同一输入量的正行程(输入量逐渐增大)和反行程(输入量逐渐减小)输出值间的最大偏差,如图 1.2 所示。该指标反映传感器的机械部件和结构材料等存在的问题,如间隙不恰当、螺钉松动、元件磨损等。迟滞误差一般由实验方法测得,其大小通常由整个检测范围内的最大迟滞值和理论满量程输出之比的百分数表示,即

$$\gamma_H = \pm \frac{\Delta H_{\max}}{y_{FS}} \times 100\% \tag{1.9}$$

其中,$\Delta H_{\max}$ 为正、反行程输出间的最大差值;y_{FS} 为满量程输出。

3. 重复性

重复性是指传感器在相同工作条件下,输入量按同一方向作全量程连续多次变动时所得特性曲线不一致的程度,如图 1.3 所示。重复性误差通常用最大重复性偏差 $\Delta R_{\max}$(选取正行程中最大重复性偏差 $\Delta R_{\max1}$ 和反行程中最大重复性偏差 $\Delta R_{\max2}$ 中最大者)与满量程输出 y_{FS} 之比表示,即

$$\gamma_R = \pm \frac{\Delta R_{\max}}{y_{FS}} \times 100\% \tag{1.10}$$

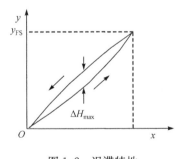

图 1.2　迟滞特性

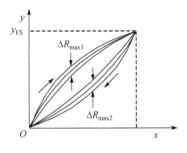

图 1.3　重复特性

4. 灵敏度

灵敏度是传感器输出的变化量 Δy 与引起该变化量的输入变化量 Δx 的比值,单位输入量引起的传感器输出的变化,即

$$k = \frac{\Delta y}{\Delta x} \tag{1.11}$$

灵敏度是传感器静态特性曲线的斜率。对于线性传感器,灵敏度在整个测量范围内为常量;对于非线性传感器,灵敏度为一变量,随输入量的变化而变化。

某些原因会导致灵敏度变化为 k'，产生灵敏度误差。灵敏度误差用相对误差可以表示为

$$\gamma_s = \frac{\Delta k}{k} \times 100\% = \frac{k' - k}{k} \times 100\% \tag{1.12}$$

5. 分辨率与阈值

分辨率是指传感器能检测到的最小输入增量，即能检测出输入量的最小变化值。当输入量缓慢增加，超过某一增量时，传感器才能检测出输入量的变化，当输入量变化小于这一增量时，传感器的输出无任何变化。

对于有些传感器，如电位器式传感器，当输入量连续变化时，输出量只作阶梯变化，则分辨率就是输出量的每一个"阶梯"所代表的输入量的大小。对于数字式传感器，分辨率是指能引起输出数字的末位数发生变化所对应的输入增量。

传感器在输入零点附近的分辨率称为阈值。分辨率描述传感器可测出的输入量的最小变化，阈值描述传感器可测出的最小输入量。

6. 稳定性

稳定性是指传感器在长时间工作情况下输出量发生的变化，有时也称为长时间工作稳定性或零点漂移。测试时，可以先将传感器的输出调至零点或某一特定点，相隔四小时、八小时或一定工作次数后，再读出输出值，前后两次输出量之差即为稳定性误差。

7. 温度稳定性

温度稳定性是指传感器在外界温度变化情况下输出量发生的变化，也称为温度漂移。测量温度稳定性误差时，先将传感器置于一定温度（如 20℃）下，将其输出调至零点或某一特定点；然后使温度上升或下降一定度数（如 5℃ 或 10℃），再读出输出值，前后两次输出之差即为温度稳定性误差。

8. 多种抗干扰能力

多种抗干扰能力是指传感器对各种外界干扰的抵抗能力。例如，抗冲击和振动能力、抗潮湿能力、抗电磁场干扰能力等，评价这些能力比较复杂，一般也不易给出数量概念，需要具体问题具体分析。

9. 静态误差

静态误差是指传感器在其全量程内任意一点的输出值与其理论输出值的偏离程度。求取静态误差时，先计算全部校准数据（假设有 n 组）与拟合直线上对应值

的差值 Δy_i，然后求出其标准偏差 σ，即

$$\sigma = \sqrt{\frac{1}{n-1}\sum_{i=1}^{n}(\Delta y_i)^2} \tag{1.13}$$

取 2σ 或 3σ 值即为传感器静态误差。若计算相对静态误差 γ，则

$$\gamma = \pm\frac{3\sigma}{y_{FS}}\times 100\% \tag{1.14}$$

静态误差是一项综合性指标，基本上包含前面叙述的非线性误差、迟滞误差、重复性误差、灵敏度误差等，因此也可以通过对这几个单项误差进行综合得到。

1.2 传感器的动态特性

实际工程测量中有大量被测信号是动态信号，当被测输入量随时间变化较快时，传感器的输出不但受到输入量变化的影响，而且同时受到传感器动态特性的影响。

研究动态特性可以从时域和频域两方面采用瞬态响应法和频率响应法分析。在时域研究传感器的响应特性时，一般只研究几种特定的输入时间函数，如阶跃函数、脉冲函数等响应特性。在频域研究动态特性时，经常采用的输入信号为正弦函数。动态特性好的传感器应具有较短的暂态响应时间或者较宽的频率响应特性。

1.2.1 传感器的动态数学模型

传感器的动态数学模型比静态数学模型要复杂，必须根据传感器的结构、参数和特征建立相应的数学模型。要准确地建立传感器的动态数学模型是非常困难的，在工程应用上，大多采用近似的方法，一般把传感器看作线性时不变系统，可以用常系数线性微分方程来表示，即

$$a_n\frac{\mathrm{d}^n y(t)}{\mathrm{d}t^n}+a_{n-1}\frac{\mathrm{d}^{n-1}y(t)}{\mathrm{d}t^{n-1}}+\cdots+a_1\frac{\mathrm{d}y(t)}{\mathrm{d}t}+a_0 y(t)$$

$$=b_m\frac{\mathrm{d}^m x(t)}{\mathrm{d}t^m}+b_{m-1}\frac{\mathrm{d}^{m-1}x(t)}{\mathrm{d}t^{m-1}}+\cdots+b_1\frac{\mathrm{d}x(t)}{\mathrm{d}t}+b_0 x(t) \tag{1.15}$$

其中，$x(t)$ 为输入量的时间函数；$y(t)$ 为输出量的时间函数；n 和 m 分别为输出量与输入量的微分阶次；$a_i(i=1,2,\cdots,n)$ 和 $b_i(i=1,2,\cdots,m)$ 为传感器结构确定的常数。

不同结构的传感器，其动态数学模型中的系数和微分阶次不同。式(1.15)中系数的求解通常有经典解法和拉普拉斯变换法两种，后者求解过程非常方便，但经典解法也很重要，这不仅在于拉普拉斯变换法失效时，经典解法是最后的依赖方法，而且经典法有助于了解微分方程及其解的暂态和稳态特性。暂态解对应微分

方程的通解,完全取决于系统内各零件的类型、参数和连接方式,而稳态响应对应于微分方程的特解,不仅与系统本身有关,而且与激励有关。

大多数传感器的动态特性可归属于零阶、一阶、二阶系统。尽管实际上存在更高阶次的复杂系统,但是在一定条件下,高阶系统可以用上述三种系统的组合进行分析,因此本节只介绍零阶、一阶、二阶系统。

1. 零阶系统

在式(1.15)描述的微分方程中,除 a_0 和 b_0,其余系数均为零,则该微分方程变为简单的代数方程,即

$$a_0 y(t) = b_0 x(t) \tag{1.16}$$

可以改写为

$$y(t) = kx(t) \tag{1.17}$$

其中,$k = b_0/a_0$ 为传感器的静态灵敏度。

零阶系统具有理想的动态特性,无论被测量如何随时间变化,零阶系统的输出都与输入有确定的比例关系,在时间上无任何滞后。因此,零阶系统又称比例系统。电位器式电阻传感器、变面积式电容传感器都可看做是零阶系统。

2. 一阶系统

在式(1.15)描述的微分方程中,除 a_1、a_0 和 b_0,其余系数均为零,则该微分方程变为

$$a_1 \frac{\mathrm{d}y(t)}{\mathrm{d}t} + a_0 y(t) = b_0 x(t) \tag{1.18}$$

可改写为

$$\tau \frac{\mathrm{d}y(t)}{\mathrm{d}t} + y(t) = kx(t) \tag{1.19}$$

其中,$\tau = a_1/a_0$ 为传感器的时间常数;$k = b_0/a_0$ 为传感器的静态灵敏度。

时间常数具有时间量纲,反映传感器惯性的大小,静态灵敏度说明其静态特性。一阶系统也称为惯性系统。不带保护套管热电偶测温系统可以看做是一阶系统。

3. 二阶系统

在式(1.15)描述的微分方程中,除 a_2、a_1、a_0 和 b_0,其余系数均为零,该微分方程变为

$$a_2 \frac{\mathrm{d}^2 y(t)}{\mathrm{d}t^2} + a_1 \frac{\mathrm{d}y(t)}{\mathrm{d}t} + a_0 y(t) = b_0 x(t) \tag{1.20}$$

可改写为

$$\frac{\mathrm{d}^2 y(t)}{\mathrm{d}t^2} + 2\xi\omega_n \frac{\mathrm{d}y(t)}{\mathrm{d}t} + \omega_n^2 y(t) = \omega_n^2 k x(t) \tag{1.21}$$

其中, $k = b_0/a_0$ 为传感器的静态灵敏度; $\xi = \dfrac{a_1}{2\sqrt{a_0 a_2}}$ 为传感器的阻尼系数; $\omega_n = \sqrt{a_0/a_2}$ 为传感器的固有频率。

例 1.1 证明如图 1.4 所示的测力弹簧是二阶传感器系统。

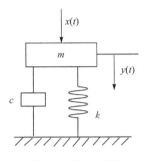

图 1.4 测力弹簧

证明:测力弹簧可简化为弹簧刚度为 k、质量为 m、阻尼系数为 c 的机械系统。在被测力 $x(t)$ 的作用下,弹簧测力端偏离初始位置的距离为 $y(t)$。

当被测力 $x(t) = 0$ 时,调整初始值使输出位移 $y(t) = 0$,当被测力 $x(t) \neq 0$ 时,弹簧除受到被测力,还受到弹簧力 F_k、阻尼力 F_c 和惯性力 F_m 的作用,其方向与被测力 $x(t)$ 的方向相反,大小分别为

$$F_k = k y(t)$$

$$F_c = c \frac{\mathrm{d}y(t)}{\mathrm{d}t}$$

$$F_m = m \frac{\mathrm{d}^2 y(t)}{\mathrm{d}t^2}$$

根据力平衡方程可得

$$F_m + F_c + F_k = x(t)$$

即

$$m \frac{\mathrm{d}^2 y(t)}{\mathrm{d}t^2} + c \frac{\mathrm{d}y(t)}{\mathrm{d}t} + k y(t) = x(t)$$

该方程为典型的二阶传感器特性方程,因此如图 1.4 所示的测力弹簧是二阶传感器系统。

1.2.2 传感器的传递函数

系统的传递函数是在线性常系数系统中,当初始条件为零时,系统输出量的拉

普拉斯变换 $Y(s)$ 与输入量的拉普拉斯变换 $X(s)$ 之比,用 $H(s)$ 表示。根据式(1.15),用于描述传感器的线性时不变系统的传递函数为

$$H(s) = \frac{Y(s)}{X(s)} = \frac{b_m s^m + b_{m-1} s^{m-1} + \cdots + b_1 s + b_0}{a_n s^n + a_{n-1} s^{n-1} + \cdots + a_1 s + a_0} \tag{1.22}$$

可将传递函数的分子和分母多项式写成因子乘积的形式,即

$$H(s) = \frac{b_m (s + B_1)(s + B_2) \cdots (s + B_m)}{a_n (s + A_1)(s + A_2) \cdots (s + A_n)} \tag{1.23}$$

式(1.23)说明,一个复杂的高阶传递函数可以看做是若干个简单的低阶(零阶、一阶、二阶)传递函数的乘积。这说明,可以把复杂的高阶系统看成若干低阶系统的级联。

1.2.3　传感器的动态特性指标

尽管大部分传感器的动态特性可以近似地用低阶系统描述,但这仅仅是近似的描述。实际的传感器往往比上述数学模型复杂,因此动态响应特性一般并不能直接给出其微分方程,而是通过实验给出传感器的阶跃响应曲线和频率响应曲线上的某些特征值,以此表示动态响应特性。

1. 与阶跃响应有关的指标

一般认为,阶跃输入对于传感器来说是最严峻的工作状态。如果在阶跃函数的作用下,传感器能满足动态性能指标,那么在其他函数作用下,其动态性能指标必定令人满意。图 1.5 和图 1.6 分别是典型的一阶传感器系统和二阶传感器系统的阶跃响应曲线。有关的动态响应指标如下。

① 时间常数 τ。一阶传感器的阶跃响应曲线由零上升到稳态值的 63.2% 需要的时间。这种方法的缺点在于曲线的起点往往难以准确判断。

② 上升时间 T_r。通常指阶跃响应曲线由稳态值的 10% 上升到稳态值的 90% 所需要的时间。

③ 建立时间 T_s。传感器建立一个足够精确的稳态响应所需要的时间。足够精度的确定方式一般是在稳态响应值 y_0 的上下规定一个 $\pm\Delta\%$ 公差带,当响应曲线完全进入这个公差带的瞬间就是建立时间 T_s,一般说“百分之 Δ 建立时间”。对于理想的一阶系统,百分之五的建立时间为 $T_s = 3\tau$。

上述三个指标均反映系统响应的速度,通常选择其中之一表示。

④ 过冲量 a_1。二阶传感器阶跃响应曲线超出稳态值的最大值(对于衰减振荡的二阶传感器为第一次超过稳态值的峰高),也称为超调量。显然,过冲量越小越好。

⑤ 衰减率 ψ。衰减振荡的二阶传感器输出响应曲线相邻两个波峰(或波谷)高

度下降的百分数,可以表示为

$$\psi = \frac{a_n - a_{n+2}}{a_n} \times 100\%$$ (1.24)

⑥ 衰减比 δ。衰减振荡的二阶传感器输出响应曲线相邻两个波峰(或波谷)高度的比值,可以表示为

$$\delta = \frac{a_n}{a_{n+2}}$$ (1.25)

上述三个指标均表示振荡衰减的速度,在实际应用中,通常选择其中之一表示。

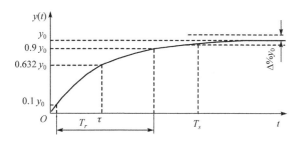

图 1.5　典型的一阶传感器系统的阶跃响应曲线

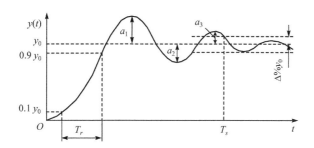

图 1.6　典型的二阶传感器系统的阶跃响应曲线

2. 与频率响应有关的指标

相频特性与幅频特性之间有一定的内在关系,通常在表示传感器的动态特性时,主要用幅频特性。图 1.7 是一个典型的对数幅频特性曲线。

在图 1.7 中,0dB 的水平线是理想零阶系统的幅频特性。对于理想零阶系统,因为 $H(\omega) = k$,所以 $20\lg[H(\omega)/k] = 0$dB。如果传感器的幅频特性曲线偏离理想直线,但不超过某个允许的公差带,则认为可用。在声学和电学仪器中,往往规定的公差为 ± 3dB,这相当于 $H(\omega)/k$ 的范围为 $0.708 \sim 1.41$。对传感器而言,应根据所需的测量精度定义公差带。幅频特性曲线超出公差带处所对应的频率分别称

为下限截止频率 ω_L 和上限截止频率 ω_H。上、下限截止频率之间的区间称为传感器的通频带或者频带 ω_b。

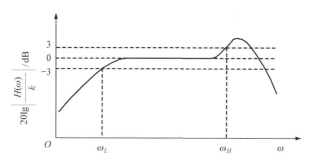

图 1.7　对数幅频特性曲线

对于能够用一阶系统描述的传感器,一般只给出其时间常数 τ。其幅频特性可以根据一阶系统的频率响应关系推算,如 3dB 的上限截止频率 $\omega_H=1/\tau$。

1. 2. 4　传感器的阶跃响应和频率响应

1. 零阶传感器

零阶传感器的性能由静态灵敏度 k 表征,并保持不变,无论输入信号如何变化或频率如何变化,都是理想无失真的传感器系统。

传感器的传递函数为 $H(s)=k$,传感器的频率特性为 $H(\mathrm{j}\omega)=k$。式(1.17)表示的输入-输出关系要求传感器不包含任何存储元件。

2. 一阶传感器

(1) 单位阶跃响应

当初始条件为零时,对式(1.19)两边作拉普拉斯变换,可得一阶传感器的传递函数,即

$$H(s)=\frac{Y(s)}{X(s)}=\frac{k}{\tau s+1} \tag{1.26}$$

输入单位阶跃信号

$$x(t)=\begin{cases}0, & t<0 \\ 1, & t\geqslant0\end{cases} \tag{1.27}$$

其拉普拉斯变换为

$$X(s)=1/s \tag{1.28}$$

传感器的输出为

$$Y(s) = H(s)X(s) = \frac{k}{s(\tau s + 1)} \tag{1.29}$$

对式(1.29)进行拉普拉斯反变换,可得一阶传感器的单位阶跃响应,即

$$y(t) = k(1 - e^{-\frac{t}{\tau}}) \tag{1.30}$$

响应特性曲线如图 1.8 所示。可以看出,一阶传感器的输出信号不能立即复现输入信号,而是从零开始按指数规律上升,最终达到稳态值,传感器的输出量随时间的推移逐渐接近稳态值 k,传感器的初始上升斜率为 $1/\tau$。理论上,只有在 t 趋近于无穷大时才能达到稳态值,但通常当 $t = 4\tau$ 时,$y(t) = 0.982k$,此时认为传感器的输出信号达到稳态值。因此,一阶传感器的时间常数越小,响应越快,响应越接近输出阶跃响应,即动态误差越小,τ 是一阶传感器重要的性能指标。

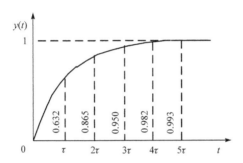

图 1.8　一阶传感器的单位阶跃响应($k=1$)

(2) 频率响应

由式(1.26)可得一阶传感器的频率特性、幅频特性和相频特性函数分别为

$$H(j\omega) = \frac{Y(j\omega)}{X(j\omega)} = \frac{k}{j\omega\tau + 1} \tag{1.31}$$

$$A(\omega) = \frac{k}{\sqrt{(\omega\tau)^2 + 1}} \tag{1.32}$$

$$\Phi(\omega) = -\arctan(\omega\tau) \tag{1.33}$$

由图 1.9 可以看出,只有当 $\omega\tau = 0$ 时,$A(\omega) = k$,$\Phi(\omega) = 0$,也就是说当时间常数 τ 很小时,传感器的特性曲线接近理想状态,即时间常数 τ 越小,频率响应特性越好。

3. 二阶传感器

(1) 单位阶跃响应

当初始条件为零时,对式(1.21)两边作拉普拉斯变换,可得二阶传感器的传递函数,即

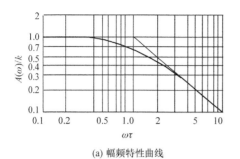
(a) 幅频特性曲线

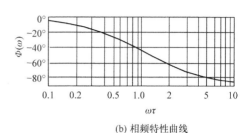
(b) 相频特性曲线

图 1.9 一阶传感器的频率响应特性

$$H(s)=\frac{k\omega_n^2}{s^2+2\xi\omega_ns+\omega_n^2} \tag{1.34}$$

当输入信号为单位阶跃信号时,传感器的输出为

$$Y(s)=\frac{k\omega_n^2}{s(s^2+2\xi\omega_ns+\omega_n^2)} \tag{1.35}$$

对式(1.35)两边作拉普拉斯反变换,可得二阶传感器单位阶跃响应。

当 $\xi>1$(过阻尼)时

$$y(t)=k\left[1+\frac{\xi-\sqrt{\xi^2-1}}{2\sqrt{\xi^2-1}}\mathrm{e}^{-(\xi+\sqrt{\xi^2-1})\omega_nt}-\frac{\xi+\sqrt{\xi^2-1}}{2\sqrt{\xi^2-1}}\mathrm{e}^{-(\xi-\sqrt{\xi^2-1})\omega_nt}\right] \tag{1.36}$$

当 $\xi=1$(临界阻尼)时

$$y(t)=k[1-(1+\omega_nt)\mathrm{e}^{-\omega_nt}] \tag{1.37}$$

当 $0<\xi<1$(欠阻尼)时

$$y(t)=k\left[1-\frac{\mathrm{e}^{-\xi\omega_nt}}{\sqrt{1-\xi^2}}\sin\left(\sqrt{1-\xi^2}\omega_nt+\arctan\frac{\sqrt{1-\xi^2}}{\xi}\right)\right] \tag{1.38}$$

当 $\xi=0$(无阻尼)时

$$y(t)=k[1-\cos(\omega_nt)] \tag{1.39}$$

如图 1.10 所示,二阶传感器对单位阶跃信号的响应在很大程度上取决于阻尼系数 ξ 和固有频率 ω_n。当 $\xi=0$ 时,阶跃响应是一个等幅振荡过程,这种等幅振荡状态又称为无阻尼状态;当 $0<\xi<1$ 时,阶跃响应是一个衰减振荡过程,在这一过程中 ξ 不同,衰减速度不同,这种衰减振荡状态又称为欠阻尼状态;当 $\xi>1$ 时,阶跃响应是一个不振荡的衰减过程,这种状态又称为过阻尼状态;当 $\xi=1$ 时,阶跃响应也是一个不振荡的衰减过程,但它是一个由不振荡到衰减振荡的临界状态,因此又称为临界阻尼状态。固有频率 ω_n 主要由传感器结构参数决定,ω_n 越高,传感器的响应速度越快。

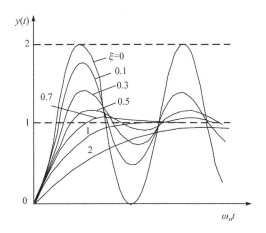

图 1.10　二阶传感器的单位阶跃响应($k=1$)

阻尼系数 ξ 直接影响超调量和振荡次数,为了获取满意的瞬态响应特性,实际常按稍欠阻尼调整,阻尼系数 ξ 取 $0.6\sim0.8$,则最大超调量不超过 10%,趋于稳态的调整时间也最短,约为 $(3\sim4)/(\xi\omega)$。

(2) 频率响应

由式(1.34)可得,二阶传感器的频率特性、幅频特性和相频特性函数分别为

$$H(\mathrm{j}\omega)=\frac{k\omega_n^2}{(\mathrm{j}\omega)^2+2\xi\omega_n(\mathrm{j}\omega)+\omega_n^2}=\frac{k}{1-\left(\dfrac{\omega}{\omega_n}\right)^2+\dfrac{\mathrm{j}2\xi\omega}{\omega_n}} \tag{1.40}$$

$$A(\omega)=\frac{k}{\sqrt{\left[1-\left(\dfrac{\omega}{\omega_n}\right)^2\right]^2+\left(\dfrac{2\xi\omega}{\omega_n}\right)^2}} \tag{1.41}$$

$$\Phi(\omega)=-\arctan\frac{\dfrac{2\xi\omega}{\omega_n}}{1-\left(\dfrac{\omega}{\omega_n}\right)^2} \tag{1.42}$$

二阶传感器的幅频特性和相频特性曲线如图 1.11 所示。可以看出,传感器频率响应特性的好坏主要取决于传感器的固有频率 ω_n 和阻尼比 ξ。当 $\xi<1,\omega_n\gg\omega$ 时,幅值 $A(\omega)\approx k$,相位 $\Phi(\omega)$ 很小,此时传感器的输出再现了输入的波形,通常固有频率 ω_n 至少应为被测信号频率 ω 的 $3\sim5$ 倍。

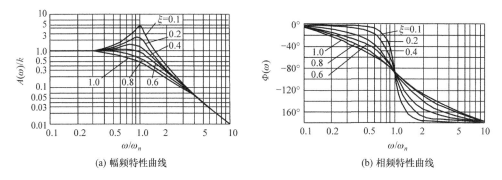

(a) 幅频特性曲线　　　　　　　　　　　　　　(b) 相频特性曲线

图 1.11　二阶传感器的频率响应特性

习　　题

1.1　什么是传感器的静态特性？用于描述传感器静态特性的主要指标有哪些？分别说明这些指标的含义。

1.2　计算传感器线性度的方法有哪些？说明其特点。

1.3　求下列数据的各种线性度。

x	1	2	3	4	5	6
y	2.20	4.00	5.98	7.9	10.10	12.05

① 理论拟合线性度，给定方程为 $y=2.0x$。

② 端点拟合线性度。

③ 最小二乘法拟合线性度。

1.4　给出推导最小二乘法拟合直线方程 $y=kx+b$ 中 k 和 b 的表达式的过程。

1.5　某位移传感器，输入量变化 5mm 时，输出电压变化为 300mV，求其灵敏度。

1.6　什么是传感器的动态特性？常用的分析动态特性的方法有哪几种？

1.7　某传感器为一阶系统，当受阶跃函数作用时，在 $t=0$ 时，输出为 10mV；在 $t→∞$ 时，输出为 100mV；在 $t=5s$ 时，输出为 50mV，求该传感器的时间常数。

1.8　某温度传感器为时间常数 $\tau=3s$ 的一阶系统，当传感器受突变温度作用后，试求传感器指示出温差的 1/3 和 1/2 所需要的时间。

1.9　设某一测力传感器可以看做一个二阶系统，且已知该传感器的固有频率为 800kHz，阻尼比为 0.4，求使用该传感器测定 400Hz 的正弦变化的外力作用时，将产生多大的幅值误差和相位误差？

1.10 现有两个加速度传感器 A 和 B,均可近似为二阶系统,其中传感器 A 的固有频率为 25kHz,传感器 B 的固有频率为 35kHz,两者的阻尼比均为 0.3。若要测量频率为 10kHz 的正弦振动加速度,应选用传感器 A 和 B 中的哪一个? 试计算使用所选传感器进行测量时的幅值误差和相位误差。

1.11 若某一测振动传感器可近似为二阶系统,已知该传感器的固有频率为 800Hz,阻尼比为 0.4。使用该传感器测量正弦振动时,若要求幅值误差小于 2%,试求其允许使用的频率范围及响应的最大相位误差。

第2章　电阻式传感器

电阻式传感器(resistance type transducer)是一种应用较早的电参数传感器。其种类繁多,应用十分广泛,其基本原理是把位移、力、压力、加速度、扭矩等非电物理量转换为电阻值变化。电阻式传感器结构简单、线性和稳定性较好,已经应用到冶金、电力、交通、石化、商业、生物医学和国防等各个行业。电阻式传感器主要包括电位器式传感器和电阻应变式传感器。

2.1　电位器式传感器

电位器式传感器一般由电阻元件、骨架和电刷(滑臂)等组成,如图 2.1 所示。当被测量发生变化时,通过电刷触点在电阻元件上产生移动,该触点与电阻元件间的电阻值会发生变化,即可实现位移与电阻之间的线性转换。

电位器式传感器种类较多,按其结构形式不同,可分为线绕式、薄膜式和光电式等。按照输入和输出的特性不同,可分为线性电位器和非线性电位器。目前常用的以单圈线绕式电位器居多。

2.1.1　线性电位器

1. 线性电位器的空载特性

图 2.1 为电位器式线性位移传感器。若把它作为变阻器使用,假定传感器全长为 x_{max},其总电阻为 R_{max},电阻沿长度的分布是均匀的,则当电刷由 A 向 B 移动 x 后,A 到电刷的电阻为

$$R_x = \frac{x}{x_{max}} R_{max} \tag{2.1}$$

若把它作为分压器使用,且假定加在 A 和 B 之间的电压为 U_{max},那么 A 到电刷间的电压为

$$U_x = \frac{x}{x_{max}} U_{max} \tag{2.2}$$

图 2.2 为电位器式线性角位移传感器。若把它作为变阻器使用,假定满角度为 α_{max},总电阻为 R_{max},转动 α 角度后,A 到电刷间的阻值为

$$R_\alpha = \frac{\alpha}{\alpha_{max}} R_{max} \tag{2.3}$$

若把它作为分压器使用,假定加在 A 和 B 之间的电压为 U_{max},转动 α 角度后,A 到电刷间的电压值为

$$U_{\alpha}=\frac{\alpha}{\alpha_{max}}U_{max} \tag{2.4}$$

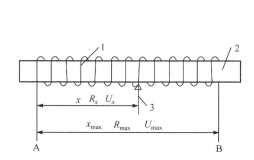

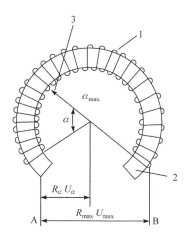

1—电阻丝;2—骨架;3—电刷

图 2.1　电位器式位移传感器

1—电阻丝;2—骨架;3—电刷

图 2.2　电位器式角位移传感器

线性电位器的特性稳定,制造精度容易保证,下面对它的特性进行分析。线性电位器的骨架截面应该处处相等,并且由材料均匀的导线按相等的节距绕成,如图 2.3 所示。其理想的输入和输出关系遵循式(2.1)和式(2.2),其电阻灵敏度为

$$k_R=\frac{R_{max}}{x_{max}}=\frac{2(b+h)\rho}{St} \tag{2.5}$$

其电压灵敏度为

$$k_U=\frac{U_{max}}{x_{max}}=I\,\frac{2(b+h)\rho}{St} \tag{2.6}$$

其中,ρ 为导线电阻率;S 为导线横截面积;b 和 h 为骨架的宽度和高度;t 为导线节距,即相邻两导线间距离。

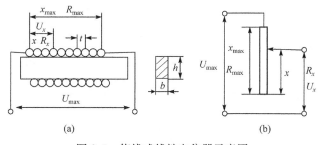

(a)

(b)

图 2.3　绕线式线性电位器示意图

由式(2.5)和式(2.6)可以看出,灵敏度除了与电阻率 ρ 有关,还和骨架的尺寸 h 和 b、导线横截面积 S、绕线节距 t 等结构参数有关。电压灵敏度还与通过电位器的电流 I 的大小有关。

2. 阶梯特性、阶梯误差和分辨率

如图 2.4 所示,电刷在电位器的线圈上移动时,线圈一圈一圈的变化,电位器阻值随电刷移动不连续地改变。电刷与一匝接触的过程中,虽有微小位移,但电阻值并无变化,因此输出电压也不改变,在输出特性曲线上对应地出现平直段。当电刷离开这一匝与下一匝接触时,突然增加一匝阻值,因此特性曲线相应出现阶跃段。这样,电刷每移过一匝,输出电压便阶跃一次,共产生 n 个电压阶梯。其阶跃值,即视在分辨脉冲为

$$\Delta U = \frac{U_{\max}}{n} \tag{2.7}$$

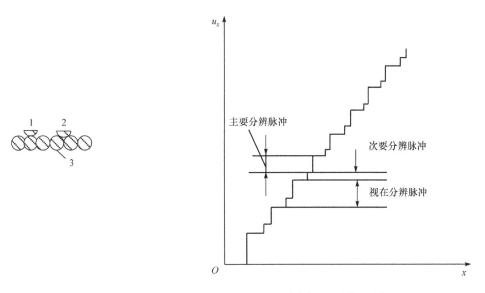

1—电刷与一根导线接触;2—电刷与两根导线接触;3—电位器导线

图 2.4　局部剖面和阶梯特性曲线图

实际上,电刷从 j 匝移到 $(j+1)$ 匝的过程中,必定会使这两匝短路,总匝数从 n 减小到 $n-1$,使得在每个电压阶跃中还产生一个小阶跃。小电压阶跃即次要分辨脉冲 ΔU_n 为

$$\Delta U_n = U_{\max}\left(\frac{1}{n-1} - \frac{1}{n}\right)j \tag{2.8}$$

其中,$U_{\max}j/(n-1)$ 为电刷短接第 j 和 $j+1$ 匝时的输出电压;$U_{\max}j/n$ 为电刷仅接

触第 j 匝时的输出电压。

大电压的阶跃称为主要分辨脉冲 ΔU_m，即

$$\Delta U_m = U_{\max}\left(\frac{j+1}{n} - \frac{j}{n-1}\right) \tag{2.9}$$

视在分辨脉冲为两者之和，即

$$\Delta U = \Delta U_m + \Delta U_n \tag{2.10}$$

主要分辨脉冲和次要分辨脉冲的持续时间比，取决于电刷与导线直径比。电刷直径相对较小时，小电压阶跃持续的时间较短；反之，大电压阶跃持续的时间较短。一般，当电刷与导线直径比为 10 便可获得较好的效果。在工程中，常将实际阶梯曲线简化成理想阶梯曲线，如图 2.5 所示。

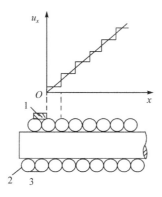

1—电刷；2—电阻线；3—短路段

图 2.5　理想阶梯特性曲线

电位器的电压分辨率定义为在电刷行程内，电位器输出电压阶梯的最大值与最大输出电压之比的百分数，即

$$e_{ba} = \frac{U_{\max}/n}{U_{\max}} \times 100\% = \frac{1}{n} \times 100\% \tag{2.11}$$

除了电压分辨率，还有行程分辨率，定义为在电刷行程内，使电位器产生一个可测出变化的电刷最小行程值与整个行程相比的百分数，即

$$e_{by} = \frac{x_{\max}/n}{x_{\max}} \times 100\% = \frac{1}{n} \times 100\% \tag{2.12}$$

如图 2.5 所示，在理想情况下，特性曲线每个阶梯的大小完全相同，则通过每个阶梯中点的直线为理论特性曲线，阶梯曲线围绕它上下跳动，从而带来一定误差，这就是阶梯误差。电位器的阶梯误差为

$$\gamma_i = \frac{\pm\dfrac{1}{2}\times\dfrac{U_{\max}}{n}}{U_{\max}} = \pm\frac{1}{2n}\times100\% \tag{2.13}$$

阶梯误差和分辨率的大小都是由线绕式电位器本身工作原理决定的,是一种原理性误差,决定电位器可能达到的最高精度。在实际设计中,为改善阶梯误差和分辨率,需增加匝数,即减小导线直径或增加骨架长度。

2.1.2 非线性电位器

在自动控制系统中,有时为了满足控制过程的特殊要求,需要输入位移和输出电压之间呈现某种函数规律的非线性变化。非线性电位器是指在空载时其输出电压(或电阻)与电刷行程之间具有非线性函数关系的一种电位器。它可以实现指数函数、对数函数、三角函数及其他任意函数。常用的非线性电位器有变骨架式、变节距式、分路电阻式等。

下面以变骨架式非线性电位器为例说明其空载特性。变骨架式非线性电位器是在保持电位器其他结构参数不变,只改变骨架宽度或高度来实现非线性函数关系。下面以改变高度 h 的变骨架非线性绕线电位器为例对骨架变化规律进行分析。如图 2.6 所示为变骨架式非线性电位器,在曲线上任取一小段,则可视为直线,电刷位移为 $\mathrm{d}x$,对应电阻变化为

$$\mathrm{d}R_x = \frac{2\rho(b+h)}{St}\mathrm{d}x \tag{2.14}$$

其电阻灵敏度为

$$\frac{\mathrm{d}R_x}{\mathrm{d}x} = \frac{2\rho(b+h)}{St} \tag{2.15}$$

由式(2.14)可求出所需骨架的高度变化规律,即

$$h = \frac{St}{2\rho}\left(\frac{\mathrm{d}R_x}{\mathrm{d}x}\right) - b \tag{2.16}$$

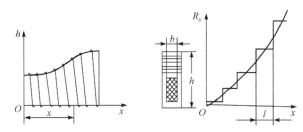

图 2.6　变骨架式非线性电位器

由于 b、S、t 和 ρ 均为常数,而 $\mathrm{d}R_x/\mathrm{d}x$ 为 x 的函数,因此 h 为电刷位移 x 的函

数,且与特征曲线 dR_x/dx 的导数有关,则骨架高度越高,dR_x/dx 越大。如果 h 太高,绕线容易打滑,dR_x/dx 也不宜太小,更不能为 0。因此,为保证强度和工艺,骨架的最小高度 $h_{min} > 4mm$。骨架型面坡度应 $20° \sim 30°$。为了减小坡度的影响,可采用对称骨架;也可为了减小具有连续变化特性的骨架的制造和绕制困难,将骨架设计成阶梯形的,如图 2.7 所示。这实际是对特性曲线进行折线逼近。

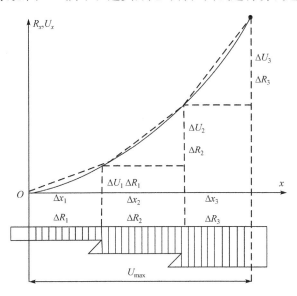

图 2.7 阶梯形非线性电位器

设非线性电位器的空载电压为 U_x,流过电位器的电流为 I 时,输出电压 U_x 与高度 h 之间的关系为

$$dU_x = dR_x \cdot I = \frac{2\rho(b+h)}{St} dx \cdot I \tag{2.17}$$

$$h = \frac{St}{2I\rho}\left(\frac{dU_x}{dx}\right) - b \tag{2.18}$$

非线性电位器的输出电压和电刷行程呈非线性关系,因此空载特性是一条曲线,其灵敏度和电刷的位置有关,是一个变量。其电压灵敏度为

$$\frac{dU_x}{dx} = \frac{2\rho(b+h)}{St} I \tag{2.19}$$

2.1.3 负载特性与负载误差

当电位器输出端接有负载电阻时,其特性为负载特性。如图 2.8 所示为接有负载电阻 R_L 的电位器。电位器的输出电压为

$$U_L = U \frac{R_x R_L}{R_L R_{\max} + R_x R_{\max} - R_x^2} \tag{2.20}$$

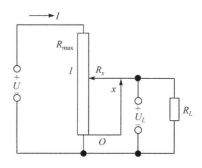

图 2.8　带负载的电位器电路

设电阻相对变化为 $r = R_x/R_{\max}$，并设负载系数 $m = R_{\max}/R_L$，则式(2.20)可改写为

$$Y = \frac{U_L}{U} = \frac{r}{1 + rm(1-r)} \tag{2.21}$$

理想的空载特性为

$$Y_0 = \frac{U_0}{U} = \frac{R_x}{R_{\max}} = r \tag{2.22}$$

因此，对于线性电位器，有 $r = R_x/R_{\max} = x/x_{\max} = X$，式(2.21)可以写成

$$Y = \frac{U_L}{U} = \frac{X}{1 + Xm(1-X)} \tag{2.23}$$

式(2.23)可以绘成曲线，如图 2.9 所示。除 $m = 0$ 的直线(即空载特性)，凡 $m \neq 0$ 的曲线均为下垂的曲线，说明负载输出电压比空载输出电压要低。这种偏差与 m、r 有关。负载误差是负载特性相对于空载特性的偏差。定义负载误差为 δ_L，计算负载误差大小与参数 m、r 之间的关系，可得到

$$\delta_L = \frac{U_0 - U_L}{U_0} \times 100\% = \left[1 - \frac{1}{1 + rm(1-r)} \right] \times 100\% \tag{2.24}$$

如图 2.10 所示为 δ_L 与 m、X 之间关系。由此可见，无论 m 为何值，电刷在起始位置和最大位置时，负载误差都为零。随着电刷位置的变化，负载误差也会增加，当电刷处于行程中心位置($X = 0.5$)时，负载误差最大。当增大负载系数 m，即减小负载电阻时，负载误差也随之增大，因此为了减小负载误差，首先要尽可能减小负载系数。

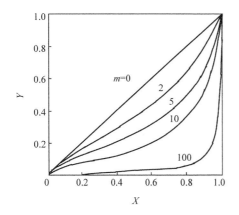

图 2.9　电位器的负载特性曲线族　　　　　　图 2.10　电位器负载误差曲线

若要求负载误差在整个行程都保持在 3% 以内,则 $X=0.5$ 时负载误差满足下式,即

$$\delta_L = \left[1 - \frac{1}{1+0.5m(1-0.5)}\right] \times 100\% = \frac{m}{4+m} \times 100\% < 3\%$$

$m = R_{\max}/R_L < 0.1$。一般可采用增大放大器输入阻抗,但有时负载误差还是不能满足上述条件,可以采取限制电位器工作区间的办法减小负载误差;或将电位器空载特性设计成某种上凸特性,即设计出非线性电位器来消除负载误差,如图 2.11 所示。此非线性电位器的空载特性曲线 2 与线性电位器的负载特性曲线 1,两者是以特性直线 3 为镜像的。其负载特性正好是所要求的线性特性。

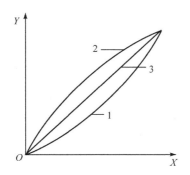

图 2.11　非线性电位器的空载特性与线性电位器的
负载特性的镜像关系

2.1.4　电位器的结构与材料

由于测量领域的不同,电位器结构和材料选择有所不同,但其基本结构是相近

的。电位器通常由骨架、电阻元件和活动电刷组成。

1. 电阻丝(电阻体)

绕线电位器是将电阻线材绕在骨架上,制成圆环形或螺旋形等电阻体。薄膜或厚膜电位器是在公基板上形成电阻膜,形状多为马蹄形、圆弧形或长条形。

电位器的电阻体,表面应具有低的电阻率,使其与电刷触点的接触电阻小。同时,表面电阻率应分布均匀,以保持在有效电行程内接触电阻变化和轨道电阻变化小,能得到较理想的电阻规律特性。此外,电阻体表面应具有适当的光洁度、硬度和一定的耐磨性,以保证其机械耐久性,还应具有耐潮、耐热、耐氧化、耐高负荷,以及耐冷热骤变等性能。

2. 电刷

电位器中沿电阻体滑动,并引出输出电压的动触点构件称电刷,结构如图2.12所示。电刷分两大类:一类是金属刷,即金属材料制作的电刷;一类是碳刷,即用酚醛树脂、炭黑和填料组成的电刷。

金属刷的形状有刷形、点形、球面形和多指形等。用金属材料做的电刷应具有较高的弹性极限、屈服极限,易于焊接、便于加工组装等特性。金属电刷常用的材料有铍青铜、磷青铜、锌白铜、银铬合金、铂镍合金、铂铱合金、锱铱合金、金银铜合金等。以贵金属为基的合金,具有较高的抗氧化和抗腐蚀性能,即使在高温高湿条件下也相当稳定,接触电阻变化很小,常用于精密电位器。

碳刷的形状有圆锥形和长方形等,接触面有平面和球面。碳刷由于价格低廉、可靠性高,广泛用于有机实芯电位器和膜式电位器。碳刷的阻值远大于金属刷,所以对电位器的输出影响较大。碳刷的阻值越小越好,一般不超过 6Ω。对要求高的碳刷有时加入金属粉(如银粉)来降低阻值。

电刷与电阻体一直处于接触和摩擦状态,两种材料要匹配组合适当,使得接触电阻小和耐磨性好。与电阻体相比,电刷的硬度和耐磨性应稍低,使电阻体免受损坏,保证其可靠性。电刷材料还应具有耐腐蚀、耐氧化、耐热、耐寒、导热性好、导电性好、无磁,以及较好的机械强度等特性。

3. 骨架和基体

骨架是线绕电位器电阻体的绝缘支承体。基体(或基片)是非线绕电位器电阻体的支承体。

骨架和基体通常用绝缘性能良好的材料制成,要求耐热、耐潮、化学稳定性和导热性好,并有一定的机械强度。一般有层压纸胶板、层压布被板、塑料、陶瓷、玻璃和表面经过绝缘处理的铜、铝和铝合金等金属基体,应具有足够的表面绝缘性、

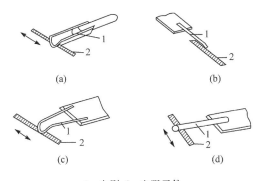

1—电刷；2—电阻元件

图 2.12　电位器电刷基本结构

散热性，易于成形。

骨架有矩形、环形、柱形、棒形等其他形式。常用的骨架截面多为矩形，其宽度 b 应大于导线直径 d 的 4 倍，圆角半径 R 不应小于 $2d$。

2.1.5　电位器式传感器应用举例

虽然电位器在不少应用场合已经被更可靠的无接触式传感器替代，但其独特的性能仍然不能被完全替代，在同类传感器中仍有一定的应用。

电位器式压力传感器是利用弹性元件（如弹簧片、膜片或膜盒）把被测的压力转换成弹性元件的位移，并使这个位移变为电刷触点的移动，从而引起输出电压或电流相应的变化。图 2.13 是 YCO-150 型压力传感器原理图，是由一个弹簧管和电位器组成的压力传感器。电位器固定在壳体上，而电刷与弹簧管的传动机构相连接。当被测压力变化时，弹簧管的自由端位移，通过传动机构，带动电刷在绕线电位器上滑动，从而把被测压力值转化为电阻值的变化，输出一个与被测压力成正比的电压信号。

如图 2.14 所示为膜盒电位器式压力传感器原理图。弹性元件在膜盒的内腔，通入被测流体压力，在这个压力作用下，膜盒中心产生位移，推动连杆上移，使杠杆带动电刷在电阻丝上滑动，输出一个与被测压力成正比的电压信号。

如图 2.15 所示为电位器式位移传感器示意图，其中 3 为输入轴。电阻丝 1 均匀地间隔绕在用绝缘材料制成的骨架上，触点 2 沿着电阻丝的裸露部分滑动，并由导电片 4 输出。在测量比较小的位移时，往往由齿轮、齿条机构把线性位移转化成角位移，如图 2.16 所示。

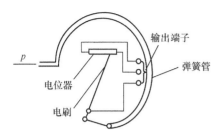

图 2.13　YCO-150 型压力传感器原理图

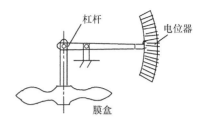

图 2.14　膜盒电位器式压力传感器原理图

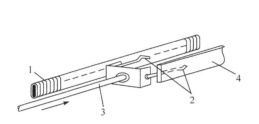

1—电阻丝;2—触点;3—输入轴;4—导电片

图 2.15　电位器式位移传感器示意图

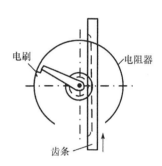

图 2.16　测小位移传感器示意图

　　如图 2.17 所示为电位器式加速度传感器示意图。惯性质量块在被测加速度的作用下,使片状弹簧产生正比于被测加速度的位移,从而引起电刷在电位器的电阻元件上的滑动,最终输出一个与加速度成正比的电压信号。

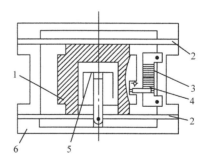

1—惯性质量块;2—片状弹簧;3—电位器;4—电刷;5—阻尼器;6—壳体

图 2.17　电位器式加速度传感器示意图

2.2　应变式传感器

电阻应变式传感器是利用电阻应变片将应变转换为电阻变化的传感器。传感器由在弹性元件上粘贴的电阻应变敏感元件构成。当被测物理量作用在弹性元件上时,弹性元件的变形引起应变敏感元件的阻值变化,通过转换电路将其转变成电量输出,电量变化的大小反映被测物理量的大小。应变片有如下的优点。

① 精度高,测量范围广。对测力传感器而言,量程从零点几 N 至几百 kN,精度可达 0.05%;对测压传感器,量程从几十 Pa 至 10^{11} Pa,精度可达 0.1%。应变测量范围一般可由 $\mu\varepsilon$ 至数千 $\mu\varepsilon$。

② 频率响应特性较好。一般电阻应变式传感器的响应时间为 10^{-7} s,半导体应变式传感器可达 10^{-11} s,若能在弹性元件设计上采取措施,则应变式传感器可测几十 kHz,甚至上百 kHz 的动态过程。

③ 结构简单,质量轻,易于实现小型化、固态化。应变片粘贴在被测试件上对其工作状态和应力分布的影响很小。同时,使用维修方便,目前已有将测量电路,甚至 A/D 转换器与传感器组成一个整体。

④ 可在高(低)温、高速、高压、强烈振动、强磁场及核辐射和化学腐蚀等恶劣条件下正常工作。

应变式传感器也存在一定缺点:在大应变状态中具有较明显的非线性,半导体应变式传感器的非线性更为严重;应变式传感器输出信号微弱,因此抗干扰能力较差,信号线需要采取屏蔽措施;应变式传感器测出的只是一点或应变栅范围内的平均应变,不能显示应力场中应力梯度的变化等。

2.2.1　电阻应变片的工作原理

1. 金属应变片

金属应变片的工作原理基于应变效应,是金属导体的电阻值随着它受力所产生机械变形(拉伸或压缩)的大小而发生变化的现象。

如图 2.18 所示为金属电阻丝的应变效应,在未受力时,原始的电阻值为

$$R = \frac{\rho l}{S} \tag{2.25}$$

其中,ρ 为电阻丝的电阻率;l 为电阻丝的长度;S 为电阻丝的截面积。

当电阻丝受拉力 F 作用时,将伸长 Δl,横截面积相应减小 ΔS,电阻率因材料晶格发生变形等因素影响改变了 $\Delta\rho$,从而电阻值增大。受压力压缩时,长度减小,截面积增加,电阻值减小。

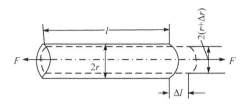

图 2.18　金属丝应变效应

式(2.25)两边取对数($\ln R = \ln \rho + \ln l - \ln S$),并将 $S = \pi r^2$ 代入,再微分可得

$$\frac{\mathrm{d}R}{R} = \frac{\mathrm{d}\rho}{\rho} + \frac{\mathrm{d}l}{l} - \frac{2\mathrm{d}r}{r} \tag{2.26}$$

用相对变化量表示,可得下式,即

$$\frac{\Delta R}{R} = \frac{\Delta \rho}{\rho} + \frac{\Delta l}{l} - \frac{2\Delta r}{r} \tag{2.27}$$

其中,长度相对变化量(轴向应变量)为 $\varepsilon = \Delta l / l$;半径相对变化量(径向应变量)为 $\varepsilon_r = \Delta r / r$。

根据材料力学,在弹性范围内,金属丝受拉力时,沿轴向伸长,沿径向缩短,轴向应变和径向应变的关系可表示为 $\varepsilon_r = -\mu \varepsilon$,其中 μ 为泊松比,负号表示应变方向相反。代入式(2.27),可得下式,即

$$\frac{\Delta R}{R} = (1 + 2\mu)\varepsilon + \frac{\Delta \rho}{\rho} \tag{2.28}$$

通常把单位应变所引起的电阻变化称为电阻丝的灵敏度系数,其表达式为

$$K_s = \frac{\dfrac{\Delta R}{R}}{\varepsilon} = 1 + 2\mu + \frac{\dfrac{\Delta \rho}{\rho}}{\varepsilon} \tag{2.29}$$

可以看出,电阻丝的灵敏度系数由两部分组成:一是应变片受力后材料几何尺寸的变化,即 $1 + 2\mu$;二是应变片受力后材料的电阻率发生的变化,即 $(\mathrm{d}\rho / \rho)/\varepsilon$。

对金属材料,$(\mathrm{d}\rho / \rho)/\varepsilon$ 项的值要远小于 $(1 + 2\mu)$,可以忽略不计。大量实验证明,在电阻丝拉伸极限内,电阻值的相对变化与应变成正比,一般取 $K_s = 1.7 \sim 3.6$。根据式(2.29),金属材料的灵敏度系数可写为

$$K_s = \frac{\dfrac{\Delta R}{R}}{\varepsilon} = 1 + 2\mu \tag{2.30}$$

2. 半导体应变片

半导体应变片是用半导体材料制成的,其工作原理是基于半导体材料的压阻效应。压阻效应是指半导体材料,当某一轴向受外力作用时,其电阻率 ρ 发生变化

的现象。当半导体应变片受到轴向力作用时，$(\mathrm{d}\rho/\rho)/\varepsilon$ 项的值要远远大于$(1+2\mu)$。其关系为

$$\frac{\mathrm{d}\rho}{\rho}=\pi\sigma=\pi E\varepsilon \tag{2.31}$$

其中，π 为半导体材料的压阻系数，$\pi=(40\sim80)\times10^{-11}\mathrm{Pa}$；$\sigma$ 为半导体材料所受的应变力；E 为半导体材料的弹性模量，$E=1.67\times10^{11}\mathrm{Pa}$；$\varepsilon$ 为半导体材料的应变。

将式(2.31)代入式(2.28)中，可得半导体材料的电阻相对变化为

$$\frac{\Delta R}{R}=(1+2\mu+\pi E)\varepsilon \tag{2.32}$$

实验证明，πE 比$(1+2\mu)$大上百倍，$(1+2\mu)$可以忽略，因此半导体应变片的灵敏度系数为

$$K_s=\frac{\dfrac{\Delta R}{R}}{\varepsilon}=\pi E \tag{2.33}$$

2.2.2　电阻应变片的类型、结构及主要特性

1. 电阻应变片的类型

电阻应变片品种繁多，形式多样，但常用的应变片可分为金属电阻应变片和半导体电阻应变片。金属应变片有丝式、箔式、薄膜式之分。半导体应变片通常是丝式。

① 丝式应变片。金属电阻应变片的典型结构如图 2.19 所示，是将一根高电阻率金属丝(直径 0.025mm 左右)绕成栅形，粘贴在绝缘的基片和覆盖层之间并引出导线构成。这种应变片制作简单、性能稳定、成本低、易粘贴。分为回丝式和短接式两种形式。回丝式应变片因圆弧部分参与变形，横向效应较大；短接式应变片敏感栅平行排列，两端用直径比栅线直径大 5～10 倍的镀银丝短接而成，其突出优点是克服了回丝式应变片的横向效应。由于焊点多，在冲击、振动实验条件下，易在焊接点处出现疲劳破坏。

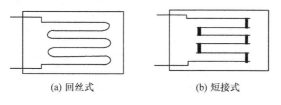

(a) 回丝式　　　　　　　　　(b) 短接式

图 2.19　丝式应变片

② 箔式应变片。利用光刻、腐蚀等工艺制成的一种很薄的金属箔栅，厚度一

般在 0.003～0.01mm。其优点是敏感栅的表面积和应变片的使用面积之比大，散热条件好，允许通过的电流较大，灵敏度高，工艺性好，可制成任意形状，易加工，适于成批生产，成本低。基于上述优点，箔式应变片在测试中得到日益广泛的应用，在常温条件下，有逐步取代丝式应变片的趋势。如图 2.20 所示为常见的几种箔式应变片构造形式。

③ 薄膜式应变片。采用真空蒸发或真空沉淀等方法在薄的绝缘基片上形成 0.1μm 以下的金属电阻薄膜的敏感栅，然后再加上保护层。其优点是应变灵敏度系数大，允许电流密度大，工作范围广，易实现工业化生产。

④ 半导体应变片。常用硅或锗等半导体材料作为敏感栅，一般为单根状，如图 2.21 所示。与金属应变片相比较，半导体应变片的突出优点是灵敏度高，比金属丝式高 50～80 倍，尺寸小，横向效应小，动态响应好。但它有温度系数大，应变时非线性比较严重等缺点。

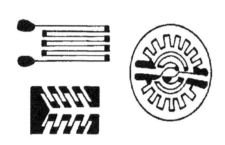

图 2.20　箔式应变片

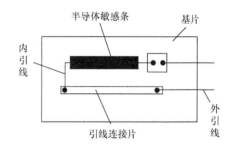

图 2.21　半导体应变片

2. 电阻应变片的结构

电阻应变片的基本结构如图 2.22 所示，由覆盖层、敏感栅、基底、引线及黏合剂组成。

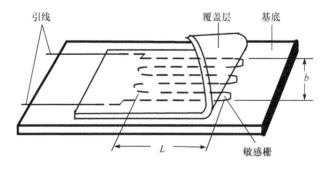

图 2.22　金属电阻应变片的结构

(1) 敏感栅

敏感栅是传感器中实现应变-电阻转换的元件。它是应变片最重要的组成部分，由某种金属细丝绕成栅形。敏感栅合金材料的选择对所制造的电阻传感器性能的好坏起着决定性的作用。一般用于制造应变片的金属细丝直径为 0.015～0.05mm。敏感栅在纵轴方向的长度称为栅长，图 2.22 中用 L 表示。在与应变片轴线垂直的方向，敏感栅外侧之间的距离称为栅宽，图 2.22 中用 b 表示。应变片的栅长关系到所测应变的准确度，应变片测得的应变大小实际上是应变片栅长和栅宽所在面积内的平均轴向应变量。栅长有 100mm、200mm，以及 1mm、0.5mm、0.2mm 等规格，分别适应于不同的用途。

敏感栅的材料有如下要求。

① 应有较大的应变灵敏度系数，并在所测应变范围内保持为常数。

② 具有高而稳定的电阻率，以便于制造小栅长的应变片。

③ 电阻温度系数要小。

④ 抗氧化能力高，耐腐蚀性能强。

⑤ 在工作温度范围内能保持足够的抗拉强度。

⑥ 加工性能良好，易于拉制成丝或压成箔材。

⑦ 易于焊接，对引线材料的热电势小。

对于上述要求，需根据应变片的实际使用情况，合理地加以选择。常用敏感栅材料如表 2.1 所示。

表 2.1　常用敏感栅材料的主要性能

材料名称	主要成分/%	灵敏度系数 K_s	电阻率 $\rho/10^{-6}(\Omega \cdot m)$	电阻温度系数 $\alpha/(10^{-6}/\text{℃})$	线膨胀系数 $\beta/(10^{-6}/\text{℃})$	最高工作温度 /℃
康铜	Cu(55) Ni(45)	2.0	0.45～0.52	±20	15	250(静态) 400(动态)
镍铬合金	Ni(80) Cr(20)	2.1～2.3	1.0～1.1	110～130	14	450(静态) 800(动态)
卡玛合金 (6J-22)	Ni(74) Cr(20) Al(3) Fe(3)	2.4～2.6	1.24～1.42	±20	13.3	400(静态) 800(动态)
伊文合金 (6J-23)	Ni(75) Cr(20) Al(3) Cu(2)					

续表

材料名称	主要成分/%	灵敏度系数 K_s	电阻率 $\rho/10^{-6}(\Omega \cdot m)$	电阻温度系数 $\alpha/(10^{-6}/℃)$	线膨胀系数 $\beta/(10^{-6}/℃)$	最高工作温度 /℃
镍铬铁合金	Ni(36) Cr(8) Mo(0.5) Fe(55.5)	3.2	1.0	175	7.2	230(动态)
铁铬铝合金	Cr(25) Al(5) V(2.6) Fe(67.4)	2.6~2.8	1.3~1.5	±30~40	11	800(静态) 1000(动态)
铂	Pt(纯)	4.6	0.1	3000	8.9	
铂合金	Pt(80) Ir(20)	4.0	0.35	590	13	
铂钨	Pt(91.5) W(8.5)	3.2	0.74	192	9	800(静态)

（2）基底和覆盖层（盖片）

基底用于保持敏感栅、引线的几何形状和相对位置。覆盖层既保持敏感栅和引线的形状和相对位置，又保护敏感栅使其避免受到机械损伤或防止高温氧化。最早的基底和覆盖层多用专门的薄纸制成。基底厚度一般为 0.02~0.04mm。

（3）引线

它是从应变片的敏感栅中引出的细金属丝，即连接敏感栅和测量线路的丝状或带状的金属导线。常用直径约 0.1~0.15mm 的镀锡铜线，或扁带形的其他金属材料制成。对引线材料的性能要求包括电阻率低、电阻温度系数小、抗氧化性能好、易于焊接。大多数敏感栅材料都可制作引线。

（4）黏结剂

用于将敏感栅固定于基底上，并将盖片与基底粘贴在一起。使用金属应变片时，也需用黏结剂将应变片基底粘贴在构件表面某个方向和位置上。以便将构件受力后的表面应变传递给应变式传感器的基底和敏感栅。常用的黏结剂分为有机和无机两大类。有机黏结剂用于低温、常温和中温。常用的有聚丙烯酸酯、酚醛树脂、有机硅树脂及聚酰亚胺等。无机黏结剂用于高温，常用的有磷酸盐、硅酸盐、硼酸盐等。

3. 电阻应变片的主要特性

(1) 应变片电阻值

应变片电阻值 R_0 指应变片未经安装,也不受外力情况下于室温时测定的电阻值。R_0 越大,可承受的电压值越大,但提高电阻值会使敏感栅尺寸变大,一般有 60Ω、120Ω、200Ω、350Ω、1000Ω 几种规格,常用的为 120Ω。

(2) 绝缘电阻和最大工作电流

绝缘电阻是指已粘贴的应变片引线与被测件之间的电阻值 R_m。通常要求 R_m 在 $50\sim100\mathrm{M}\Omega$。绝缘电阻下降将使测量系统的灵敏度降低,使应变片的指示应变产生误差。R_m 取决于黏结剂、基底材料的种类及固化工艺。在常温使用条件下要采取必要的防潮措施,在中温或高温条件下,要注意选取电绝缘性能良好的黏结剂和基底材料。

最大工作电流是指已安装的应变片允许通过敏感栅,而不影响其工作特性的最大电流 $I_{\max}$。工作电流大,输出信号也大,灵敏度就高,但工作电流过大会使应变片过热,灵敏度系数产生变化,零漂与蠕变增加,甚至烧毁应变片。工作电流的选取要根据试件的导热性能及敏感栅形状和尺寸来决定。通常静态测量时取 $25\mathrm{mA}$,动态测量时可取 $75\sim100\mathrm{mA}$。箔式应变片散热条件好,电流可更大一些。在测量塑料、玻璃、陶瓷等导热性差的材料时,电流可以小一些。

(3) 灵敏度系数

金属应变丝的电阻相对变化与它所受应变之间具有线性关系。金属应变丝的灵敏度系数用 K_s 表示。当金属丝做成应变片后,其电阻-应变特性,与金属单丝情况不同。因此,须用实验方法对应变片的电阻-应变特性重新测定。

实验结果表明,金属应变片的电阻相对变化 $\Delta R/R$ 与应变 ε 在很宽的范围内均为线性关系,即 $\Delta R/R = K\varepsilon$ 或 $K = (\Delta R/R)/\varepsilon$。$K$ 为金属应变片的灵敏度系数。应变片的灵敏度系数 K 恒小于线材(金属应变丝)的灵敏度系数 K_s。究其原因,除胶层传递变形失真,横向效应也是一个不可忽视的因素。

(4) 横向效应

当应变片粘贴在被测试件上时,由于其敏感栅是由 n 条长度为 l_1 的直线段和 $(n-1)$ 个半径为 r 的半圆组成,如图 2.23 所示。若该应变片承受轴向应力,产生纵向拉应变 ε_x 时,则各直线段的电阻将增加,但在半圆弧段则受到从 $+\varepsilon_x$ 到 $-\mu\varepsilon_x$ 之间变化的应变,圆弧段电阻的变化将小于沿轴向安放的同样长度电阻丝电阻的变化。综上所述,将直的电阻丝绕成敏感栅后,虽然长度不变,应变状态相同,但由于应变片敏感栅的电阻变化较小,因此其灵敏度系数 K 较电阻丝的灵敏度系数 K_s 小,这种现象称为应变片的横向效应。

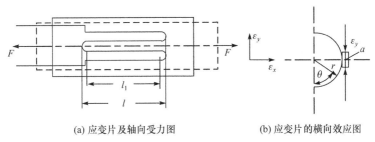

(a) 应变片及轴向受力图　　　(b) 应变片的横向效应图

图 2.23　应变片轴向受力及横向效应

当实际使用应变片的条件与其灵敏度系数 K 的标定条件不同时,如受非单向应力状态,由于横向效应的影响,实际 K 值要改变,如仍按标称灵敏度系数来进行计算,可能造成较大误差。当不能满足测量精度要求时,应进行必要的修正。为了减小横向效应产生的测量误差,一般多采用箔式应变片。

（5）机械滞后

应变片粘贴在被测试件上,当温度恒定时,其指示应变 ε_i 与试件表面机械应变 ε 的比值应当不变,即加载或卸载过程中的灵敏度系数应一致,否则就会带来灵敏度系数的误差。实验表明,在增加或减少机械应变的过程中,对同一机械应变 ε,应变片的指示应变值 ε_i 不同。如图 2.24 所示,此差值即为机械滞后。

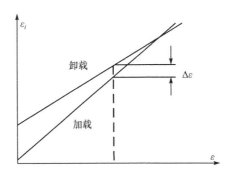

图 2.24　应变片的机械滞后

应变片在承受机械应变后,其内部会产生残余变形,使敏感栅电阻发生少量不可逆变化,这是产生机械滞后的主要原因。在制造或粘贴应变片时,如果敏感栅受到不适当的变形或黏结剂固化不充分,就会造成较大的机械滞后。机械滞后的大小还与应变片所承受的应变量有关,加载时的机械应变愈大,卸载时的滞后也愈大。因此,通常在工作之前应将试件预先加、卸载若干次,以减少因机械滞后产生的误差。

（6）零点漂移和蠕变

对于粘贴好的应变片,当温度恒定时,即使被测试件未承受应变力,应变片的指示应变也会随时间增加而逐渐变化,这一变化就是应变片的零点漂移。产生零点漂移的主要原因是敏感栅通以工作电流后的温度效应、应变片的内应力逐渐变化、黏结剂固化不充分等。当应变片承受恒定的机械应变量,应变片的指示应变却随时间而变化,这种特性称为蠕变。蠕变产生的原因是由于胶层之间发生"滑动",使力传到敏感栅的应变量逐渐减少。

(7)应变极限

粘贴在试件上的应变式传感器所能测量的最大应变值称为应变极限。在一定的温度(室温或极限使用温度)下,对试件缓慢地施加均匀的拉伸载荷,当应变式传感器的指示应变值 ε_i 对真实应变值 ε 的相对误差达到规定值(大于 10%)时真实应变 ε_j,就认为应变式传感器已达到破坏状态,此时的真实应变值 ε_j 就是该批应变传感器的应变极限。如图 2.25 所示为应变片的应变极限图。

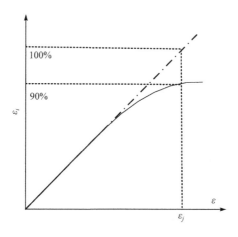

图 2.25 应变片的应变极限

(8)动态特性

电阻应变片在测量频率较高的动态应变时,应变是以应变波的形式在材料中传播,它的传播速度与声波相同,对于钢材 $v \approx 5000\text{m/s}$。应变波由试件材料表面,经黏合层、基片传播到敏感栅,所需的时间是非常短暂的。例如,应变波在黏合层和基片中的传播速度为 1000m/s,黏合层和基片的总厚度为 0.05mm,则所需时间约为 $5 \times 10^{-8}\text{s}$,因此可以忽略不计。但是,由于应变片的敏感栅相对较长,当应变波在纵栅长度方向上传播时,只有在应变波通过敏感栅全部长度后,应变片所反映的波形经过一定时间的延迟,才能达到最大值。如图 2.26 所示为应变片对阶跃应变的响应特性。

(a) 应变波为阶跃波　　　　(b) 理论响应特性　　　　(c) 实际响应特性

图 2.26　应变片对阶跃应变的响应特性

2.2.3　应变片的温度误差及温度补偿

1. 应变片的温度误差

用作测量应变的金属应变片,希望其阻值仅随应变变化,而不受其他因素的影响。实际上应变片的阻值受环境温度(包括被测试件的温度)影响很大。由于测量现场环境温度的改变而给测量带来的附加误差,称为应变片的温度误差。环境温度改变引起电阻变化的两个主要因素:其一是应变片的电阻丝具有一定的温度系数;其二是电阻丝材料与测试材料的线膨胀系数不同。

（1）电阻温度系数的影响

敏感栅的电阻丝阻值随温度变化的关系表示为

$$R_t = R_0(1 + \alpha_0 \Delta t) \tag{2.34}$$

其中,R_t 为温度为 t 时的电阻值;R_0 为温度为 t_0 时的电阻值;α_0 为温度为 t_0 时金属丝的电阻温度系数;Δt 为温度变化值,$\Delta t = t - t_0$。

当温度变化 Δt 时,电阻丝电阻的变化值为

$$\Delta R_\alpha = R_t - R_0 = R_0 \alpha_0 \Delta t \tag{2.35}$$

（2）试件材料和电阻丝材料的线膨胀系数的影响

当试件与电阻丝材料的线膨胀系数相同时,不论环境温度如何变化,电阻丝的变形仍和自由状态一样,不会产生附加变形。

当试件与电阻丝材料的线膨胀系数不同时,由于环境温度的变化,电阻丝会产生附加变形,从而产生附加电阻变化。

设电阻丝和试件在温度为 0℃ 时的长度均为 l_0,它们的线膨胀系数分别为 β_s 和 β_g,若两者不粘贴,则它们的长度分别为

$$l_s = l_0(1 + \beta_s \Delta t), \quad l_g = l_0(1 + \beta_g \Delta t) \tag{2.36}$$

当两者粘贴在一起时,电阻丝产生的附加变形 Δl、附加应变 ε_β 和附加电阻变化 ΔR_β 分别为

$$\Delta l = l_g - l_s = (\beta_g - \beta_s)l_0 \Delta t \tag{2.37}$$

$$\varepsilon_\beta = \frac{\Delta l}{l_0} = (\beta_g - \beta_s)\Delta t \tag{2.38}$$

$$\Delta R_\beta = K R_0 \varepsilon_\beta = K R_0 (\beta_g - \beta_s) \Delta t \qquad (2.39)$$

其中，K 为应变片的灵敏度系数。

由式(2.35)和式(2.39)，可得由于温度变化而引起的应变片总电阻相对变化量，即

$$\frac{\Delta R_t}{R_0} = \frac{\Delta R_\alpha + \Delta R_\beta}{R_0} = \alpha_0 \Delta t + K(\beta_g - \beta_s)\Delta t = [\alpha_0 + K(\beta_g - \beta_s)]\Delta t \qquad (2.40)$$

由式(2.40)可知，因环境温度变化引起的附加电阻的相对变化量，除了与环境温度有关，还与应变片自身的性能参数(K, α_0, β_s)，以及被测试件线膨胀系数 β_g 有关。

2. 应变片的温度补偿

电阻应变片的温度补偿方法通常有应变片自补偿和线路补偿两大类。

(1) 应变片的自补偿法

单丝自补偿法是利用自身具有温度补偿作用的应变片(称为温度自补偿应变片)进行补偿。根据式(2.40)，要实现温度自补偿，必须有

$$\alpha_0 = -K(\beta_g - \beta_s) \qquad (2.41)$$

由式(2.41)可知，当被测试件的线膨胀系数 β_g 已知时，合理选择敏感栅材料，即其电阻温度系数 α_0、灵敏度系数 K，以及线膨胀系数 β_s，满足式(2.41)，则不论温度如何变化，均有 $\Delta R_t / R_0 = 0$，从而达到温度自补偿的目的。

这种补偿方式应变片加工容易、成本低，缺点是只适合用于特定材料，温度补偿范围较窄。

组合式自补偿法又称双金属丝栅法，由两种不同温度系数的金属丝串接组成。一种类型是选用具有不同符号的电阻温度系数的金属丝串接，结构如图 2.27(a)所示，调整两者的比例，使温度变化时产生的电阻变化满足下式，即

$$(\Delta R_1)_t = -(\Delta R_2)_t \qquad (2.42)$$

经变换可以得到下式，即

$$\frac{R_1}{R_2} = -\left(\frac{\Delta R_2}{R_2}\right)_t \Big/ \left(\frac{\Delta R_1}{R_1}\right)_t \qquad (2.43)$$

通过调节两种敏感栅的长度来控制应变片的温度自补偿，可达到 $\pm 0.45 \mu\varepsilon/℃$ 的高精度。

组合式自补偿应变片的另一种形式是，选用具有相同符号的电阻温度系数的金属丝串接，两者都为正或者都为负。其结构形式如图 2.27(b)所示，电阻丝 R_1 和 R_2 分别接电桥相邻两臂，R_2 具有高的温度系数及低的应变灵敏度系数。R_2 与一个温度系数很小的附加电阻 R_B 共同作为一臂。适当调节电阻丝 R_1 和 R_2 的长度比和外接电阻 R_B 之值，使之满足下式，即

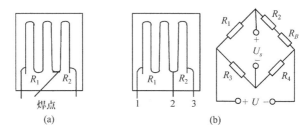

图 2.27　组合式自补偿法

$$(\Delta R_1/R_1)_t=(\Delta R_2)_t/(R_2+R_B)_t \tag{2.44}$$

由此可得

$$R_B=R_1\frac{(\Delta R_2)_t}{(\Delta R_1)_t}-R_2 \tag{2.45}$$

满足式(2.45)即可满足温度自补偿的要求。由电桥原理可知,温度变化引起电桥相邻两臂的电阻变化相同或很接近,相应的电桥输出电压即为零或极小。经计算,这种补偿可达到±0.1με/℃的精度,缺点是只适合特定试件材料。此外,补偿电阻 R_2 虽比 R_1 小得多,但总产生敏感应变,在桥路中与工作栅 R_1 敏感的应变起抵消作用,从而使应变片的灵敏度下降。

（2）线路补偿法

电桥补偿是最常用且效果较好的线路补偿。如图 2.28(a)所示为电桥补偿法的原理图。电桥输出电压 U_0 与桥臂参数的关系为

$$U_0=A(R_1R_4-R_BR_3) \tag{2.46}$$

其中,A 为由桥臂电阻和电源电压决定的常数。

由此可知,当 R_3 和 R_4 为常数时,R_1 和 R_B 对电桥输出电压 U_0 的作用方向相反,利用这一基本关系可实现对温度的补偿。

测量应变时,工作应变片 R_1 粘贴在被测试件表面上,补偿应变片 R_B 粘贴在与被测试件材料完全相同的补偿块上,且仅工作应变片承受应变,如图 2.28(b)所示。

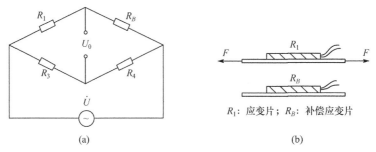

R_1：应变片；R_B：补偿应变片

图 2.28　电桥补偿法

当被测试件不承受应变时，R_1 和 R_B 又处于同一环境温度为 t 的温度场中，调整电桥参数使之达到平衡，此时有

$$U_0 = A(R_1 R_4 - R_B R_3) = 0 \tag{2.47}$$

在工程中，一般按 $R_1 = R_B = R_3 = R_4$，选取桥臂电阻。

当温度升高或降低 $\Delta t = t - t_0$ 时，两个应变片因温度而引起的电阻变化量相等，电桥仍处于平衡状态，即

$$U_0 = A[(R_1 + \Delta R_{1t})R_4 - (R_B + \Delta R_{Bt})R_3] = 0 \tag{2.48}$$

若此时被测试件有应变 ε 的作用，则工作应变片电阻 R_1 又有新的增量 $\Delta R_1 = R_1 K \varepsilon$，而补偿片因不承受应变，故不产生新的增量，此时电桥输出电压为

$$U_0 = A R_1 R_4 K \varepsilon \tag{2.49}$$

由式(2.49)可知，电桥的输出电压 U_0 仅与被测试件的应变 ε 有关，而与环境温度无关。

应当指出，若要实现完全补偿，上述分析过程必须满足以下条件。

① 在应变片工作过程中，保证 $R_3 = R_4$。

② R_1 和 R_B 两个应变片应具有相同的电阻温度系数 α、线膨胀系数 β、应变灵敏度系数 K 和初始电阻值 R_0。

③ 粘贴补偿片的补偿块材料和粘贴工作片的被测试件材料必须一样，两者线膨胀系数相同。

④ 两应变片应处于同一温度场。

2.2.4　电阻应变片测量电路

应变片将试件应变 ε 转换成电阻相对变化 $\Delta R/R$，为了能用电测仪器进行测量，还必须把 $\Delta R/R$ 进一步转换成电压或电流信号。通常采用直流电桥或交流电桥。

1. 直流电桥

若将组成桥臂的一个或几个电阻换成电阻应变片，就构成应变测量的直流电桥。根据接入电阻应变片的数量及电路组成不同，应变片测量电桥可分为单臂、半桥、全桥。

（1）直流电桥的平衡条件

在如图 2.29(a)所示的直流电桥中，大部分电阻应变式传感器的电桥输出端与直流放大器相连，由于直流放大器输入电阻远大于电桥电阻，即负载电阻 $R_L \rightarrow \infty$，电桥输出电压为

$$U_0 = \frac{R_1 R_4 - R_2 R_3}{(R_1 + R_2)(R_3 + R_4)} E \tag{2.50}$$

当 $R_1R_4 - R_2R_3 = 0$，即 $R_1R_4 = R_2R_3$ 时，$U_0 = 0$ 电桥处于平衡状态，$R_1R_4 = R_2R_3$ 称为电桥平衡条件。

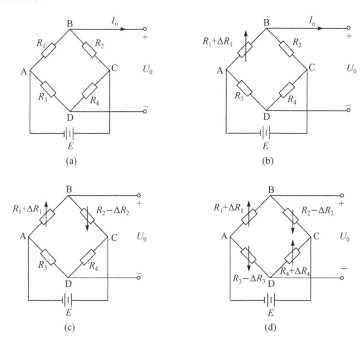

图 2.29　直流电桥

电桥在测量前应对其调零，以使工作时电桥输出电压只与应变片的电阻变化有关。设定初始条件为 $R_1 = R_2 = R_3 = R_4 = R$，此时电桥称为等臂电桥。

（2）单臂测量电桥

只有一个应变片接入电桥，设 R_1 为接入的应变片，其他三个桥臂保持固定电阻不变，如图 2.29(b)所示。

应变时，若应变片电阻 R_1 的变化为 ΔR，其他桥臂固定不变，电桥输出电压 $U_0 \neq 0$，则电桥不平衡，输出电压为

$$
\begin{aligned}
U_0 &= E\left(\frac{R_1 + \Delta R_1}{R_1 + \Delta R_1 + R_2} - \frac{R_3}{R_3 + R_4}\right) \\
&= E\,\frac{\Delta R_1 R_4}{(R_1 + \Delta R_1 + R_2)(R_3 + R_4)} \\
&= E\,\frac{\dfrac{R_4}{R_3}\dfrac{\Delta R_1}{R_1}}{\left(1 + \dfrac{\Delta R_1}{R_1} + \dfrac{R_2}{R_1}\right)\left(1 + \dfrac{R_4}{R_3}\right)}
\end{aligned}
\tag{2.51}
$$

设桥臂比 $n = R_2/R_1$，由于 $\Delta R_1 \ll R_1$，分母中 $\Delta R_1/R_1$ 可忽略，考虑平衡条件 $R_2/R_1 = R_4/R_3$，则式(2.51)可写为

$$U_0 = \frac{n}{(1+n)^2} \frac{\Delta R_1}{R_1} E \tag{2.52}$$

电桥电压灵敏度定义为

$$K_U = \frac{U_0}{\dfrac{\Delta R_1}{R_1}} = \frac{n}{(1+n)^2} E \tag{2.53}$$

电桥电压灵敏度 K_U 正比于电桥供电电压 E，E 越高，K_U 越高，但供电电压的提高受到应变片允许功耗的限制，所以要适当选择桥臂电阻比 n，保证电桥具有较高的电压灵敏度。当 E 确定后，n 取何值才能使 K_U 最高？由 $\mathrm{d}K_U/\mathrm{d}n = 0$，求 K_U 的最大值，求得当 $n = 1$ 时，K_U 为最大值，即在供桥电压 E 确定后，当 $R_1 = R_2 = R_3 = R_4 = R$ 时，电桥电压灵敏度最高，此时有

$$U_0 = \frac{E}{4} \frac{\Delta R_1}{R_1} = \frac{E \Delta R}{4R} = \frac{E}{4} K\varepsilon \tag{2.54}$$

$$K_U = \frac{E}{4} \tag{2.55}$$

式(2.52)中的输出电压忽略了分母中的 $\Delta R_1/R_1$，实际值可按式(2.51)计算得到，即

$$U_0' = \frac{n \dfrac{\Delta R_1}{R_1}}{\left(1 + n + \dfrac{\Delta R_1}{R_1}\right)(1+n)} E \tag{2.56}$$

非线性误差为

$$\delta = \frac{U_0' - U_0}{U_0} = \frac{U_0'}{U_0} - 1 = \frac{1}{\left(1 + \dfrac{1}{2}\dfrac{\Delta R_1}{R_1}\right)} - 1 \approx 1 - \frac{1}{2}\frac{\Delta R_1}{R_1} - 1 \approx -\frac{1}{2}\frac{\Delta R}{R} \tag{2.57}$$

可见，δ 与 $\Delta R_1/R_1$ 成正比，有时能达到可观的程度。为了克服非线性误差，常采用差动电桥。

(3) 半桥差动(对称情况)

有两只相同型号的应变片接入电桥相邻两臂，一个受拉应变，一个受压应变，如图 2.29(c)所示。

该电桥输出电压为

$$U_o = \left(\frac{\Delta R_1 + R_1}{R_1 + \Delta R_1 + R_2 - \Delta R_2} - \frac{R_3}{R_3 + R_4}\right) E \tag{2.58}$$

由于变形相同，即 $\Delta R_1 = \Delta R_2$，且 $R_1 = R_2 = R_3 = R_4$，则

$$U_0 = \frac{E}{2}\frac{\Delta R_1}{R_1} = \frac{E}{2}K\varepsilon \tag{2.59}$$

由此可知,U_0 与 $\Delta R_1/R_1$ 呈线性关系,无非线性误差,且电桥电压灵敏度 $K_U = E/2$,是单臂工作时的两倍。

(4) 全桥差动

电桥的四个桥臂均接入应变片,两个受拉应变,两个受压应变,应变符号相反,将两个应变符号相同的接入相对桥臂上将组成两对差动,如图 2.29(d)所示。

该电桥输出电压为

$$U_0 = \frac{(R_1 + \Delta R_1)(R_4 + \Delta R_4) - (R_2 - \Delta R_2)(R_3 - \Delta R_3)}{(R_1 + \Delta R_1 + R_2 - \Delta R_2)(R_3 - \Delta R_3 + R_4 + \Delta R_4)}E \tag{2.60}$$

由于变形程度相同,$\Delta R_1 = \Delta R_2 = \Delta R_3 = \Delta R_4$,且 $R_1 = R_2 = R_3 = R_4 = R$,则可推出下式,即

$$U_0 = E\frac{\Delta R}{R}, \quad K_U = E \tag{2.61}$$

由此可知,全桥差动电路不仅没有非线性误差,而且电压灵敏度为单臂工作时的 4 倍。

2. 交流电桥

应变直流电桥的优点是高稳定度直流电源易于获得,电桥调节平衡电路简单,传感器至测量仪器的连接导线分布参数影响小等。由于应变电桥输出电压很小,一般都要加放大器,而直流放大器易于产生零漂,因此应变电桥多采用交流电桥。

由于供桥电源为交流电源,引线分布电容使得桥臂应变片呈现复阻抗特性,即相当于应变片各并联了一个电容,如图 2.30 所示。

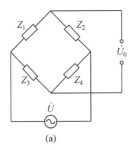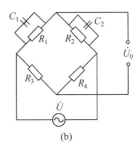

图 2.30　交流电桥

(1) 交流电桥的平衡条件

交流电桥的结构与工作原理与直流电桥基本相同,不同的是输入输出为交流电,如图 2.30(a)所示。该电桥输出电压为

$$\dot{U}_0 = \frac{Z_1 Z_4 - Z_2 Z_3}{(Z_1 + Z_2)(Z_3 + Z_4)} \dot{U} \tag{2.62}$$

其中，$Z_1 = |Z_1| e^{j\phi_1}$；$Z_2 = |Z_2| e^{j\phi_2}$；$Z_3 = |Z_3| e^{j\phi_3}$；$Z_4 = |Z_4| e^{j\phi_4}$，交流电桥平衡条件为 $|Z_1||Z_4| = |Z_2||Z_3|$，$\phi_1 + \phi_4 = \phi_2 + \phi_3$。

当 $Z_1 Z_4 - Z_2 Z_3 = 0$，即 $Z_1 Z_4 = Z_2 Z_3$ 时，$\dot{U}_0 = 0$，此时电桥达到平衡。

（2）交流电桥的输出特性及平衡调节

设交流电桥的初始状态是平衡的。当工作应变片 R_1 改变 ΔR_1 后，引起 Z_1 变化 ΔZ_1，可得下式，即

$$\dot{U}_0 = \dot{U} \frac{\dfrac{Z_4}{Z_3} \dfrac{\Delta Z_1}{Z_1}}{\left(1 + \dfrac{Z_2}{Z_1} + \dfrac{\Delta Z_1}{Z_1}\right)\left(1 + \dfrac{Z_4}{Z_3}\right)} \tag{2.63}$$

略去分母中 $\dfrac{\Delta Z_1}{Z_1}$，并设 $Z_1 = Z_2$，$Z_4 = Z_3$，则

$$\dot{U}_0 = \frac{\dot{U}}{4}\left(\frac{\Delta Z_1}{Z_1}\right) \tag{2.64}$$

下面具体说明，设交流电桥如图 2.30(b) 所示，每一桥臂上复阻抗分别为

$$\begin{cases} Z_1 = \dfrac{R_1}{1 + j\omega R_1 C_1} \\[2mm] Z_2 = \dfrac{R_2}{1 + j\omega R_2 C_2} \\[2mm] Z_3 = R_3 \\[1mm] Z_4 = R_4 \end{cases}$$

其中，C_1 和 C_2 为应变片引线分布电容。

交流电桥平衡条件为 $\dot{U}_0 = 0$，即 $Z_1 Z_4 = Z_2 Z_3$，整理可得

$$\frac{R_1}{1 + j\omega R_1 C_1} R_4 = \frac{R_2}{1 + j\omega R_2 C_2} R_3$$

变形为

$$\frac{R_3}{R_1} + j\omega R_3 C_1 = \frac{R_4}{R_2} + j\omega R_4 C_2$$

交流电桥的平衡条件（实部、虚部分别相等）为

$$\frac{R_2}{R_1} = \frac{R_4}{R_3}, \quad \frac{R_2}{R_1} = \frac{C_1}{C_2} \tag{2.65}$$

由此可见，对如图 2.30(b) 所示的交流电桥，除要满足电阻平衡条件，还必须满足电容平衡条件，在桥路上除设有电阻平衡调节，还要设置电容平衡调节。常见平衡调节电路如图 2.31 所示。

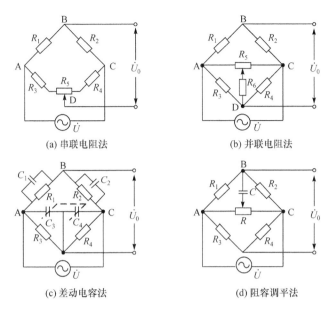

图 2.31　交流电桥平衡调节

① 串联电阻法。图 2.31(a)中 R_5 为

$$R_5 = \left[\, | \, \Delta r_3 \, | + \left| \, \Delta r_1 \, \frac{R_3}{R_1} \, \right| \, \right]_{\max} \tag{2.66}$$

其中,Δr_1 为 R_1 与 R_2 的偏差;Δr_3 为 R_3 与 R_4 的偏差。

② 并联电阻法。图 2.31(b)中调节 R_5 可改变桥臂 AD 和 CD 的阻值比,使电桥满足平衡条件。可调平衡范围取决于 R_6 的值。R_6 越小,可调范围越大,但测量误差也越大。因此,在保证精度的前提下要选得小些。R_5 可采用与 R_6 相同的阻值。R_6 确定如下,即

$$R_6 = \frac{R_3}{\left[\, \left| \dfrac{\Delta r_1}{R_1} \right| + \left| \dfrac{\Delta r_3}{R_3} \right| \, \right]_{\max}} \tag{2.67}$$

③ 差动电容法。图 2.31(c)中 C_3 和 C_4 为同轴差动电容,调节时两电容变化大小相等,极性相反,以此调整电容平衡。

④ 阻容调平法。图 2.31(d)中接入的 T 型 RC 阻容电路起到预调平作用。

在同时具有电阻和电容调平装置进行阻抗调平过程中,两者应不断交替调整,才能取得满意的平衡结果。

用应变片组成的交流电桥,与直流电桥一样也有半桥、全桥的形式,具体分析方法与直流电桥分析方法相同。

2.2.5　应变式传感器应用

应变式电阻传感器用于测量位移、力、力矩、压力、加速度、重量等参数,是应用最广泛的传感器。

1. 应变筒式传感器

应变筒式传感器又称应变管式传感器,如图 2.32 所示。它的弹性敏感元件为一端封闭的薄壁圆筒,另一端带有法兰与被测系统连接。在筒壁上贴有 2 片或 4 片应变片,其中一半贴在实心部分作为温度补偿片,另一半作为测量应变片。当没有压力时,4 片应变片组成平衡的全桥式电路;当压力作用于内腔时,圆筒变形成“腰鼓形”,使电桥失去平衡,输出与压力成一定关系的电压。这种传感器还可以利用活塞将被测压力转换为力传递到应变筒上或通过垂链形状的膜片传递被测压力。应变筒式压力传感器的结构简单、制造方便、适用性强,在火箭弹、炮弹和火炮的动态压力测量方面有广泛应用。

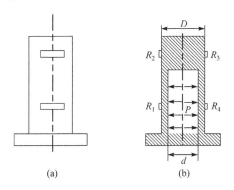

图 2.32　应变筒式传感器

2. 应变膜片式传感器

应变膜片式传感器如图 2.33 所示,其弹性敏感元件为周边固定圆形金属平膜片。膜片受压力变形时,中心处径向应变 ε_r 和切向应变 ε_t 均达到正的最大值,而边缘处径向应变达到负的最大值,切向应变为零。因此,常把两个应变片分别贴在正负最大应变处,并接成相邻桥臂的半桥电路以获得较大灵敏度和温度补偿作用。采用圆形箔式应变传感器则能最大限度地利用膜片的应变效果,这种传感器的非线性较显著。膜片式压力传感器的最新产品是将弹性敏感元件和应变片的作用集于单晶硅膜片上,即采用集成电路工艺在单晶硅膜片上扩散制作电阻条,并采用周边固定结构制成固态压力传感器。

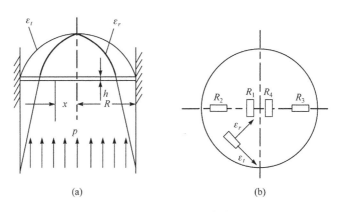

图 2.33　应变膜片式传感器

3. 应变梁式传感器

测量较小压力时,可采用固定梁(图 2.34(a))或等强度梁(图 2.34(b))的结构。一种方法是用膜片把压力转换为力再通过传力杆传递给应变梁。图 2.34 中两端固定梁的最大应变处在梁的两端和中点,应变片就贴在这些地方。这种结构还有其他形式,如图 2.34(c)所示的双孔梁,多用于小量程工业电子秤和商业电子秤。如图 2.34(d)所示为 S 形弹性元件,适应于较小载荷。

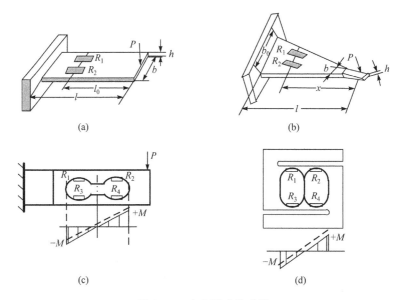

图 2.34　应变梁式传感器

4. 应变式扭矩传感器

测量扭矩可以直接将应变片粘贴在被测轴或使用专门测量扭矩的传感器,其原理如图 2.35 所示。当被测轴受扭力时,其最大剪切力不便于直接测量,但轴主应力方向和母线成 45°角,而且在数值上等于最大剪切力。因此,应变片沿与母线成 45°角方向粘贴,并接成桥路,如图 2.35(c)所示。

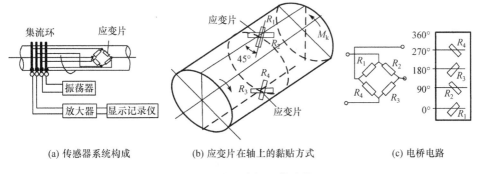

(a) 传感器系统构成　　　　　　(b) 应变片在轴上的黏贴方式　　　　　(c) 电桥电路

图 2.35　应变式扭矩传感器

习　题

2.1　用直流电桥测量电阻的时候,若标准电阻为 10.0004Ω 的电桥已经平衡(被测电阻 R_n＝10.0004Ω),但是由于检流计指针偏转在±0.3mm 以内时,人眼就很难观测出来,因此 R_n 的值也可能不是 10.0004Ω,而 R_n＝10.0004Ω±ΔR_n。若已知电桥的相对灵敏度等于 1mm/0.01%,求对应检流计指针偏转±0.3mm 时,ΔR_n 的值?

2.2　一测量线位移的电位器式传感器,测量范围为 0～10mm,分辨率 0.05mm,电阻丝材料为漆包的铂铱合金,丝直径 0.05mm,电阻率为 ρ＝3.25×10^{-4}Ω/mm,绕在直径为 50mm 的骨架上,开路时电压灵敏度为 2.7V/mm,求 R_L＝10kΩ 时,负载最大的电压灵敏度,最大非线性误差?

2.3　如图 2.36 所示的电路是电阻应变传感器中所用的不平衡电桥的简化电路,R_2＝R_3＝R 是固定电阻,R_1 与 R_4 是电阻应变片,工作时 R_1 受拉,R_4 受压,ΔR＝0,桥路处于平衡状态,当应变片受力发生应变时,桥路失去平衡,这时用桥路输出电压 U_{CD} 表示应变片变后电阻值的变化量。试证明 U_{CD}＝$-(E/2)(\Delta R/R)$。

2.4　说明电阻应变片的组成和种类,电阻应变片有哪些主要特性参数?

2.5　当电位器负载系数 m<0.1 时,求 R_L 与 R_{max} 的关系。若负载误差 δ_L<0.1,且电阻相对变化 γ＝1/2 时,求 R_L 与 R_{max} 的关系。

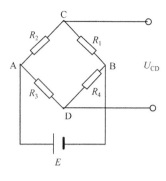

图 2.36

2.6 一个量程为 10kN 的应变式测力传感器,其弹性元件为薄壁圆筒轴向受力,外径 20mm,内径 18mm,在其表面粘贴八个应变片,四个沿周向粘贴,应变片的电阻值均为 120Ω,灵敏度为 2.0,泊松比为 0.3,材料弹性模量 $E=2.1 \times 10^{11}$ Pa。

① 绘出弹性元件贴片位置及全桥电路。

② 计算传感器在满量程时,各应变片电阻变化。

③ 当桥路的供电电压为 10V 时,计算传感器的输出电压。

2.7 试设计一电位器的电阻 R_P 特性,使其能在带负载情况下给出 $Y=X$ 的线性关系。给定电位器的总电阻 $R_P=100\Omega$,负载电阻 R_F 分别为 50Ω 和 500Ω。计算时取 X 的间距为 0.1,X 和 Y 分别为相对输入和相对输出,如图 2.37 所示。

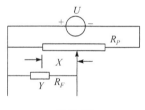

图 2.37

2.8 应变片产生温度误差的原因,及减小或补偿温度误差的方法有哪些?

2.9 电阻应变片的灵敏度定义为 $K=(\Delta R/R)/\varepsilon$,$\Delta R$ 为受到应变 ε 作用后应变片电阻的变化,R 为应变片初始电阻。一个初始阻值为 120Ω 的应变片,灵敏度为 $K=2.0$,如果将该应变片用总阻值为 12Ω 的导线连接到测量系统,求此时应变片的灵敏度。

2.10 什么是金属应变片的灵敏度系数?请解释它与金属丝灵敏度系数的区别。

2.11 如果将 100Ω 电阻应变片贴在弹性试件上,若试件受力横截面积 $S=0.5 \times 10^{-4}$ m^2,弹性模量 $E=2 \times 10^{11}$ Pa,若有 $F=5 \times 10^4$ N 的拉力引起应变电阻变化为 1Ω。试求该应变片的灵敏度系数?

第 3 章　电感式传感器

电感式传感器是利用电磁感应把被测物理量,如位移、压力、流量、振动等转换成线圈的自感系数和互感系数的变化,再由电路转换为电压或电流的变化量输出,实现非电量到电量的转换。电感式传感器的核心部分是可变自感或可变互感。被测量转换成线圈自感或互感时,一般要利用磁场作为媒介或铁磁体的某些现象。这类传感器的主要特征是具有线圈绕组。

电感式传感器种类很多,常见的有自感式传感器、变压器式传感器、涡流式传感器、压磁式传感器,如表 3.1 所示。

表 3.1　电感式传感器分类

自感式	变磁路气隙型	变间隙型
		截面积型
	螺管型	
互感式	差动变压器式	
	电涡流式	
	压磁式	

3.1　自感式传感器

3.1.1　变磁路气隙型自感传感器

1. 工作原理

图 3.1 和图 3.2 为气隙型自感式传感器原理图,A 为固定铁芯,B 为动铁芯(衔铁)。这两个部件一般为硅钢片或坡莫合金叠片。动铁芯用拉簧定位,使 A 和 B 保持一个初始距离 l_0,在固定铁芯上绕有 W 匝线圈。由电感的定义,可写出线圈电感值的表达式为

$$L = \frac{\psi}{I} = \frac{W\phi}{I} \tag{3.1}$$

其中,ψ 为线圈的总磁链;I 为线圈中流过的电流;ϕ 为通过线圈的磁通。

由磁路欧姆定律,知

$$\phi = \frac{IW}{R_m} \tag{3.2}$$

其中，IW 为磁动势；R_m 为磁路总磁阻，即

$$R_m = \sum_{i=1}^{n} \frac{l_i}{\mu_i S_i} + \frac{2l_0}{\mu_0 S_0} \tag{3.3}$$

式中，l_i、S_i 和 μ_i 分别为铁芯中磁通路上第 i 段的长度、横截面积和磁导率；l_0、S_0 和 μ_0 分别为空气隙的长度、等效横截面积和磁导率（$\mu_0 = 4\pi \times 10^{-7}\,\mathrm{H/m}$）。

当铁芯工作在非饱和状态下，铁芯的磁导率远大于空气的磁导率，即式（3.3）中第一项可以略去不计，将式（3.3）和式（3.2）代入式（3.1），则有

$$L = \frac{W^2 \mu_0 S_0}{2l_0} \tag{3.4}$$

由式（3.4）可知，电感值与线圈匝数 W 平方成正比；与空气隙有效截面积 S_0 成正比；与空气隙长度 l_0 成反比。

这些关系中可以利用气隙有效截面积不变，改变空气隙长度设计变间隙型自感式传感器（图 3.1）；空气隙长度不变，改变气隙有效截面积设计横截面积型自感传感器（图 3.2）。当动衔铁 B 移动时，气隙形状（厚度或长度）发生改变，引起磁路中磁阻变化，从而导致电感线圈的电感值变化（这种传感器又称变磁阻式电感传感器），因此只要能测出这种电感量的变化，就能确定动铁芯位移量的大小和方向。

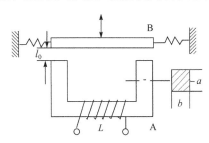

图 3.1　变间隙型自感式传感器

变磁路气隙型自感式传感器也可以做成差动形式，如图 3.3 所示。在固定铁芯 A 上绕有两组线圈，调整动铁芯 B，使在没有被测量输入时，两组线圈的电感值相同，当有被测量输入时，一组自感值增大，而另一组减小。

2. 灵敏度及非线性

由式（3.4）可知，截面积型自感传感器改变空气隙有效截面积 S_0，其转换关系是线性的，其灵敏度为

$$K_s = \frac{\Delta L}{\Delta S} = \frac{W^2 \mu_0}{2l_0} \tag{3.5}$$

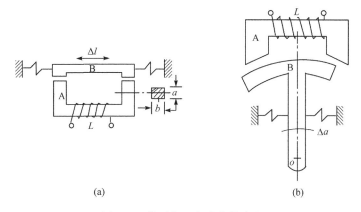

图 3.2　截面积型自感式传感器

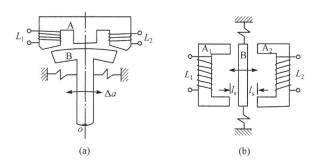

图 3.3　差动气隙型自感式传感器

由式(3.5)知,在忽略气隙磁通边缘效应的条件下,输出呈线性。欲提高灵敏度,需要减小初始空气隙 l_0,但 l_0 的减小受到工艺和结构的限制,且测量范围也变小。

变间隙型自感传感器改变空气隙长度 l_0,其转换关系为非线性关系。设动铁芯的移动使气隙改变 Δl,则

$$\Delta L = L - L_0 = \frac{W^2 \mu_0 S_0}{2(l_0 + \Delta l)} - \frac{W^2 \mu_0 S_0}{2 l_0} = \frac{W^2 \mu_0 S_0}{2 l_0}\left(\frac{l_0}{l_0 + \Delta l} - 1\right) = L_0\left(\frac{1}{1 + (\Delta l / l_0)} - 1\right)$$

当满足 $\Delta l / l_0 < 1$ 时,变间隙型自感传感器的灵敏度为

$$K_l = \frac{\Delta L}{\Delta l} = -\frac{L_0}{l_0}\left(1 - \frac{\Delta l}{l_0} + \left(\frac{\Delta l}{l_0}\right)^2 - \left(\frac{\Delta l}{l_0}\right)^3 + \cdots\right) \tag{3.6}$$

从提高灵敏度的角度看,与截面积型传感器一样,初始空气隙距离 l_0 尽量小,其结果是被测量的范围也变小(适合于测量微小位移)。如果采用增大空气隙等效面积或增加线圈匝数来提高灵敏度,必将增大传感器的几何尺寸和重量。这些矛盾在设计时应适当考虑。与截面积型自感式传感器相比,变间隙型的灵敏度较高,

但非线性性严重,自由行程小,制造装配困难。因此,这种类型的传感器使用逐年减少。

为改善自感式传感器的灵敏度和线性度,往往采用差动式结构,其灵敏度为

$$K_l = \frac{\Delta L}{\Delta l} = -2\frac{L_0}{l_0}\left(1 + \left(\frac{\Delta l}{l_0}\right)^2 + \left(\frac{\Delta l}{l_0}\right)^4 + \cdots\right) \tag{3.7}$$

与单极式比较,差动式变间隙型传感器的灵敏度提高一倍,非线性大大减小。

3.1.2 螺管型传感器

如图 3.4 所示,单线圈螺管型传感器的主要元件包括一只螺管线圈和一根圆柱形铁芯。传感器工作时,因铁芯在线圈中伸入长度的变化,引起螺管线圈自感值的变化。当用恒流源激励时,线圈的输出电压与铁芯的位移量有关。

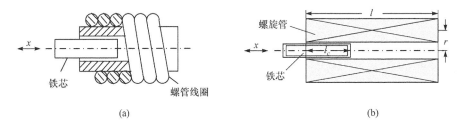

图 3.4　螺管型自感传感器

如图 3.4(b)所示,铁芯插入的初始长度 l_c,且 l_c 小于线圈长度 l 时,则线圈总电感为

$$L = \frac{\mu_0 \pi W^2}{l^2}(lr^2 + \mu_r l_c r_c^2) \tag{3.8}$$

其中,l 为线圈长度;μ_0 为空气的磁导率;r 为线圈的半径;r_c 为铁芯的半径;μ_r 为铁芯的相对磁导率;W 为线圈匝数。

当铁芯的插入长度增加 Δl_c,且($l_c + \Delta l_c$)小于线圈长度 l 时,线圈电感量为

$$L = \frac{\mu_0 \pi W^2}{l^2}\left[lr^2 + \mu_r r_c^2(l_c + \Delta l_c)\right] \tag{3.9}$$

电感的变化量为

$$\Delta L = \frac{\mu_0 \pi W^2}{l^2}\mu_r r_c^2 \Delta l_c \tag{3.10}$$

以上说明,螺管型自感传感器的电感量 L 的大小与铁芯的插入长度 l_c 有关。为了提高灵敏度与线性度,可采用差动螺管型电感传感器结构,灵敏度比单个螺管式传感器高 1 倍,如图 3.5 所示。

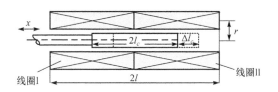

图 3.5　差动螺旋型电感传感器结构

变间隙型、变截面积型、螺管型自感式传感器的区别:变间隙型灵敏度最高,但灵敏度随间隙的增大而减小,非线性误差大,量程有限而且较小,传感器制作装配比较困难;变截面积型灵敏度比变间隙型小,理论灵敏度为一常数,因此线性度好,量程较大;螺管型量程大,灵敏度低,结构简单,便于制作,因此应用广泛。

3.1.3　测量电路

1. 等效电路

从电路角度来看,电感式传感器的线圈并非纯电感。它既有线圈的铜损耗电阻 R_c,又有铁芯的涡流及磁滞损耗 R_e,这部分可以折合成有功电阻 R_q 表示。无功阻抗除了电感,还包括绕组间分布电容,这部分可以用电容总参数 C 表示。一个电感线圈的完整等效电路包括线圈的自感 L、总电阻 R_q 和绕线间分布电容 C 组成。等效电路如图 3.6 所示。

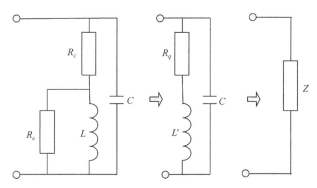

图 3.6　电感线圈等效电路

2. 转换电路

自感式传感器把被测量的变化转化为电感变化。为了测出电感量的变化,同时也为送入下一级电路进行放大和处理,需要把电感变化转换成电压(或电流)的变化。把传感器接入不同的转换电路后,原则上可将电感的变化转成电压(或电流)的幅值、频率和相位的变化,分别称为调幅、调频和调相电路。

（1）调幅电路

调幅电路的一种主要形式是交流电桥。如图 3.7 所示为交流电桥的一般形式。桥臂 Z_i 可以是电阻、电抗或阻抗元件。当空载时,其输出称为开路输出电压,表达式为

$$\dot{U}_0 = \left(\frac{Z_1}{Z_1+Z_2} - \frac{Z_3}{Z_3+Z_4}\right)\dot{U}$$

$$= \frac{Z_1 Z_4 - Z_2 Z_3}{(Z_1+Z_2)(Z_3+Z_4)}\dot{U} \tag{3.11}$$

其中,$\dot{U}$ 为电源电压。

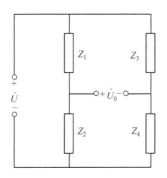

图 3.7　交流电桥的一般形式

在初始状态下,当衔铁在中间位置时,电桥达到平衡,即 $Z_1 Z_4 = Z_2 Z_3$,电桥的空载输出电压与负载输出电压均为零。

在实际应用中,交流电桥和差动式电感传感器配合使用,传感器的两个电感线圈作为电桥的两个工作臂,电桥的平衡臂可以用纯电阻,或者是变压器的两个二次线圈,如图 3.8 所示。

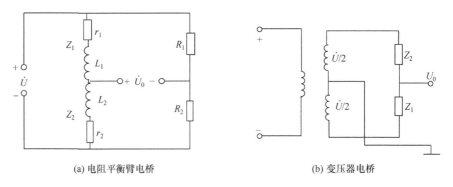

(a) 电阻平衡臂电桥　　　　　　　　(b) 变压器电桥

图 3.8　交流电桥的两种形式

在图 3.8(a)中,R_1 和 R_2 为平衡电阻,Z_1 和 Z_2 为工作臂,即传感器的阻抗。其值可写成 $Z_1 = r_1 + j\omega L_1$,$Z_2 = r_2 + j\omega L_2$。其中,r_1 和 r_2 为串联损耗电阻,L_1 和 L_2 为线圈电感,ω 为电源角频率。一般情况下,取 $R_1 = R_2 = R$,当电桥处于初始平衡状态时,$Z_1 = Z_2 = Z$。工作时,传感器的衔铁由初始平衡零点产生位移,则 $Z_1 = Z + \Delta Z$,$Z_2 = Z - \Delta Z$,代入式(3.11),可得

$$\dot{U}_0 = \frac{\Delta Z}{2Z} \dot{U} \tag{3.12}$$

传感器线圈的阻抗变化 ΔZ 为损耗电阻变化 Δr 及感抗变化 $\omega \Delta L$ 两部分,即 $\Delta Z = \Delta r + j\omega\Delta L$,代入式(3.12)可得到输出电压幅值为

$$
\begin{aligned}
U_0 &\approx \frac{r\Delta r + \omega^2 L \Delta L}{r^2 + (\omega L)^2} \frac{U}{2} \\
&= \frac{U}{2}\left[\frac{r^2}{r^2 + (\omega L)^2}\frac{\Delta r}{r} + \frac{\omega^2 L^2}{r^2 + (\omega L)^2}\frac{\Delta L}{L}\right] \\
&= \frac{U}{2(1 + 1/Q^2)}\left(\frac{1}{Q^2}\frac{\Delta r}{r} + \frac{\Delta L}{L}\right)
\end{aligned} \tag{3.13}
$$

其中,$Q = \omega L/r$ 为电感线圈的品质因数。

由式(3.13)可以看出,若忽略 $\Delta r/r$,则式(3.13)可写为

$$U_0 = \frac{U}{2(1 + 1/Q^2)}\frac{\Delta L}{L} \tag{3.14}$$

若设计时有较大的 Q 值,则式(3.14)可写为

$$U_0 = \frac{U}{2}\frac{\Delta L}{L} \tag{3.15}$$

如图 3.8(b)所示的变压器电桥,Z_1 和 Z_2 为传感器两个线圈的阻抗,另外两臂为电源变压器二次线圈的两半,每半的电压为 $\dot{U}/2$,则输出的空载电压为

$$\dot{U}_0 = \frac{\dot{U}}{Z_1 + Z_2}Z_1 - \frac{\dot{U}}{2} = \frac{\dot{U}}{2}\frac{Z_1 - Z_2}{Z_1 + Z_2} \tag{3.16}$$

在初始平衡状态,$Z_1 = Z_2 = Z$,$U_0 = 0$。当衔铁由初始平衡零点产生位移,$Z_1 = Z + \Delta Z$,$Z_2 = Z - \Delta Z$,代入式(3.16)可得下式,即

$$\dot{U}_0 = \frac{\dot{U}}{2}\frac{\Delta Z}{Z} \tag{3.17}$$

可见变压器电桥的空载输出电压与电阻平衡臂电桥的表达式完全一样,但这

种电桥和上一种相比,使用元件少,输出阻抗小,因此应用广泛。

如图 3.9(a)所示为另一种调幅电路,叫谐振式调幅电路。电路传感器电感 L 与电容 C、变压器 T 原边串联在一起,接入交流电源 u,变压器副边将有电压 u_0 输出,图 3.9(b)所示为输出电压 u_0 与电感 L 的关系曲线图,输出电压 u_0 的频率与电源频率相同,而幅值随着电感 L 而变化。L_1 为谐振点的电感值。在实际应用中,可以使用的特性曲线一侧接近线性的一段。这种电路的灵敏度很高,但线性差,适用于线性度要求不高的场合。

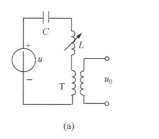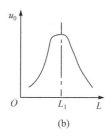

（a）　　　　　　　　　　　（b）

图 3.9　谐振式调幅电路

（2）调频电路

调频电路的基本原理是传感器电感 L 变化将引起输出电压频率 f 的变化。一般是把传感器电感 L 和一个固定电容 C 接入一个振荡回路中。如图 3.10 所示,其振荡频率 $f = 1/\left[2\pi(LC)^{1/2}\right]$。当 L 变化时,振荡频率随之变化,根据 f 的大小即可测出被测量值。

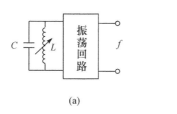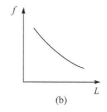

（a）　　　　　　　　　　　（b）

图 3.10　调频电路

当 L 有了微小变化 ΔL,频率的变化 Δf 为

$$\Delta f \approx -\frac{1}{4\pi}(LC)^{-3/2} C \ \Delta L = -\frac{f}{2} \cdot \frac{\Delta L}{L} \tag{3.18}$$

由图 3.10(b)可以看出,L 与 f 存在严重的非线性关系,要求后续电路做适当处理。调频电路只有在 f 较大的情况下才能达到较高的精度。

（3）调相电路

调相电路的基本原理是传感器电感 L 变化将引起输出电压相位 φ 的变化。

如图 3.11(a)所示为一个相位电桥,一臂为传感器 L,另一臂为固定电阻 R。另外两臂为电源变压器二次线圈的两半,每半的电压为 $\dot{U}/2$,设计时使电感线圈具有高品质因数。忽略其损耗电阻,则电感线圈与固定电阻上压降 $\dot{U}_L$ 与 $\dot{U}_R$ 互相垂直,如图 3.11(b)所示。当电感 L 变化时,输出电压 $\dot{U}_0$ 的幅值不变,相位角 φ 随之变化。φ 与 L 的关系为

$$\varphi = -2\arctan\frac{\omega L}{R} \tag{3.19}$$

其中,ω 为电源角频率。

在这种情况下,L 有微小的变化 ΔL 时,输出电压相位的变化 $\Delta\varphi$ 为

$$\Delta\varphi = -\frac{2(\omega L/R)}{1+(\omega L/R)^2}\frac{\Delta L}{L} \tag{3.20}$$

图 3.11(c)给出了 φ 与 L 的特性关系。

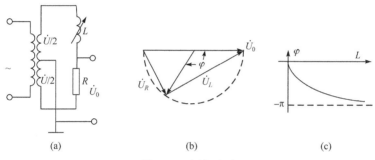

(a)　　　　　　　　(b)　　　　　　　　(c)

图 3.11　调相电路

3.1.4　零位误差

当差动自感式传感器的衔铁位于中间位置时,电桥输出理论上为零,但实际上总存在零位不平衡电压输出(零位电压),造成零位误差,如图 3.12 所示。过大的零位电压会使放大器提前饱和,若传感器输出作为伺服系统的控制信号,零位电压还会使伺服电机发热,甚至产生零位误动作。零位电压的组成十分复杂,如图 3.12(b)所示,包含基波和高次谐波。

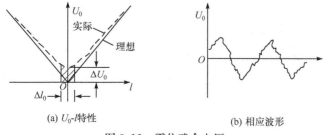

(a) U_0-l特性　　　　　　　　(b) 相应波形

图 3.12　零位残余电压

造成零位误差的主要原因如下。

① 传感器的差动线圈不完全对称。

② 存在寄生参数。

③ 供电电源中有高次谐波。

④ 磁路本身存在非线性。

⑤ 工频干扰。

克服方法要针对产生的原因而定。对①而言,设计及加工工艺需要有严格要求;对②和⑤,需要加屏蔽保护;③对供电电源有一定的质量要求,最好与工频不同;④除选择磁路材料要正确,不要片面追求灵敏度而过高地提高供电电压。以上措施只能取得一些效果,但是这些措施都要较多地增加成本。

除上述方法,在设计时还可以在线路上采取措施,如在桥臂上增加调节元件,可在电桥的某个桥臂上并联大电阻以减小电容。至于那个臂上并联调节元件,且要并联多大值的元件可以通过调试来定。另外,为滤掉不平衡电压中的高次谐波,可以在电桥之后加带通滤波器,此带通滤波器的中心频率可取为电桥电源频率,而带宽由被测信号的频率决定。

3.1.5　自感式传感器的特点及应用

自感式传感器有如下特点。

① 灵敏度较好,目前可测 $1\mu m$ 的直线位移,输出信号比较大、信噪比较好。

② 测量范围比较小,适用于测量较小位移。

③ 存在非线性。

④ 消耗功率较大,尤其是单极式电感传感器,这是由于它有较大的电磁吸力的缘故。

⑤ 工艺要求不高,加工容易。

自感式传感器可以直接用于测量直线位移、角位移的静态和动态量,还可以它为基础,做成多种用途的传感器,用以测量力、压力、转矩等物理量。

如图 3.13 所示为测气体压力的自感式传感器。它是变间隙型自感式传感器。感受气体压力的元件为膜盒,传感器测量压力的范围由膜盒的刚度决定。这种传感器适用于测量精度要求不高的场合或报警系统中。

如图 3.14 所示为压差传感器的结构原理。若 $P_0=P_1$,则动铁芯处于对称位置(即处于零位),此时有 $L_{10}=L_{20}$;若 $P_0<P_1$,则下面的电感增大。传感器的灵敏度与固定衔接的刚度有关,其全程测量范围除与刚度有关,与衔接铁芯间空气隙的长短亦有关。

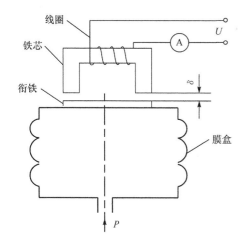

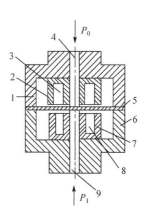

1、6—外壳;2、7—铁芯;3、8—线圈;
4、9—导气孔道;5—动铁芯

图 3.13　变间隙型自感压力传感器示意图　　　图 3.14　压差传感器示意图

　　为提高传感器灵敏度,常采用差动式结构,变间隙型差动式电感压力传感器主要由 C 形弹簧管、衔铁、铁芯和线圈等组成,如图 3.15 所示。

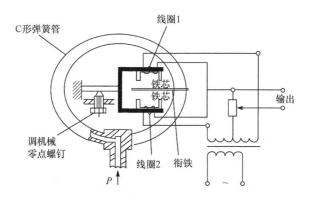

图 3.15　差动式压力传感器示意图

3.2　变压器式传感器

3.2.1　工作原理

　　变压器式传感器是将被测的非电量转化为线圈互感变化的传感器,也称为互感式电传感器。互感式电传感器本质上是一个变压器,是基于物理学电磁感应现象制成的一种装置。这种传感器多采用差动形式。

图 3.16 为变压器式传感器典型结构原理。其中，A 和 B 为两个山字形固定铁芯，其中窗中各绕有两个绕组，W_{1a} 和 W_{1b} 为一次绕组，W_{2a} 和 W_{2b} 为二次绕组，C 为衔铁。在没有非电量输入时，衔铁和铁芯 A 和 B 的间隔相同，即 $\delta_a = \delta_b$。绕组 W_{1a} 和 W_{2a} 间的互感 M_a 与绕组 W_{1b} 和 W_{2b} 间的互感 M_b 相等。

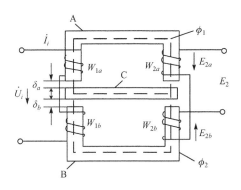

图 3.16　气隙型差动变压器式传感器

两个一次绕组的同名端顺向串联，并施加交流电压 $\dot{U}_i$。两个二次绕组的同名端则反相串联，并测量串联后的合成电动势 E_2，则

$$E_2 = E_{2a} - E_{2b}$$

其中，E_{2a} 为二次绕组 W_{2a} 的互感电动势；E_{2b} 为二次绕组 W_{2b} 的互感电动势；E_2 的大小反映被测体位移的大小，极性反映被测体位移的方向。

初始状态，两个次级绕组的互感电势相等，即 $E_{2a} = E_{2b}$，因此输出电压 $E_2 = E_{2a} - E_{2b} = 0$。

当被测体的位移使衔铁的位置发生变化 $\delta_a \neq \delta_b$，绕组 W_{1a} 和 W_{2a} 间的互感 M_a 与绕组 W_{1b} 和 W_{2b} 的互感 M_b 不相等，即 $E_{2a} \neq E_{2b}$。次级绕组反相串联，因此输出电压 $E_2 = E_{2a} - E_{2b} \neq 0$。此电压的大小与极性反映被测体位移的大小和方向。

如图 3.17 所示为截面积型差动变压器式传感器。输入非电量为角位移 $\Delta\alpha$，在一个山字形铁芯上有三个绕组，W_1 为一次绕组，W_{2a} 和 W_{2b} 为二次绕组。衔铁 B 以 O 为轴转动，衔铁转动时由于改变了铁芯与衔铁间磁路上的垂直有效截面积 S，就改变了绕组的互感，使得一个增大，一个减小，因此两个二次绕组中的感应电动势也随之改变。两个二次绕组 W_{2a} 和 W_{2b} 反相串联，合成电动势 E_2，就可以判断出非电量的大小和方向。

3.2.2　等效电路及输出特性

假定传感器二次侧开路(或负载阻值足够大)，且不考虑铁损耗(即涡流及磁滞

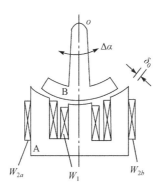

图 3.17　截面积型差动变压器式传感器

损耗为零),这时传感器的等效电路如图 3.18 所示。r_{1a} 和 r_{1b} 为传感器一次绕组 W_{1a} 和 W_{1b} 的直流电阻;L_{1a} 和 L_{1b} 为 W_{1a} 和 W_{1b} 的电感;r_{2a}、r_{2b} 及 L_{2a}、L_{2b} 为二次绕组 W_{2a} 和 W_{2b} 的直流电阻及电感;绕组 W_{1a} 和 W_{2a} 间的互感为 M_a,绕组 W_{1b} 和 W_{2b} 的互感为 M_b。二次绕组产生的感应电动势为

$$\dot{E}_{2a} = -\mathrm{j}\omega M_a I_1$$
$$\dot{E}_{2b} = -\mathrm{j}\omega M_b I_1$$

则有

$$\dot{E}_2 = \dot{E}_{2a} - \dot{E}_{2b} = -\mathrm{j}\omega I_1(M_a - M_b) \tag{3.21}$$

其中

$$M_a = \frac{W_{2a}\phi_{2a}}{I_1} = \frac{W_{1a}W_{2a}}{R_{ma}} \tag{3.22}$$

$$M_b = \frac{W_{2b}\phi_{2b}}{I_1} = \frac{W_{1b}W_{2b}}{R_{mb}} \tag{3.23}$$

式中,ϕ_{2a} 和 ϕ_{2b} 为 A 和 B 两个传感器绕组磁通势 I_1W_{1a} 和 I_1W_{1b} 建立并分别链过 W_{2a} 和 W_{2b} 的磁通;R_{ma} 和 R_{mb} 为 A 和 B 磁路中的磁阻。

将式(3.22)和式(3.23)代入式(3.21)中,有

$$\dot{E}_2 = -\mathrm{j}\omega I_1\left(\frac{W_{1a}W_{2a}}{R_{ma}} - \frac{W_{1b}W_{2b}}{R_{mb}}\right) \tag{3.24}$$

其中,$I_1 = \dfrac{\dot{U}_i}{r_{1a} + r_{1b} + \mathrm{j}\omega(L_{1a} + L_{1b})}$。

在工艺严格要求下,可以做到两组绕组对称,即

$$r_{1a} = r_{1b} = r_1$$
$$L_{1a0} = L_{1b0} = L_{10}$$
$$W_{1a} = W_{1b} = W_1$$
$$W_{2a} = W_{2b} = W_2$$

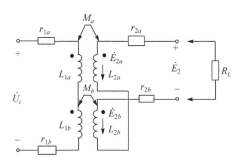

图 3.18　差动变压器式传感器等效电路

这时,式(3.24)可简化为

$$\dot{E}_2=-\mathrm{j}\omega\frac{\dot{U}_iW_1W_2}{2r_1+\mathrm{j}\omega(L_{1a}+L_{1b})}\frac{R_{mb}-R_{ma}}{R_{ma}R_{mb}}\qquad(3.25)$$

其中

$$L_{1a}=\frac{W_1^2}{R_{ma}},\quad L_{1b}=\frac{W_1^2}{R_{mb}}$$

$$R_{ma}=\frac{2\delta_a}{\mu_0S}=\frac{2(\delta_0+\Delta\delta)}{\mu_0S},\quad R_{mb}=\frac{2\delta_b}{\mu_0S}=\frac{2(\delta_0-\Delta\delta)}{\mu_0S}$$

将上述参量代入式(3.25),有

$$\dot{E}_2=\mathrm{j}\omega\frac{\dot{U}_iW_1W_2}{2r_1+\mathrm{j}\omega W_1^2\dfrac{\delta_0}{\delta_0^2-\Delta\delta^2}\mu_0S}\frac{\Delta\delta}{\delta_0^2-\Delta\delta^2}\mu_0S$$

$$\approx\mathrm{j}\omega\frac{\dot{U}_iW_1W_2}{2r_1+\mathrm{j}\omega W_1^2\dfrac{1}{\delta_0}\mu_0S}\frac{\Delta\delta}{\delta_0^2}\mu_0S\qquad(3.26)$$

再将 $L_{10}=\dfrac{W_1^2}{2\delta_0/\mu_0S}$ 代入式(3.26),令品质因数 $Q=\omega L_{10}/r_1$,可得

$$\dot{E}_2\approx\mathrm{j}\omega\frac{\dot{U}_i(W_2/W_1)}{(r_1+\mathrm{j}\omega L_{10})}\frac{\Delta\delta}{\delta_0}L_{10}\dot{E}_2$$

$$=\dot{U}_i\frac{W_2}{W_1}\frac{\Delta\delta}{\delta_0}\frac{1+\mathrm{j}\dfrac{1}{Q}}{1+\left(\dfrac{1}{Q}\right)^2}\qquad(3.27)$$

输出信号的幅频特性及相频特性为

$$E_2=U_i\frac{W_2}{W_1}\frac{\Delta\delta}{\delta_0}\frac{1}{\sqrt{1+\left(\dfrac{1}{Q}\right)^2}}\qquad(3.28)$$

$$e_2(\omega)=\arctan\left(\frac{1}{Q}\right)=\arctan\left(\frac{r_1}{\omega L_{10}}\right) \tag{3.29}$$

可见,只有在传感器一次侧有功耗电阻为零的情况下,输出信号才与输入信号同相(或相反),其值才正比于衔铁的直线位移 $\Delta\delta_0$。该传感器的灵敏度为

$$S_E=\frac{E_2}{\Delta\delta}=\frac{W_2}{W_1}\frac{U_i}{\delta_0}\frac{1}{\sqrt{1+\left(\dfrac{1}{Q}\right)^2}} \tag{3.30}$$

由此可以得到如下结论。

① 供电电源要稳定,电源幅值的适当提高可以提高灵敏度。

② 增加 W_2/W_1 的比值和减小 δ_0 都能使灵敏度值提高。

③ 以上分析是在忽略铁损和线圈中的分布电容等条件下得到的,当供电频率较高时,或者供电频率并不高,但铁芯采用实心整体铁芯时,必须考虑铁损造成的影响,将会使传感器性能变差。

④ 以上分析假定工艺上严格对称,而实际上很难做到这一点,因此传感器实际输出特性存在零位残余电压。

⑤ 上述推导假定传感器二次侧开路。这就要求二次侧线路有足够大的输入阻抗。使用电子线路时如果要求有几十 kΩ 的输入阻抗是完全可以办到的,但如果直接配接低输入阻抗电路,须考虑变压器副边电流对输出特性的影响。

⑥ 供电电源频率的选取。可由式(3.29)和式(3.30)画出在一定输入量情况下的幅频和相频特性,如图 3.19 所示。一般材料(硅钢片)的传感器在频率 $f>2000\,\mathrm{Hz}$ 时,可实现灵敏度和相位 θ 与频率无关。当频率 f 过高时,铁芯中损耗将增大,因此灵敏度 S_E 和 Q 值都要下降。一般材料做的传感器一次绕组的供电频率不宜高于 $8000\,\mathrm{Hz}$。

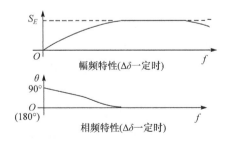

图 3.19　输出信号的幅频、相频特性曲线

3.2.3　差动变压器式传感器的测量电路

差动变压器随衔铁的位移输出一个调幅波,因此用电压表来测量存在下述

问题。

① 总有零位电压输出,因此零位附近的小位移量测量困难。

② 交流电压无法判别衔铁移动方向,为此常采用必要的测量电路来解决。

1. 相敏检波电路

在动态测量时,假定位移是正弦波,即 $z = z_m \sin\omega t$,则动态测量波形如图 3.20 所示。由此可见,衔铁在零位以上移动和零位以下移动时,二次绕组输出电压的相位发生 $180°$ 的变化。因此,判别相位的变化可以判别位移的极性。相敏检波电路正是通过鉴别相位来辨别位移的方向,即差动变压器式传感器输出的调幅波经过相敏检波后,既能输出反映位移大小,又反映位移极性的测量信号。

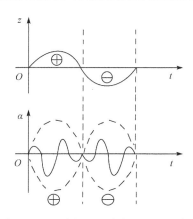

图 3.20　差动变压器动态测量时的波形

相敏检波电路如图 3.21 所示,V_{D1}、V_{D2}、V_{D3} 和 V_{D4} 为四个性能相同的二极管,以同一方向串联成一个闭合回路,形成环形电桥。差动变压器式传感器输出电压信号 u_2 通过变压器 T_1 加到环形电桥的一条对角线,其输出为 $u = u_{21} + u_{22}$。参考信号 u_s 通过变压器 T_2 加入环形电桥的另一条对角线。输出信号 u_L 从变压器 T_1 与 T_2 的中心抽头引出。R_L 为负载电阻。平衡电阻 R 起限流作用,避免二极管导通时变压器的次级电流过大。

相敏检波电路需要满足下面两个条件:u_s 的幅值要远大于传感器输入信号 u_2 的幅值,以便有效控制四个二极管的导通状态;u_s 和差动变压器式传感器激励电压由同一振荡器供电,保证两者同频、同相(或反相)。

(1) 当衔铁在零点以上移动时($x(t)>0$)

① 载波信号为上半周($0\sim\pi$)。

u_s 与 u 同相,即变压器 T_1 二次侧输出电压 u_{21} 上正下负,u_{22} 上正下负;变压器 T_2 二次侧输出电压 u_{s1} 左正右负,u_{s2} 左正右负。

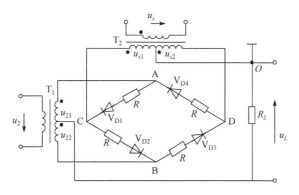

图 3.21　相敏检波电路原理图

u_{21} 正端接点 A，u_{s1} 正端接点 C，由于 $|u_s| \gg |u_2|$，因此 A 点的电位低于 C 点的电位，则 V_{D1} 截止。

u_{22} 负端接点 B，u_{s2} 负端接点 D，由于 $|u_s| \gg |u_2|$，因此 D 点的电位低于 B 点的电位，则 V_{D3} 导通。

u_{21} 正端接点 A，u_{s2} 负端接点 D，所以 A 点的电位高于 D 点的电位，则 V_{D4} 截止。

u_{22} 负端接点 B，u_{s1} 正端接点 C，所以 C 点的电位高于 B 点的电位，则 V_{D2} 导通。

V_{D1} 和 V_{D4} 截止，u_{21} 所在的线圈断路。

V_{D2} 和 V_{D3} 导通，u_{22} 所在的线圈接入回路。

电流自 u_{22} 的正极出发，向上流经 R_L，变压器 T_2 的左线圈，再经过 V_{D2} 流回 u_{22} 的负极，回路电流以 i_2 表示，这个回路 u_{22} 和 u_{s1} 正向串联，因此

$$i_2 = \frac{u_{s1} + u_{22}}{R_L + R}$$

电流 i_3 自上而下流经 R_L，在变压器 T_1 下线圈，再经过 V_{D3}，变压器 T_2 右线圈，构成另外一个回路，电流为

$$i_3 = \frac{u_{s2} - u_{22}}{R_L + R}$$

由于 $u_{s1} = u_{s2}$，可见 $i_2 > i_3$，因此流经 R_L 的电流为两电流的代数和 $i_L = i_2 - i_3$，自下而上，且为正向，负载电阻将得到正的电压 u_L。

② 载波信号为下半周（$\pi \sim 2\pi$）。

变压器 T_1 二次侧输出电压 u_{21} 上负下正，u_{22} 上负下正；变压器 T_2 二次侧输出电压 u_{s1} 左负右正，u_{s2} 左负右正。

u_{21} 负端接点 A，u_{s1} 负端接点 C，由于 $|u_s| \gg |u_2|$，因此 C 点的电位低于 A 点的电位，则 V_{D1} 导通。

u_{22}正端接点 B，u_{s2}正端接点 D，由于$|u_s|\gg|u_2|$，因此 D 点的电位高于 B 点的电位，则 V_{D3} 截止。

u_{21}负端接点 A，u_{s2}正端接点 D，因此 A 点的电位低于 D 点的电位，则 V_{D4} 导通。

u_{22}正端接点 B，u_{s1}负端接点 C，因此 C 点的电位低于 B 点的电位，则 V_{D2} 截止。

V_{D1} 和 V_{D4} 导通，u_{21}所在的线圈接入回路。

V_{D2} 和 V_{D3} 截止，u_{22}所在的线圈断路。

电流向上流经 R_L，变压器 T_2 的右线圈，在经过 V_{D4} 流回 u_{21} 的负极，回路电流以 i_4 表示，这个回路 u_{21} 和 u_{s2} 正向串联，因此

$$i_4=\frac{u_{s2}+u_{21}}{R_L+R}$$

电流 i_1 往下流经 R_L，在变压器 T_1 上线圈、经过 V_{D1}，变压器 T_2 左线圈，构成另外一个回路，电流为

$$i_1=\frac{u_{s1}-u_{21}}{R_L+R}$$

可见 $i_4>i_1$，所以流经 R_L 的电流为两电流的代数和 $i_L=i_4-i_1$，自下而上且为正向，负载电阻将得到正的电压 u_L。

由上述可知，当衔铁在零点以上移动时，不论载波在正半周，还是负半周，负载电阻 R_L 上得到的电压始终为正。

（2）当衔铁在零点以下移动时（$x(t)<0$）

① 载波信号为上半周（$0\sim\pi$）。

u_2 与 u_s 反向（由于衔铁位移与上述相反，因此输出相位变化 180°），u_2 上负下正，u_s 左正右负。根据前述的方法可分析出 $i_L<0$，流向与前述正好相反，因此负载电阻 R_L 上得到负电压。

② 当载波信号为下半周（$\pi\sim2\pi$）。

u_2 仍然与 u_s 反向，u_2 上正下负，u_s 左负右正。同样，$i_L<0$，负载电阻 R_L 上得到负电压。

由上述可知，当衔铁在零点以下移动时，无论载波处于负半周，还是正半周；负载电阻两端得到的电压 u_L 始终为负。

另外，当衔铁在零点时，经过负载电阻的电流始终为 0，没有电压输出。

综述所述，经过相敏检波电路，正位移输出正电压，负位移输出负电压，电压大小表明位移的大小，电压的正负表明位移的方向。因此，原来的"V"字形输出特性曲线变成过零点的一条直线，如图 3.22 所示。

动态测量信号经相敏检波后，输出波形仍然含有高频分量，因此必须通过低通滤波器滤除高频分量，取出被测信号。通过相敏检波与低通滤波电路相互配合，才能取出被测信号，即起到相敏解调的作用。

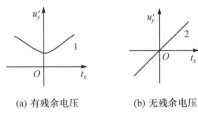

(a) 有残余电压　　　　　(b) 无残余电压

图 3.22　相敏检波前后的输出特性

2. 差动整流电路

差动整流电路对两个二次绕组的感应电动势分别整流,然后再把两个整流后的电流或电压串成通路合成输出,几种典型的电路如图 3.23 所示。如图 3.23(a)和图 3.23(b)所示用在连接低阻抗负载的场合,是电流输出型。如图 3.23(c)和图 3.23(d)所示用在连接高阻抗负载场合,是电压输出型。图中可调电阻用于调整零点输出电压。

下面以图 3.23(c)为例,分析电路工作原理。

假定某瞬间载波为上半周时,上线圈 a 端为正,b 端为负;下线圈 c 端为正,d 端为负。

在上线圈中,电流自 a 端出发,路径为 $a \rightarrow 1 \rightarrow 2 \rightarrow 4 \rightarrow 3 \rightarrow b$,流经电容的电流是由 2 到 4,电容上的电压为 U_{24}。

在下线圈中,电流自 c 点出发,路径为 $c \rightarrow 5 \rightarrow 6 \rightarrow 8 \rightarrow 7 \rightarrow d$,流经电容的电流是由 6 到 8,电容上的电压为 U_{68}。

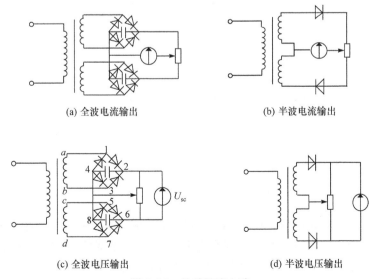

(a) 全波电流输出　　　　　　　　　　(b) 半波电流输出

(c) 全波电压输出　　　　　　　　　　(d) 半波电压输出

图 3.23　差动整流电路

总的输出电压为上述两电压的代数和,即 $U_{SC}=U_{24}-U_{68}$。

假定某瞬间载波为下半周时,上线圈 a 端为负,b 端为正;下线圈 c 端为负,d 端为正。

上线圈中,电流自 b 端出发,路径为 $b\to3\to2\to4\to1\to a$,电容上的电压为 U_{24}。

在下线圈中,电流自 d 点出发,路径为 $d\to7\to6\to8\to5\to c$,电容上的电压为 U_{68}。

由此可见,不论载波为上半周,还是下半周,通过上下线圈所在的回路中电容上的电流始终为 $U_{SC}=U_{24}-U_{68}$。

当衔铁在零位时,$U_{24}=U_{68}$,即 $U_{SC}=0$;当衔铁在零位以上时,$U_{24}>U_{68}$;当衔铁在零位以下时,$U_{24}<U_{68}$。波形如图 3.24 所示。

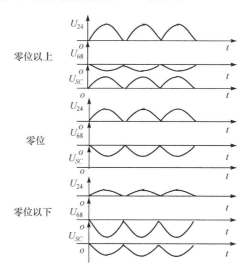

图 3.24　差动整流电压输出电路的输出波形

差动整流电路结构简单,具有如下特点。

① 不需要比较电压绕组,不需要考虑相位调整和零位输出电压影响,不需要考虑感应和分布电容的影响。

② 可远距离输送。

③ 需经过低通滤波电路。

3.2.4　零位残余电压的补偿

与自感式电感传感器相似,差动变压器也存在零位残余电压问题。零位残余电压的存在使传感器输出特性在零位附近的范围内不灵敏,限制分辨力的提高。零位残余电压太大,使线性度变坏,灵敏度下降,甚至放大器饱和,堵塞有用信号通过,致使仪器不再反映被测量的变化。因此,零位残余电压是评定传感器性能的主要指标之一。

　　采用对称度很高的磁路线圈来减小零位残余电压在设计和工艺上是有困难的,而且会提高成本。因此,除在工艺上提出一定的要求,可以在电路上采取补偿措施。补偿线路的形式很多,包括如下主要方法。

　　① 串联电阻以减小零位电压的基波分量。

　　② 并联电阻、电容以减小谐波分量。

　　③ 加反馈支路以减小基波和谐波分量。

　　如图 3.25 所示是几种补偿零位残余电压的实例。

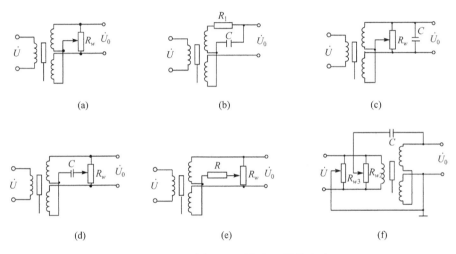

图 3.25　差动变压器零位电压补偿电路

3.2.5　变压器式传感器应用

1. 位移测量

　　如图 3.26(a)所示是轴向式测试头的结构示意图。如图 3.26(b)所示是测量电路的原理框图。测量时测头的测端与被测件接触,被测件的微小位移使衔铁在差动线圈中移动,线圈的电感值将产生变化,这一变化量通过引线接到测量电路,电路的输出电压反映被测件的位移变化量。

2. 力和压力的测量

　　如图 3.27 所示是差动变压器式力传感器。当力作用于传感器时,弹性元件产生变形,导致衔铁相对线圈移动。线圈电感量的变化通过测量电路转换为输出电压,其大小反映受力的大小。

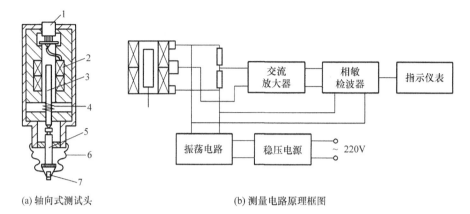

(a) 轴向式测试头　　　　　　(b) 测量电路原理框图

1—引线；2—线圈；3—衔铁；4—测力弹簧；5—导杆；6—密封罩；7—测头

图 3.26　变压器式传感器测位移及其测量原理图

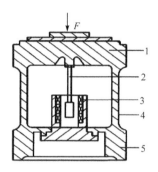

1—外壳上部；2—衔铁；3—线圈；4—变形部位；5—外壳下部

图 3.27　差动变压器式力传感器

　　微压力传感器的结构如图 3.28 所示。在无压力作用时，膜盒在初始状态，与膜盒连接的衔铁位于差动变压器线圈的中心部。当压力输入膜盒后，膜盒的自由端产生位移并带动衔铁移动，差动变压器产生正比于压力的输出电压。

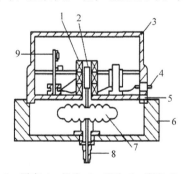

1—差动变压器；2—衔铁；3—罩壳；4—插头；5—通孔；6—底座；7—膜盒；8—接头；9—线路板

图 3.28　微压力传感器的结构示意图

3. 液位测量

如图 3.29 所示为采用电感式传感器筒式液位传感器。由于液位的变化,沉筒所受的浮力会发生变化,这一变化转变成衔铁的位移,从而改变差动变压器的输出电压,这个输出值反映液位的变化值。

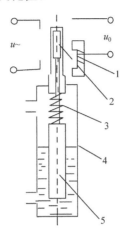

1—差动变压器;2—衔铁;3—弹簧;4—容器;5—沉筒

图 3.29　电感式筒式液位传感器

3.3　电涡流式传感器

3.3.1　工作原理

金属导体置于变化的磁场中,导体内会产生感应电流,称为电涡流或涡流。这种现象称为涡流效应。涡流式传感器就是基于涡流效应建立起来的。

如图 3.30(a)所示,一个通有交变电流 $\dot{I}_1$ 的线圈,在线圈周围产生一个交变磁场 H_1。当被测导体置于该磁场范围时,导体内感生电涡流 $\dot{I}_2$,产生一个新磁场 H_2。由于 H_1 与 H_2 方向相反,原磁场 H_1 减弱,消耗部分能量,从而使线圈的电感量、阻抗和品质因数发生改变。这种现象称为电涡流效应。

如果把导体中的涡流路径形象地看做一个短路线圈,涡流传感器可用如图 3.30(b)所示的等效电路描述。当位移(导体与线圈之间的间距)x 变化时,互感系数 M 变化,因此输入回路的等效阻抗变化。由电路定律得

$$\begin{cases} R_1\dot{I}_1+j\omega L_1\dot{I}_1-j\omega M\dot{I}_2=\dot{U} \\ -j\omega M\dot{I}_1+R_2\dot{I}_2+j\omega L_2\dot{I}_2=0 \end{cases} \tag{3.31}$$

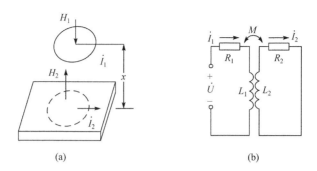

图 3.30　涡流式传感器基本原理图

其中，R_1 和 L_1 为线圈的电阻和电感；R_2 和 L_2 为金属导体的电阻和电感；$\dot{U}$ 为线圈的激励电压。

解方程组(3.31)，得到传感器的等效阻抗为

$$Z=\frac{\dot{U}}{\dot{I}_1}=\left[R_1+R_2\,\frac{\omega^2 M^2}{R_2^2+\omega^2 L_2^2}\right]+\mathrm{j}\omega\left[L_1-L_2\,\frac{\omega^2 M^2}{R_2^2+\omega^2 L_2^2}\right] \tag{3.32}$$

等效电阻和等效电感分别为

$$R=R_1+R_2\,\frac{\omega^2 M^2}{R_2^2+\omega^2 L_2^2} \tag{3.33}$$

$$L=L_1-L_2\,\frac{\omega^2 M^2}{R_2^2+\omega^2 L_2^2} \tag{3.34}$$

线圈的品质因数为

$$Q=\frac{\omega L}{R}=\frac{\omega L_1}{R_1}\cdot\frac{1-\dfrac{L_2}{L_1}\dfrac{\omega^2 M^2}{R_2^2+\omega^2 L_2^2}}{1+\dfrac{R_2}{R_1}\dfrac{\omega^2 M^2}{R_2^2+\omega^2 L_2^2}} \tag{3.35}$$

由此可见，传感器线圈的等效电阻、等效电感和品质因数都受互感系数 M 的影响。传感器测量电路可选三个参数中的任一个，将其转换成电压，即可达到测量目的。

金属导体的电阻率 ρ、磁导率 μ、线圈与导体的距离 x，以及线圈的激励角频率 ω 等参数都通过涡流效应和磁效应与线圈阻抗发生联系，线圈阻抗 Z 是这些参数的函数，即

$$Z=f(\rho,\mu,x,\omega)$$

改变其中一个参数，固定其他参数，可以构成测量变化参数的传感器。例如，被测材料的情况不变，激励电流角频率不变，则阻抗 Z 就成为距离 x 的单值函数，可以制成涡流位移传感器。

3.3.2 转换电路

由涡流式传感器的工作原理可知,被测量变化可以转换成传感器线圈的品质因数 Q、等效阻抗 Z 和等效电感 L 的变化。转换电路的任务是把这些种参数转换为电压或电流输出。利用 Q 值的转换电路使用较少,这里不作讨论。利用等效阻抗 Z 的转换电路一般用桥路,属于调幅电路。利用等效电感 L 的转换电路一般用谐振电路,根据输出是电压幅值,还是电压频率,谐振电路又分为调幅和调频两种。

1. 电桥电路

如图 3.31 所示,Z_1 与 Z_2 为线圈阻抗,可以是差动式传感器的两个线圈阻抗,也可以一个是传感器线圈,另一个是用于平衡的固定线圈,分别与电容 C_1 和 C_2,电阻 R_1 和 R_2 组成电桥的四个臂。电源 u 由振荡器供给,振荡频率根据涡流传感器的需求选择。电桥输出将反映线圈阻抗的变化,把线圈阻抗变化转换成电压幅值的变化。

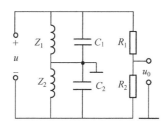

图 3.31 涡流式传感器电桥电路

2. 谐振调幅电路

谐振调幅电路的主要特征是由传感器线圈的等效电感和一个固定电容组成的并联谐振回路,由频率稳定的振荡器(如石英振荡器)提供高频率的激励信号,如图 3.32 所示。

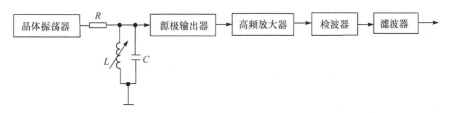

图 3.32 谐振调幅电路

在没有金属导体的情况下,当 LC 并联谐振回路谐振频率 $f_0 = 1/[2\pi(LC)^{1/2}]$

等于晶体振荡器频率(如 1MHz),这时回路阻抗最大,回路输出的电压幅值也最大。当传感器接近被测导体时,线圈的等效电感发生变化,谐振回路的谐振频率和等效阻抗也随着变化,使回路失谐而偏离激励频率,谐振峰将向左或向右移动,输出电压相应变小,如图 3.33 所示。在一定范围内,输出电压幅值与间隙(位移)成近似线性关系。当被测导体为软磁材料时,线圈的等效电感 L 增大,谐振频率下降(左偏),如图 3.33 中 f_3 和 f_4 所示。当为非软磁材料时,则反之(右偏),如图 3.33 中 f_1 和 f_2 所示。

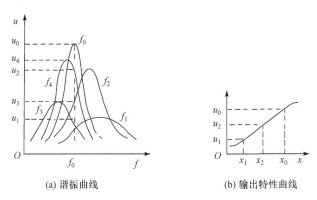

(a) 谐振曲线　　　　　　　　(b) 输出特性曲线

图 3.33　谐振调幅电路特性

谐振回路输出电压为高频载波信号,信号较小,需要高频放大、检波和滤波等环节,使输出信号便于传输与测量。图 3.32 中源极输出器用于减小振荡器的负载。R 为耦合电阻,用来减小传感器对振荡器的影响,并作为恒流源的内阻。R 的大小直接影响灵敏度:R 大灵敏度低,R 小则灵敏度高;但 R 过小时,由于对振荡器起旁路作用,也会使灵敏度降低。

3. 谐振调频电路

图 3.34 为调频电路原理图。传感器线圈接在 LC 振荡器中作为电感使用。图中是三点式振荡器,L 和 C 构成谐振回路,R_1 为偏置电阻,C_1 完成正反馈。当传感器线圈与金属导体距离改变时,电感发生变化,从而改变振荡器的频率。该频率信号在电阻 R_2 上输出,可以用频率计直接读出。

3.3.3　电涡流传感器的特点及应用

1. 电涡流传感器的特点

电涡流传感器具有结构简单、灵敏度高、频响范围宽、不受油污等介质的影响、能进行非接触测量。目前,已广泛应用于测量位移、振动、厚度、转速、温度、硬度等

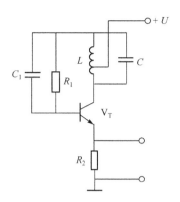

图 3.34　调频电路原理图

参数,以及用于无损探伤领域。

2. 电涡流测厚

前面讨论金属导体内产生的涡流所建立的反磁场可以改变线圈的阻抗,从而测量金属的厚度。同一种材料在不同频率下的感应电动势 $e=f(h)$ 关系如图 3.35 所示。可以看出,当激励频率较高时,曲线各段相差大,线性不好,但当厚度 h 较小时,灵敏度高。激励频率较低时,线性度好,测量范围大,但灵敏度低。为使仪器具有较宽的测量范围与较好的线性,应选择较低的激励频率,如 1kHz。可以看出,当 h 较小时,f_3 的斜率大于 f_1 的斜率,而 h 较大时,f_1 的斜率大于 f_3 的斜率。因此,测量薄板时应选用高的频率,测厚板时应选用低的频率。当然,不同金属材料应选用不同的频率。

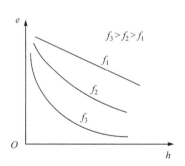

图 3.35　不同频率下的 $e=f(h)$ 曲线

如图 3.36 所示为低频透射式涡流厚度传感器结构原理图。在被测金属板的上方设有发射传感器线圈 L_1,在被测金属板下方设有接收传感器线圈 L_2。当 L_1 上加低频电压 $\dot{U}_1$ 时,L_1 产生交变磁通 ϕ_1,若两线圈间无金属板,则交变磁通直接耦合至 L_2,L_2 产生感应电压 $\dot{U}_2$。

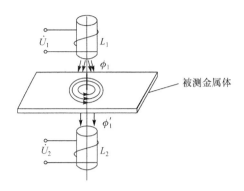

图 3.36　低频透射式涡流厚度传感器结构原理图

如果将被测金属板放入两线圈之间,则 L_1 线圈产生的磁场将导致金属板中产生电涡流,并贯穿金属板,此时磁场能量受损,使到达 L_1 的磁通减弱为 ϕ_1',从而使 L_2 产生的感应电压 $\dot{U}_2$ 下降。金属板越厚,涡流损失就越大,电压 $\dot{U}_2$ 就越小。

因此,可根据 $\dot{U}_2$ 电压的大小得知被测金属板的厚度。透射式涡流厚度传感器的检测范围可达 $1\sim100\text{mm}$,分辨率为 $0.1\mu\text{m}$,线性度为 1%。

实际上,材料涡流的大小还与材料的电阻率及化学成分、物理形状有关,这将成为误差因素,并限制测厚的应用范围,在实际应用中要考虑补偿。

3. 电涡流测速

如图 3.37 所示为电涡流式转速传感器工作原理图。在软磁材料制成的输入轴上加工一个键槽,在距输入表面 d_0 处设置电涡流传感器,输入轴与被测旋转轴相连。旋转体转动时,传感器将周期性地改变输出信号。电压经放大和整形,可以由频率计测出。这种转速传感器可实现非接触式测量,抗污染能力强,可安装在旋转轴近旁长期对被测物的转速进行监视。最高测量转速可达 $600\,000\text{r/min}$。

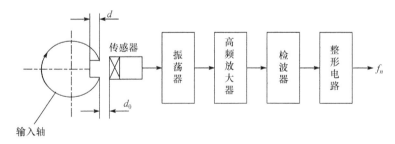

图 3.37　电涡流式转速传感器工作原理图

3.4　压磁式传感器

3.4.1　压磁效应

某些铁磁物质在外界机械力的作用下,其内部产生机械应力,从而引起磁导率的改变,这种现象称为压磁效应。相反,某些铁磁物质在外界磁场的作用下会产生变形,有些伸长,有些压缩,这种现象称为磁致伸缩。

当某些材料受拉时,在受力方向上的磁导率增高,而在与作用力垂直的方向上磁导率降低,这种现象称为正磁致伸缩。与此相反的现象称为负磁致伸缩。

3.4.2　压磁元件工作原理

压磁式测力传感器的压磁元件由具有正磁致伸缩特性的硅钢片粘叠而成。如图 3.38 所示,硅钢片上冲有四个对称的孔,孔 1 和 2 的连线与孔 3 和 4 的连线相互垂直,如图 3.38(a)所示。孔 1 和 2 间绕有一次绕组 W_{12},用交流供电,孔 3 和 4 间绕有二次绕组 W_{34},外力 F 与绕组 W_{12}、W_{34} 所在平面成 45°角。当一次绕组 W_{12} 通过一定的交变电流时,铁芯中就产生磁场 H,方向如图 3.38(b)所示。设将孔间区域分成 A、B、C 和 D 四部分。在无外力作用时,A、B、C 和 D 四部分的磁导率相同,磁力线呈轴对称分布,合成磁场强度 H 平行于二次绕组 W_{34} 的平面。在磁场作用下,导磁体沿 H 方向磁化,磁通密度 B 与 H 取向相同。由于二次绕组 W_{34} 无磁通通过,因此不产生感应电势。

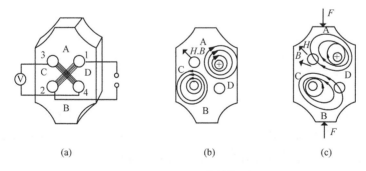

(a)　　　　　　　　　　(b)　　　　　　　　　　(c)

图 3.38　压磁原件结构图

若对压磁元件施加压力 F,如图 3.38(c)所示,A、B 区域将产生很大的压应力 σ,而 C、D 区域基本上仍处于自由状态。对于正磁致伸缩材料,压应力 σ 使其磁化方向转向垂直于压力的方向,因此 A、B 区的磁导率 μ 下降,磁阻增大,而与应力垂直方向的 μ 上升,磁阻减小。磁通密度 B 偏向水平方向,与二次绕组 W_{34} 交链,W_{34}

中将产生感应电势 e。F 值越大，W_{34} 交链的磁通越多，感应电动势 e 值就越大。经变换处理后，即能用电流或电压表示 F 的大小。

3.4.3 压磁式传感器结构组成

压磁式传感器的核心是压磁元件，是一个力-电转换元件。压磁元件常用的材料有硅钢片、坡莫合金和一些铁氧体。为了减小涡流损耗，压磁元件的铁芯大都采用薄片的铁磁材料叠合而成。

组成压磁元件的铁芯有四孔圆弧形、六孔圆弧形、中字形和田字形等多种，可按测力大小、输出特性的要求和灵敏度等选用。为扩大测力范围，可以将几个冲片联成多联冲片。图 3.39 为一种典型的测力传感器。

此外，还有 II 字形与横曰字形冲片，常用于测定或控制拉力或压力，以及无损检测残余应力。所有铁芯都由冲片叠合而成，以减小涡流损耗。

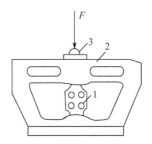

1—压磁元件；2—弹性支架；3—传力钢球

图 3.39　压磁式传感器组成

3.4.4 压磁式传感器的特点及应用

压磁式传感器具有输出功率大、抗干扰能力强、过载性能好、结构和电路简单、能在恶劣环境下工作、寿命长等一系列优点。其缺点是测量精度不是很高、频响较低。

目前，这种传感器已成功地用在冶金、矿山、造纸、印刷、运输等各个工业部门。例如，用来测量轧钢的轧制力、钢带的张力、纸张的张力，吊车提物的自动测量，配料的称量，金属切削过程的切削力，以及电梯安全保护等。

习　　题

3.1　电感式传感器有哪些种类，它们的工作原理是什么？

3.2　推导差动自感式传感器的灵敏度，并和单极式比较。

3.3　分析如图 3.40 所示自感传感器当动铁芯左右移动（x_1 和 x_2 发生变化）

时自感 L 变化情况。已知空气隙的长度为 x_1 和 x_2,空气隙的面积为 S,磁导率为 μ,线圈匝数 W 不变。

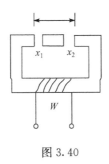

图 3.40

3.4　试分析差动变压器相敏检测电路的工作原理。

3.5　试分析电感传感器出现非线性的原因,并说明如何改善。

3.6　有一只螺管形差动式电感传感器如图 3.41(a)所示。传感器线圈铜电阻 $R_1=R_2=40\Omega$,电感 $L_1=L_2=30\mathrm{mH}$,现用两只匹配电阻设计成 4 臂等阻抗电桥,电源电压为 4V, $f=400\mathrm{Hz}$,如图 3.41(b)所示。

① 匹配电阻 R_3 和 R_4 值为多大才能使电压灵敏度达到最大值?

② 当 $\Delta Z=\pm10\Omega$ 时,求电桥输出电压值 U_{sc} 是多少?

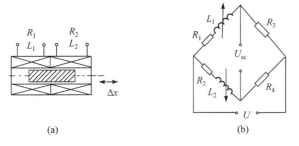

(a)　　　　　　　　　　　　　(b)

图 3.41

3.7　试比较自感式传感器与差动变压器式传感器的异同。

3.8　简述电涡流效应及构成电涡流传感器可能的应用场合。

3.9　简述压磁效应,并与应变效应进行比较。

第 4 章　电容式传感器

电容式传感器是将非电量(如位移、压力、振动、应变、力矩)的变化转换为电容量的变化来实现对物理量的测量。电容式传感器的输出具有非线性,存在寄生电容和分布电容,对灵敏度和测量精度的影响较大。20 世纪 70 年代末以来,随着集成电路技术的发展,出现了与微型测量仪表封装在一起的电容式传感器。这种新型的传感器能使分布电容的影响大为减小,使其固有的缺点得到克服。电容式传感器是一种用途极广,很有发展潜力的传感器。

4.1　电容式传感器的工作原理及类型

4.1.1　工作原理

电容式传感器最常用的形式是由两个平行电极组成,极间以空气为介质,如图4.1 所示。若忽略边缘效应,平板电容器的电容为

$$C=\frac{\varepsilon S}{d} \tag{4.1}$$

其中,ε 为极板间介质的介电常数;S 为两极板互相覆盖的有效面积;d 为两极板之间的距离。

d、S 和 ε 三个参数中任一个的变化都将引起电容量变化,并可用于测量。

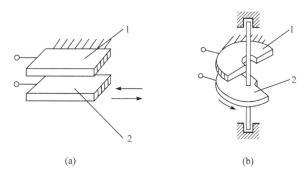

(a) (b)

1—固定极板;2—动极板

图 4.1　电容式传感器结构图

4.1.2　电容式传感器的类型

根据上述原理,在应用中电容式传感器可分为变极距型、变面积型和变介电常数型三种基本类型。根据电极形状,电容式传感器又可分为平板、圆柱和球面形三种。

1. 变面积型电容式传感器

两种常见的变面积型电容传感器原理如图 4.2 所示。当动极板相对于定极板沿长度方向平移 ΔS 时,则电容值及其变化量为

$$C=\frac{\varepsilon(S+\Delta S)}{d}=\frac{\varepsilon S}{d}+\frac{\varepsilon \Delta S}{d}$$

$$\Delta C=\frac{\varepsilon \Delta S}{d} \tag{4.2}$$

由式(4.2)可知,电容的变化量与面积的变化量呈线性关系。

(1) 直线位移型电容式传感器

如图 4.2(a)所示为一直线位移型电容式传感器的原理图。当被测量的变化引起动极板移动距离 Δx 时,覆盖面积 S 发生变化,电容量 C 也随之改变,则电容变化量为

$$\Delta C=\frac{\varepsilon \Delta S}{d}=\frac{\varepsilon\left[b(a+\Delta x)-ab\right]}{d}=\frac{\varepsilon b \Delta x}{d} \tag{4.3}$$

显然,这种形式的传感器其电容量 C 与水平位移 Δx 呈线性关系。其测量的灵敏度为

$$k=\frac{\Delta C}{\Delta x}=\frac{\varepsilon b}{d} \tag{4.4}$$

由此可知,减小两极板间的距离 d,或增大极板的边长 b 可以提高传感器的灵敏度,但 d 的减小受到电容器击穿电压的限制,而增大 b 则受到传感器体积的限制。

(2) 角位移型电容式传感器

如图 4.2(b)所示为角位移型电容式传感器的原理图。当被测量的变化引起动极板有一角位移时,两极板间相互覆盖的面积就改变了,从而改变两极板间的电容量 C,其改变量为

$$\Delta C=\frac{\varepsilon \Delta S}{d}=\frac{\varepsilon\left[\dfrac{(\pi+\theta)r^2}{2}-\dfrac{\pi r^2}{2}\right]}{d}=\frac{\varepsilon \theta r^2}{2d} \tag{4.5}$$

其中,r 为电容半径。显然,传感器的电容量 C 与角位移 θ 呈线性关系,因此可用来测量角位移的变化,理论测量范围 $0\sim\pi$,但实际由于边缘效应等原因达不到该测量范围。

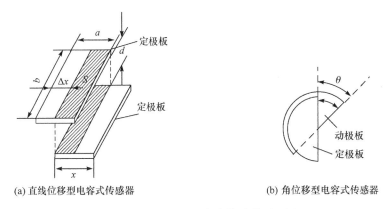

(a) 直线位移型电容式传感器　　　　　(b) 角位移型电容式传感器

图 4.2　变面积型电容式传感器原理图

2. 变介质型电容式传感器

结构原理如图 4.3 所示。这种传感器大多用于测量电介质的厚度（图 4.3 (a)）、位移（图 4.3(b)）、液位或液量（图 4.3(c)），以及温度、湿度、容量（图 4.3 (d)）等。以如图 4.3(c)所示的测液位高度为例，其电容量与被测量的关系为

$$C=\frac{2\pi\varepsilon_0 h}{\ln(r_2/r_1)}+\frac{2\pi(\varepsilon-\varepsilon_0)h_x}{\ln(r_2/r_1)} \tag{4.6}$$

其中，h 为极筒高度；r_1 和 r_2 为内极筒外半径和外极筒内半径；h_x 和 ε 为被测液面高度及其介电常数；ε_0 为间隙内空气的介电常数。

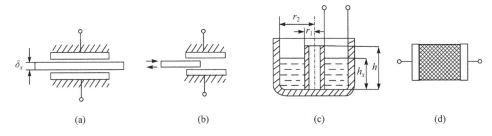

(a)　　　　　(b)　　　　　(c)　　　　　(d)

图 4.3　变介电常数型电容式传感器结构图

3. 变极距型电容式传感器

如图 4.4 所示为变极距型电容式传感器的原理图。当传感器的介电常数 ε 和面积 S 为常数，初始极距为 d_0 时，其初始电容量 C_0，当初始极距变化 Δd，电容的变化为

$$\Delta C=C-C_0=\frac{\varepsilon S}{d_0+\Delta d}-\frac{\varepsilon S}{d_0}=-\frac{\varepsilon S}{d_0}\frac{\Delta d}{d_0+\Delta d}=-C_0\frac{\Delta d}{d_0+\Delta d} \tag{4.7}$$

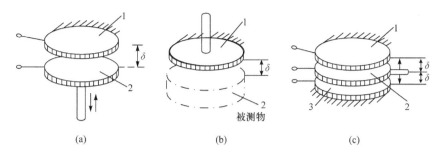

(a)   (b)   (c)

被测物

1、3—固定极板;2—动极板

图 4.4 变极距型电容传感器结构图

由式(4.7)可知,传感器的输出 ΔC 和 Δd 不是线性关系。当 $\Delta d \ll d_0$ 时,ΔC 与 Δd 近似呈线性关系,因此变极距型电容式传感器只有在 $\Delta d / d_0$ 很小时,才有近似的线性输出。

下面讨论变极距型电容式传感器的灵敏度与线性度,将式(4.7)变换为

$$\Delta C = -C_0 \frac{\Delta d}{d_0} \frac{1}{1 + \dfrac{\Delta d}{d_0}} \tag{4.8}$$

由于 $\Delta d / d_0 < 1$,可得下式,即

$$\Delta C = -C_0 \frac{\Delta d}{d_0} \left[1 - \frac{\Delta d}{d_0} + \left(\frac{\Delta d}{d_0}\right)^2 - \left(\frac{\Delta d}{d_0}\right)^3 \cdots \right] \tag{4.9}$$

电容传感器的灵敏度为

$$k = \frac{\Delta C}{\Delta d} = \frac{C_0}{d_0} \left[1 - \frac{\Delta d}{d_0} + \left(\frac{\Delta d}{d_0}\right)^2 - \left(\frac{\Delta d}{d_0}\right)^3 \cdots \right] \tag{4.10}$$

略去高次项,可得近似的灵敏度为

$$k \approx \frac{C_0}{d_0} \tag{4.11}$$

可见,传感器的灵敏度不为常数,只有在 $\Delta d / d_0$ 很小时,才可以认为是接近线性关系。减小 Δd 可改善非线性,但意味着使用这种形式传感器时,被测量范围不应太大。增加 d_0 可改善非线性,但会降低灵敏度。

为兼顾灵敏度和线性度,一般采用差动变间隙型结构形式,如图 4.4(c)为差动变间隙型电容式传感器,电容的变化为

$$\Delta C = \Delta C_1 - \Delta C_2 = 2C_0 \frac{\Delta d}{d_0} \left[1 + \left(\frac{\Delta d}{d_0}\right)^2 + \left(\frac{\Delta d}{d_0}\right)^4 + \cdots \right] \tag{4.12}$$

灵敏度为

$$k = \frac{\Delta C}{\Delta d} = \frac{2C_0}{d_0} \left[1 + \left(\frac{\Delta d}{d_0}\right)^2 + \left(\frac{\Delta d}{d_0}\right)^4 + \cdots \right] \approx \frac{2C_0}{d_0} \tag{4.13}$$

可见差动电容式传感器灵敏度比单极电容式传感器提高一倍,而非线性也大为降低。值得一提的是,差动电容式传感器在配合一定形式的二次仪表时,可以改善为线性关系,具体见转换电路部分。

变面积和变介电常数型电容式传感器具有很好的线性特性,但是忽略了边缘效应得到的。实际上,由于边缘效应导致极板间电场分布不均匀等因素,也会引起非线性问题,且灵敏度下降。相比这些,变极距型要好很多。

4.2　电容式传感器的等效电路及转换电路

在测量系统分析计算时,需要知道电容式传感器的等效电路。电容式传感器中的电容值和电容变化值都十分微小,这样微小的电容量还不能直接为目前的显示仪表所显示,也很难为记录仪所接收,不便于传输。这就必须借助于测量电路检出这一微小电容增量,并将其转换成与其成单值函数关系的电压、电流或者频率。电容转换电路种类很多,一般归结为调制型和脉冲型(或者电容充放电型)。

4.2.1　等效电路

以如图 4.5(a)所示的平板电容器的接线为例,研究从 A、B 两点为输出的等效电路,如图 4.5(b)所示。其中,C 为传感器的电容;L 为电容式传感器本身的电感加外部引线电感;R 为串联损耗电阻,只有在工作频率非常高时才加以考虑;C_p 为A、B 两端的寄生电容,与传感器电容并联;R_p 为并联损耗电阻,代表极板间的泄漏电阻和介电损耗,反映电容器在低频时的损耗,随着供电电源频率增高,容抗减小,其影响也减弱。

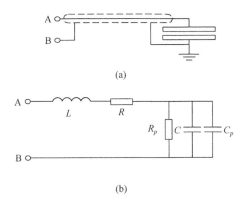

图 4.5　电容式传感器的等效电路

克服寄生电容 C_p 的影响是电容式传感器能否实际应用的首要问题。由上述等效电路可知,在低频率下使用(激励电路频率较低)时,L 和 R 可以忽略不计,只

考虑 R_p 对传感器的分路作用。当使用频率增高时,应该考虑 L 和 R 的影响,而且主要是 L 的存在使得 A、B 两端的等效电容 C_e 随频率的增加而增加。在实际传感器设计中,尽量使 C_p 很小,R_p 很大。

在高频时,电容器就等效为 L 与 C 的串联模型。设它们的等效电容为 C_e,由

$$\frac{1}{j\omega C_e}=j\omega L+\frac{1}{j\omega C}$$

变换后可以得到 A、B 两端的等效电容,即

$$C_e=\frac{C}{1-\omega^2 LC} \tag{4.14}$$

可得

$$\Delta C_e=\frac{\Delta C+C}{1-\omega^2 L(C+\Delta C)}-\frac{C}{1-\omega^2 LC}=\frac{\Delta C}{[1-\omega^2 L(C+\Delta C)](1-\omega^2 LC)}$$

由于 $\Delta C\ll C$,可以得到

$$\Delta C_e=\frac{\Delta C}{(1-\omega^2 LC)^2} \tag{4.15}$$

对变极距传感器,其等效灵敏度为

$$k_e=\frac{\Delta C_e}{\Delta d}=\frac{1}{(1-\omega^2 LC)^2}\frac{\Delta C}{\Delta d}=\frac{k}{(1-\omega^2 LC)^2} \tag{4.16}$$

其中,k 为电容式传感器的灵敏度。

由此可见,等效灵敏度将随激励频率、电容器本身的电感和外部引线电感而变化,因此在较高频率下使用时,每改变激励频率或者更换传输电线时均须对测量系统重新标定。

4.2.2 调制型转换电路

1. 调频电路

调频测量电路把电容式传感器作为振荡器谐振回路的一部分。当输入量导致电容量发生变化时,振荡器的振荡频率就发生变化,实现 C-f 的转换。

虽然可将频率作为测量系统的输出量,判断被测非电量的大小,但此时系统是非线性的,不易校正,因此加入鉴频器,将频率的变化转换为振幅的变化,经过放大就可以用仪器指示或记录仪记录下来。调频测量电路原理如图 4.6 所示。

图 4.6 中调频振荡器的振荡频率为

$$f=\frac{1}{2\pi\sqrt{LC_x}} \tag{4.17}$$

图 4.6　调频电路

其中,L 为振荡回路的电感;C_x 为振荡回路的总电容,包括振荡回路固有电容、传感器引线分布电容、传感器的电容三部分。

初始状态时,$\Delta C = 0$,则 $C_x = C_0$,振荡器的固有频率为

$$f_0 = \frac{1}{2\pi \sqrt{C_0 L}} \tag{4.18}$$

f_0 常选择 1MHz 以上。

当传感器工作时,被测信号使传感器有 ΔC 的变化量时,$C_x = C_0 + \Delta C$,此时振荡器的频率为

$$f = \frac{1}{2\pi \sqrt{(C_0 \mp \Delta C) L}} = f_0 \pm \Delta f \tag{4.19}$$

振荡器输出的高频电压是一个受被测信号调制的调频波,其频率由式(4.19)决定。在调频电路中,Δf 的最大值决定整个测试系统灵敏度。

调频电容式传感器测量电路具有较高灵敏度,可以测至 $0.01\mu m$ 级位移变化量。频率输出易于用数字仪器测量和与计算机通信,抗干扰能力强,可以发送、接收以实现遥测。

2. 调幅电路

配有调幅电路的系统,在电路输出端取得的是具有调幅波的电压信号,其幅值近似正比于被测信号。实现调幅的方法较多,本书介绍交流电桥法。

将电容传感器接入交流电桥作为电桥的一个臂(另一臂为固定电容)或两个相邻臂,另两个臂可以是电阻、电容或电感,也可以是变压器的两个二次线圈。如图 4.7 所示,C_x 是单极电容式传感器的电容,C_0 是固定电容;C_{x1} 和 C_{x2} 为差动电容式传感器的两个电容;$\dot{U}$ 为电桥电源电压,$\dot{U}_0$ 为电桥输出电压,$\dot{E}$ 为变压器二次侧感应电动势。测量前设 $C_x = C_0$ 或 $C_{x1} = C_{x2}$,电桥平衡,输出电压 $\dot{U}_0 = 0$。测量时被测量变化使传感器电容值随之改变,电桥失衡,其不平衡输出电压幅值与被测量变化有关,因此通过电桥电路将电容值变化转换成电量的变化。

从电桥灵敏度考虑,图 4.7(b)和图 4.7(c)是差动式电容传感器。在设计和选择电桥形式时,除了其灵敏度需要考虑,还应该考虑输出电压是否稳定(外界干扰影响大小),输出电压与电源电压间的相移大小,电源与元件所允许的功率,以及结

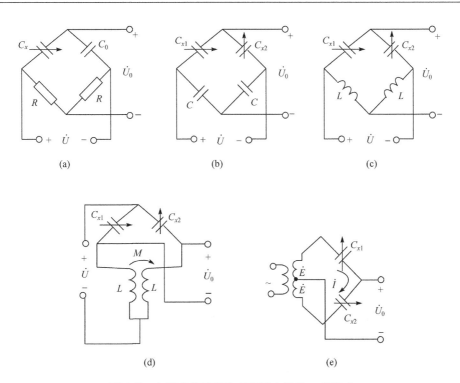

图 4.7　电容式传感器构成交流电桥的一些形式

构是否容易实现等。在实际电桥电路中，还附加零点平衡调节、灵敏度调节等环节。

　　如图 4.7(d)所示的电桥(紧耦合电感臂电桥)具有较高的灵敏度和稳定性，且寄生电容影响极小，简化了电桥的屏蔽和接地，适合于高频工作。

　　如图 4.7(e)所示的电桥将电容式传感器接入交流电桥的两个相邻臂，另两个臂是变压器的两个二次绕组。使用元件最少，桥路内阻最小，目前采用较多。设感应电动势为 $\dot{E}$，另外两臂电容的容抗分别为 $Z_1 = 1/(\mathrm{j}\omega C_{x1})$ 和 $Z_2 = 1/(\mathrm{j}\omega C_{x2})$，假设电桥所接的放大器的输入阻抗，即本电桥的负载为 $R_L \to \infty$，则由

$$\dot{I} = \dfrac{2\dot{E}}{\dfrac{1}{\mathrm{j}\omega C_{x1}} + \dfrac{1}{\mathrm{j}\omega C_{x2}}}$$

得到

$$\dot{U}_0 = \dot{I}\,\dfrac{1}{\mathrm{j}\omega C_{x2}} - \dot{E}$$

$$= \dfrac{2\dot{E}}{\dfrac{1}{\mathrm{j}\omega C_{x1}} + \dfrac{1}{\mathrm{j}\omega C_{x2}}}\,\dfrac{1}{\mathrm{j}\omega C_{x2}} - \dot{E}$$

$$= \frac{C_{x1} - C_{x2}}{C_{x1} + C_{x2}} \dot{E} \qquad (4.20)$$

当 $C_{x1} = C_0 + \Delta C, C_{x2} = C_0 - \Delta C$ 时,得到

$$\dot{U}_0 = \frac{\Delta C}{C_0} \dot{E} \qquad (4.21)$$

由式(4.21)可知,差动电容式传感器接入变压器式电路中,当放大器输入阻抗极大时,对任何类型的电容式传感器(包括变极距型),电桥的输出电压与输入量呈线性关系。

由于电桥输出电压与电源电压成正比,要求电源电压波动极小,需要采取稳幅、稳频等措施;传感器必须工作在平衡位置附近,否则电桥非线性将增大;接有电容式传感器的交流电桥输出阻抗很高(一般达几兆欧至几十兆欧),输出电压幅值又小,所以必须后接高输入阻抗放大器将信号放大后才能测量。

4.2.3　脉冲型转换电路

脉冲型转换电路的基本原理是利用电容的充放电特性。下面分析两种性能较好的电路。

1. 双 T 形充、放电网络

如图 4.8 所示为双 T 形充、放电网络原理图,$\dot{U}$ 为高频电源,提供对称方波;V_{D1} 和 V_{D2} 为特性完全相同的两只理想二极管;R_1 和 R_2 为固定电阻;C_1 和 C_2 为传感器的两个差动电容(或一个为固定电容,另一个为传感器电容)。

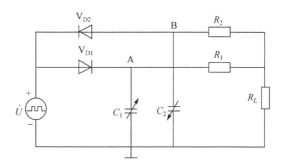

图 4.8　双 T 形充、放电网络原理图

当电源电压 $\dot{U}$ 为正半周时,V_{D1} 导通、V_{D2} 截止,C_1 很快被充电至电压值 U,电源 U 经 R_1 以电流 I_1 向负载 R_L 供电。与此同时,C_2 经 R_L 和 R_2 放电电流为 I_2,负载电流 I_L 为 I_1 和 I_2 之和。电路可以等效为如图 4.9(a)所示电路。当电源电压 $\dot{U}$ 为负半周时,V_{D2} 导通、V_{D1} 截止,电路可以等效为如图 4.9(b)所示电路,此时,C_2 很快被充电至电压值 U,负载电流 I_L' 为 I_1' 和 I_2' 之和。若 V_{D1} 和 V_{D2} 特性相同,且 $R_1 =$

$R_2 = R$,当传感器没有输入时 $C_1 = C_2$,则流过 R_L 的电流 I_L 与 I'_L 的平均值大小相等,在一个周期内流过 R_L 的平均电流为零,R_L 上无电压输出。当电容值改变时,$C_1 \neq C_2$,R_L 的平均电流不为零,因此有信号输出,输出电压在一个周期内平均值为

$$U_o = I_L R_L$$

$$= \frac{1}{T} \int_0^T [I_1(t) - I_2(t)] \mathrm{d}t R_L$$

$$\approx \frac{R(R + 2R_L)}{(R + R_L)^2} \cdot R_L \cdot U \cdot f(C_1 - C_2) \tag{4.22}$$

由于固定电阻 $R_1 = R_2 = R$,R_L 为已知时,则

$$K = \left[\frac{R(R + 2R_L)}{(R + R_L)^2} \right] \cdot R_L$$

其中,K 为常数。

式(4.22)可写为

$$U_o = KUf(C_1 - C_2) \tag{4.23}$$

其中,f 为电源频率。

从式(4.23)可以看出,输出电压 U_0 是电容 C_1 和 C_2 的函数。这种电路的灵敏度与高频方波电源的电压 U 及频率 f 有关。为保证工作的稳定性,要求输入电源的电压幅值和频率的稳定度。

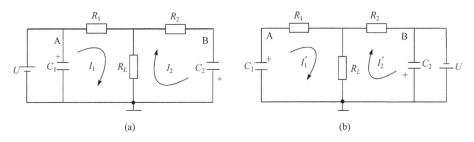

图 4.9 双 T 形充放电网络等效电路

2. 脉冲调宽型电路

如图 4.10 所示,设传感器差动电容为 C_{x1} 和 C_{x2},A_1 和 A_2 为电压比较器,在两个比较器的同相输入端接入幅值稳定的比较电压 $+E$。若 C 点的电压 U_C 略高于 E,则 A_1 输出为负电平;若 D 点的电压 U_D 略高于 E,则 A_2 输出为负电平。双稳态触发器采用负电平输入,若 A_1 输出为负电平,则 Q 端为低电平(零电平),而 $\overline{Q}$ 端为高电平;若 A_2 输出为负电平,则 $\overline{Q}$ 端为低电平(零电平),而 Q 端为高电平。

当双稳态触发器的输出 A 点为高电位,则通过 R_1 对 C_{x1} 充电,直到 C 点电位高于参考电位 E 时,比较器 A_1 将产生脉冲触发双稳态触发器翻转。在翻转前,B

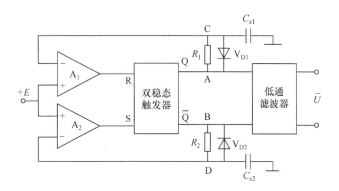

图 4.10　脉冲调宽型电路原理图

点为低电位,电容 C_{x2} 通过二极管 V_{D2} 迅速放电。一旦双稳态触发器翻转后,A 点成为低电位,B 点为高电位。这时,在反方向上重复上述过程,即 C_{x2} 充电,C_{x1} 放电。

　　在初始状态,即 $C_{x1}=C_{x2}=C_0$,电路中各点电压波形如图 4.11(a)所示,A 和 B 两点平均电压值 U_{AB} 为零。差动电容 C_{x1} 和 C_{x2} 值不相等时,如 $C_{x1}>C_{x2}$,则 C_{x1} 和 C_{x2} 充放电时间常数就发生改变,这时电路中各点的电压波形如图 4.11(b)所示,A 和 B 两点平均电压值不再为零。

　　当矩形电压波 U_{AB} 通过低通滤波器后,可得出直流分量 $\overline{U}$ 为

$$\overline{U}=\frac{T_1-T_2}{T_1+T_2}U$$

其中,T_1 和 T_2 为 C_{x1} 和 C_{x2} 的充电时间;U 为触发器输出的高电位。

　　由于 U 的值是已知的,因此输出直流电压 U_{AB} 随 T_1 和 T_2 而变,即随 U_A 和 U_B 的脉冲宽度而变,从而实现输出脉冲电压的调宽。当然,必须使参考电位 E 小于 U。由电路可得出,电容 C_{x1} 和 C_{x2} 的充电时间分别为

$$T_1=R_1C_{x1}\ln\frac{U}{U-E}$$

$$T_2=R_2C_{x2}\ln\frac{U}{U-E}$$

电阻 $R_1=R_2=R$,综合可得下式,即

$$\overline{U}=\frac{C_{1x}-C_{2x}}{C_{1x}+C_{2x}}U \tag{4.24}$$

　　式(4.24)说明,直流输出电压正比于电容 C_{x1} 和 C_{x2} 的差值,其极性可正可负。利用式(4.24)可分析几种形式电容式传感器的工作情况。

　　对于变极距差动电容式传感器来说,根据式(4.24),可得到下式,即

$$\overline{U}=\frac{d_2-d_1}{d_2+d_1}U \tag{4.25}$$

其中，d_1 和 d_2 分别为 C_{x1} 和 C_{x2} 电容极板间的距离。

当差动电容 $C_{x1}=C_{x2}=C_0$ 时，即 $d_1=d_2=d_0$ 时，$\overline{U}=0$。若 $C_{x1}\neq C_{x2}$，设 $C_{x1}>C_{x2}$，即 $d_1=d_0-\Delta d$，$d_2=d_0+\Delta d$，则式(4.25)为

$$\overline{U}=\frac{(d_0+\Delta d)-(d_0-\Delta d)}{(d_0-\Delta d)+(d_0+\Delta d)}U=\frac{\Delta d}{d_0}U \tag{4.26}$$

对变面积的情况下，输出为

$$\overline{U}=\frac{S_1-S_2}{S_1+S_2}U=\frac{\Delta S}{S}U \tag{4.27}$$

其中，S_1 和 S_2 分别为 C_{x1} 和 C_{x2} 电容极板面积。

由此可见，对于差动脉冲调宽电路，不论是改变平板电容传感器的极板面积或是极板距离，其变化量与输出量都呈线性关系。

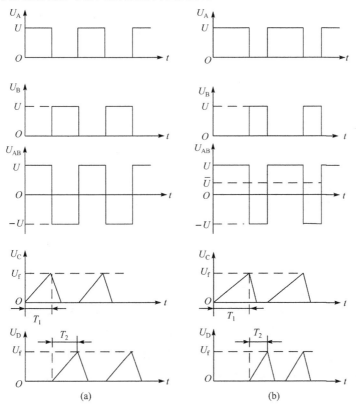

图 4.11　脉冲宽度调制电路电压波形图

4.3　电容式传感器的特点及设计要点

4.3.1　电容式传感器的特点

1. 优点

（1）温度稳定性好

对于电阻式传感器有电阻元件，供电后发热量大；电感式传感器存在铜损耗、磁滞和涡流损耗等，引起电感发热。这些发热都会使传感器产生温度漂移，因此温度稳定性不好。电容传感器的电容值，对电极而言，与电极的材料无关，仅取决于电极的尺寸；对介质而言，如果采用空气介质，其介质的能量损耗很小，电容自身的发热极小。选取极板材料时，只需要从极板强度、温度系数和结构尺寸上考虑，而其他因素对电容值影响很小。

（2）结构简单、适应性强

电容式传感器结构简单，尺寸可以做得很小，能满足特殊的测量要求。在高压力和高冲击力的环境中都能正常工作，并且能够对带磁工件进行测量。

（3）动态响应好

电容式传感器的固有频率很高，因此其动态响应时间很短。其介质损耗小，可以用较高频率给予供电，因此电容式传感器可用于测量高速变化的参数，如振动、瞬时压力等。

（4）可实现非接触测量

当被测工件不允许接触式测量时，可以采用电容式传感器对其进行测量。

当采用非接触测量时，由于电容极板有一定的面积，因此电容式传感器具有平均效应，它的测量是对被测面到极板的平均距离的一个结果。这样可以减小工件表面粗糙度对测量的影响。

2. 缺点

（1）输出阻抗高、带负载能力差

电容式传感器的容量受电极几何尺寸等的限制，不易做大，一般为几十到几百 μF。因此，电容式传感器的输出阻抗高，带负载能力差。

若采用高频供电，可降低传感器的输出阻抗，但是高频电路的信号放大、传输都远比低频电路复杂，且寄生电容影响对电路影响很大，不易保证电路工作的稳定性。

（2）寄生电容影响大

电容器上的寄生电容是指连接电容式传感器和电子线路的引线上存在的引线电容（电缆电容，1～2m 导线就可达 800pF）、电子线路的杂散电容和传感器内极板与其周围导体构成的电容等。寄生电容较大，而传感器的初始电容量较小，这大大降低了传感器的灵敏度。寄生电容常常是随机变化的，将使仪器工作不稳定，影响测量精度。

（3）输出特性非线性

变面积型和变介质型电容传感器输入量与输出量之间呈线性关系，只有变极距型电容传感器的输出特性是非线性的，可以采用差动型电容来改善。

这些类型的电容式传感器只有在忽略电场边缘效应（极板边缘电场线呈发散状，不均匀）的情况下，输出特性才呈线性；否则，边缘效应所产生的附加电容量将与传感器电容量叠加，使输出特性呈现非线性。

4.3.2　设计要点

1. 保护绝缘材料的绝缘性能

环境温度的变化会使电容式传感器内各零部件的几何尺寸发生变化，使它们的相对位置发生改变。另外，温度和湿度变化会使介质的介电常数改变，使电容值发生变化，因此需要采取如下措施。

① 金属极板应选用温度系数低的材料。铁镍合金温度系数小，但较难加工，可以在陶瓷或石英的表面喷涂铁镍合金或银，这样的电极可以做得很薄，温度系数很小。

② 电容极板应加以密封，用以防潮和防尘。如果加密封不方便，可以在极板表面上镀一层薄的惰性金属，如铑等。铑惰性层可起防潮、防尘、防湿和防腐等作用，但铑是稀有金属，镀铑成本较高。

③ 传感器内所有零部件应先清洗，后烘干，再装备。

2. 边缘效应

对于电容式传感器，当极板厚度 h 与极板间距离 d 可比时，两极板边缘处电力线出现分布不均匀的现象，即边缘电场的影响就不能忽略了。

对于变面积型和变介电常数型电容式传感器而言，应尽量减小或消除边缘效应，具体如下。

① 适当减小极距，使极径（极板尺寸）与极距比增大，可以减小边缘效应的影响。但如果这样，电容就更容易被击穿，还可能会限制传感器的测量范围。

② 可以减小极板厚度，使之与极距比很小，将石英、陶瓷等非金属材料蒸涂一

薄层金属作为极板,使极板的有效厚度减小,以减小边缘效应。

③ 可以在结构上增设等位环,如图 4.12 所示。把 3 叫等位环,工作时,使 3 的电位与极板 2 的电位相同,但保持电气绝缘,且等位环与极板 2 间隙越小越好。将极板间的边缘效应移到等位环与动极板的边缘,而保护环边缘的场强不均匀不会影响电容式传感器的电容值计算,从而使定极板边缘处的电力线分布均匀,克服了边缘效应。

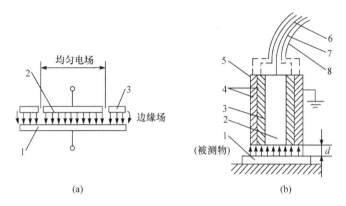

(a)　　　　　　　　　　(b)

1、2—电极;3—等位环;4—绝缘层;5—套筒;6—芯线;7、8—内外屏蔽层

图 4.12　带等位环结构的电容式传感器结构原理图

3. 寄生电容

克服寄生电容有如下几种方法。

(1) 驱动电缆法

如图 4.13 所示,驱动电缆法实际上是一种等电位屏蔽法。电容传感器与测量电路前置级之间的引线用双层屏蔽电缆,并接入增益为 1 的驱动放大器。电容传感器接在放大器的正输入端,放大器的负输入端接地,放大器的输出接在双层屏蔽电缆的内层屏蔽上,由于放大器的增益为 1,可以保证内层屏蔽与芯线等电位,消除芯线与内层屏蔽间寄生电容的影响。

由于电缆的内屏蔽层上有随传感器输出信号变化的电压,因此称为驱动电缆。外屏蔽层接地或接仪器地来防止外接电场的干扰。

这种方法的难点是要在很宽的频带上严格实现放大器的放大倍数等于 1,且输出与输入的相移为零。

(2) 整体屏蔽法

在图 4.14 中,C_{x1} 和 C_{x2} 构成差动电容传感器,与平衡电阻 R_1 和 R_2 组成测量电桥,U 为电源电压,C_3 和 C_4 为寄生电容,A 是不平衡电桥的指示放大器,C_1 是差动电容传感器公用极板与屏蔽之间的寄生电容。

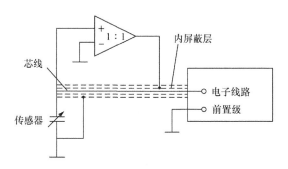

图 4.13　驱动电缆法原理图

　　所谓整体屏蔽法是将整个电桥(电源、电缆等)统一屏蔽起来,其关键是正确选取接地点,这里选取两平衡电阻 R_1 和 R_2 桥臂中间作为接地点,并与整体屏蔽共地。C_1 同放大器的输入阻抗并联,可归算到放大器的输入电容中去。寄生电容 C_3 和 C_4 并在桥臂 R_1 和 R_2 上,只影响电桥的初始平衡及总体灵敏度,并不妨碍电桥的正确使用。这样寄生电容对传感器的影响基本上被消除。整体屏蔽法是一种较好的方法,但总体结构较复杂。

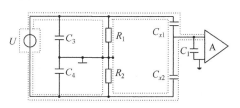

图 4.14　整体屏蔽法原理图

4.4　电容式传感器的应用

　　假如要求测量极小间隔或位移时有较高的分辨率,其他传感器很难做到实现高分辨率要求,例如在精密测量中,普遍使用的差动变压器式传感器的分辨率仅能达到 $1\sim5\mu\mathrm{m}$ 数量级,有一种电容测微仪,它的分辨率可以达到 $0.01\mu\mathrm{m}$。

　　电容式传感器应用非常广泛,主要用于测量位移、压力、速度、介质、浓度、物位等变化。

4.4.1　电容式位移传感器

　　如图 4.15 所示为一种变面积型电容式位移传感器,采用差动式结构、圆柱形电极,与测杆相连的动电极随被测位移而轴向移动,从而改变活动电极与两个固定电极之间的覆盖面积,使电容发生变化,电容与位移呈线性关系。

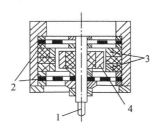

1—测杆;2—开槽簧片;3—固定电极;4—活动电极

图 4.15　电容式位移传感器

4.4.2　电容式加速度传感器

如图 4.16 所示为电容式传感器及由其构成的力平衡式挠性加速度计。敏感加速度的质量组件由石英动极板及力发生器线圈组成,并由石英挠性梁弹性支承,其稳定性极高。固定于壳体的两个石英定极板与动极板构成差动结构,两极面均镀金属膜形成电极。由两组对称 E 形磁路与线圈构成的永磁动圈式力发生器,互为推挽结构,这可以大大提高磁路的利用率和抗干扰性。

工作时,质量组件敏感被测加速度,使电容传感器产生相应输出,经测量(伺服)电路转换成比例电流输入力发生器,使其产生一电磁力与质量组件的惯性力精确平衡。此时,流过力发生器的电流可以精确反映被测加速度值。

在这种加速度传感器中,传感器和力发生器的工作面均采用微气隙压膜阻尼,使它比通常的油阻尼具有更好的动态特性。典型的石英电容式挠性加速度传感器的量程为 $0 \sim 150 \mathrm{m/s^2}$,分辨力 $1 \times 10^{-5} \mathrm{m/s^2}$,非线性误差和不重复性误差均不大于 0.03% F. S. 。

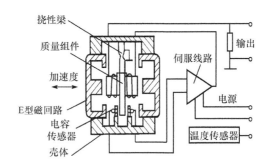

图 4.16　电容式挠性加速度传感器

4.4.3　电容式力和压力传感器

如图 4.17 所示为大吨位电子吊秤电容式称重传感器。扁环形弹性元件内腔上下平面分别固连电容式传感器的定极板和动极板。称重时,弹性元件受力变形,使动极板位移,导致传感器电容量变化,从而引起由该电容组成的振荡频率变化。频率信号经计数、编码,传输到显示部分。

如图 4.18 所示为一种典型的小型差动电容式压差动传感器结构。加有预张力的不锈钢膜片作为感压敏感元件,同时作为可变电容的活动极板。电容的两个固定极板是在玻璃基片上镀有金属层的球面极片。在压差作用下,膜片凹向压力小的一面,导致电容发生变化。球面极片(图中被夸大)可以在压力过载时保护膜片,并改善性能。其灵敏度取决于初始间隙 d,d 越小,灵敏度越高。其动态响应主要取决于膜片的固有频率。这种传感器可与差动脉冲调宽电路相连构成测量系统。

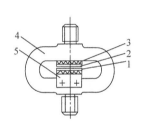

1—动极板;2—定极板;3—绝缘材料;
4—弹性元件;5—极板支架
图 4.17　电容式称重传感器

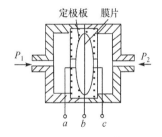

图 4.18　电容式压差动传感器

4.4.4　电容式液位传感器

电容式液位传感器是将被测介质液面变化转换为电容量变化的一种变介质型电容式传感器。

图 4.19(a)适用于被测介质是非导电物质时的电容式传感器。当被测液面变化时,两电极间的介电常数发生变化,从而导致电容量的变化。

图 4.19(b)适用于测量导电液体的液位。液面变化时相当于外电极的面积在改变,这是一种变面积型电容传感器。

如图 4.20 所示是电容式料位传感器结构示意图。测定电极安装在罐的顶部,这样在罐壁和测定电极之间就形成一个电容器。当罐内放入被测物料时,由于被测物料介电常数的影响,传感器的电容量将发生变化,电容量变化的大小与被测物料在罐内高度有关,且成比例变化。检测出这种电容量的变化就可以测定物料在

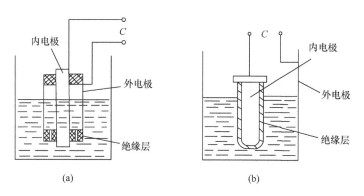

图 4.19　电容液位传感器

罐内的高度。

传感器的静电电容的变化可以表示为

$$\Delta C = \frac{k(\varepsilon_s - \varepsilon_0)h}{\ln\dfrac{D}{d}} \tag{4.28}$$

其中,k 为比例常数;ε_s 为被测物料的相对介电常数;ε_0 为空气的相对介电常数;D 为储罐的内径;d 为测定电极的直径;h 为被测物料的高度。

由式上可见,两种介质介电常数差别越大,极径 D 与 d 相差越小,传感器灵敏度就越高。

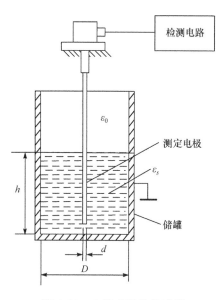

图 4.20　电容式料位传感器

习　　题

4.1　推导差动式电容传感器的灵敏度,并与单级式进行比较。

4.2　根据电容式传感器的工作原理说明其分类,电容式传感器能够测量哪些物理参量?

4.3　总结电容式传感器的优缺点,主要应用场合及使用中应注意的问题。

4.4　寄生电容与电容传感器相关联影响传感器的灵敏度,其变化为虚假信号影响传感器的精度。试阐述消除和减小寄生电容影响的几种方法和原理。

4.5　简述电容式传感器用差动脉冲调宽电路的工作原理与特点。

4.6　有一台变间隙非接触式电容测微仪,其传感器的极板半径 $r=4\text{mm}$,假设与被测工件的初始间隙 $d_0=0.3\text{mm}$。试求:

① 如果传感器与工件的间隙变化量 $\Delta d=\pm10\mu\text{m}$,电容变化量为多少?

② 如果测量电路的灵敏度满足 $K_u=100\text{mV/pF}$,则在 $\Delta d=\pm1\mu\text{m}$ 时的输出电压为多少?

4.7　如图 4.21(a)所示为差动式同心圆筒柱形电容传感器,其可动内电极圆筒外径 $d=9.8\text{mm}$,固定电极外圆筒内径 $D=10\text{mm}$,初始平衡时,上、下电容器电极覆盖长度 $L_1=L_2=L_0=2\text{mm}$,电极间为空气介质。试求:

① 初始状态时电容器 C_1 和 C_2 的值。

② 当将其接入图 4.21(b)所示差动变压器电桥电路,供桥电压 $E=10\text{V}$(交流),若传感器工作时可动电极筒最大位移 $\Delta x=\pm0.2\text{mm}$,电桥输出电压的最大变化范围。

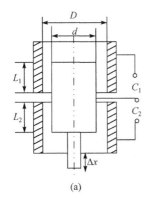
(a)

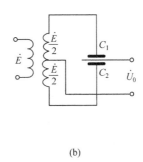
(b)

图 4.21

第 5 章　磁电式传感器

磁电式传感器是通过磁与电的相互作用将被测量转换成电信号的一种装置，可分为磁电感应式传感器、霍尔式传感器、磁栅式传感器等。磁电感应式传感器(magnetoelectricity sensor)是利用导体和磁场发生相对运动产生感应电动势的传感器。霍尔式传感器(Hall sensor)是利用载流半导体在磁场中的磁电效应(霍尔效应)输出电动势的传感器。它们的原理并不完全相同，因此特点和应用范围也有所不同。

5.1　磁电感应式传感器

磁电感应式传感器是一种机-电能量转换型传感器，因此不需供电电源，可直接从被测物体吸取机械能量，并将其转换成电信号输出，也称为电动式传感器或感应式传感器。其电路简单、性能稳定、输出阻抗小、输出功率大，一般不需要高增益放大器，工作频带为 $10 \sim 1000\,\mathrm{Hz}$，适用于对振动、转速、扭矩等进行测量，但这种传感器的尺寸和重量都比较大。

5.1.1　工作原理及类型

根据法拉第电磁感应原理，当线圈在磁场中运动时，线圈两端产生的感应电动势与穿过线圈的磁通变化率成正比，该感应电动势的方向与磁通变化相反。因此，对于一个匝数为 W 的线圈，当穿过该线圈的磁通 ϕ 发生变化时，其感应电动势为

$$e = -W\frac{\mathrm{d}\phi}{\mathrm{d}t} \tag{5.1}$$

感应电动势的大小取决于匝数和穿过线圈的磁通变化率，而磁通变化率与磁场强度、磁路磁阻、线圈的运动速度有关，改变其中任何一个因素，都会改变线圈中的感应电动势，这就是磁电感应式传感器所依据的工作原理。

根据线圈运动方式的不同，线圈中感应电动势的表达式有所不同。

如图 5.1(a)所示，线圈在磁场中以相对速度 v 做直线运动时，产生的感应电动势为

$$e = -WBlv\sin\theta \tag{5.2}$$

其中，B 为线圈所在位置的磁场强度；l 为每匝线圈的平均长度；θ 为线圈运动方向与磁场方向的夹角。

当线圈运动方向与磁场方向垂直时,式(5.2)可改写为

$$e = -WBlv \qquad (5.3)$$

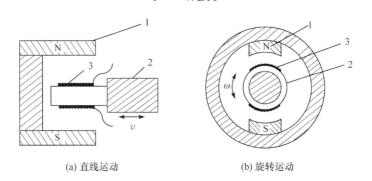

(a) 直线运动　　　　　　　(b) 旋转运动

1—永久磁铁;2—运动部件;3—线圈

图 5.1　磁电感应式传感器的结构原理

如图 5.1(b)所示,线圈在磁场中以角速度 ω 做旋转运动时,产生的感应电动势为

$$e = -WBS\omega \sin\theta \qquad (5.4)$$

其中,S 为每匝线圈的平均横截面积。

当线圈运动方向与磁场方向垂直时,即 $\theta = 90°$,式(5.4)可改写为

$$e = -WBS\omega \qquad (5.5)$$

式(5.3)和式(5.5)表明,当磁电感应式传感器的结构参数确定时,即 W、B、l(或 S)为定值,感应电动势 e 与线圈相对于磁场的运动速度 v(或 ω)成正比,说明磁电感应式传感器只适合于测量动态量。

由式(5.3)和式(5.5)可知,为了获得较大的感应电动势,应选用具有较大磁能积的永久磁铁,并尽量减小永久磁铁与运动部件之间的气隙长度,提高磁场强度 B。同时,增加匝数 W 和线圈的平均长度 l(或线圈的平均横截面积 S)也能提高灵敏度,但会受到传感器体积、重量和内电阻等因素的限制。

磁电感应式传感器的结构类型较多,按磁场的变化方式可分为恒定磁通式和变磁通式两种类型。

1. 恒定磁通式

恒定磁通式传感器的磁场强度 B 保持不变,按照运动部件是磁铁,还是线圈又可分为动铁式和动圈式两种。

如图 5.2(a)所示,在动铁式传感器中,运动部件是磁铁,线圈与壳体固定在一起,永久磁铁用柔软弹簧支撑。当传感器壳体随被测物体一起振动时,永久磁铁质

量相对较大,因此振动频率足够高时,永久磁铁的惯性很大,来不及跟随被测物体一起振动,接近于静止不动状态,永久磁铁和线圈之间的相对运动速度接近被测物体的振动速度。当传感器工作时,线圈与永久磁铁之间产生的相对运动使线圈切割磁力线,从而使动铁式传感器输出与被测物体振动速度成正比的电压信号。

如图 5.2(b)所示,在动圈式传感器中运动部件是线圈,永久磁铁与传感器的壳体固定在一起,线圈与金属骨架间用柔软弹簧支撑。与动铁式传感器的工作原理相似,当振动频率足够高时,线圈接近静止不动状态,而永久磁铁随被测物体一起振动。因此,永久磁铁和线圈之间产生相对运动,使动圈式传感器产生与被测物体振动速度成正比的电压信号。

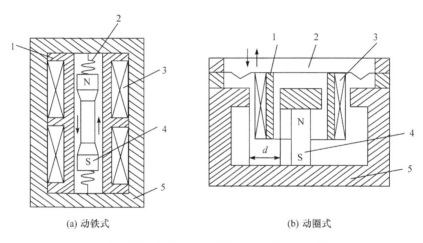

(a) 动铁式　　　　　　　　　　(b) 动圈式

1—金属骨架;2—弹簧;3—线圈;4—永久磁铁;5—壳体

图 5.2　恒定磁通式传感器的结构原理图

2. 变磁通式

在变磁通式传感器中,线圈和永久磁铁都不动,由运动物体改变磁路的磁阻,引起磁力线增强或减弱,使通过线圈的磁通量发生变化,线圈两端产生感应电动势,因此又称为磁阻式传感器。变磁通式传感器根据其磁路的不同又分为开磁路变磁通式和闭磁路变磁通式。

如图 5.3(a)所示为开磁路变磁通式传感器的结构原理图。测量齿轮安装在被测转轴上随之转动,每转动一个齿,传感器的磁路磁阻变化一次,磁通也变化一次,线圈中产生的感应电动势的变化频率等于齿轮的齿数与被测转轴转速的乘积。

如图 5.3(b)所示为闭磁路变磁通式传感器的结构原理图。被测转轴带动椭圆形铁芯在磁场气隙中转动,使气隙平均长度周期性发生变化,从而使传感器的磁路磁阻也周期性变化,致使磁通周期性的变化,最终线圈中的感应电动势周期性变化。线圈中感应电动势的变化频率等于被测转轴的转速。

变磁通式传感器结构简单,对环境条件要求不高,能在 $-150\sim90$℃温度下工作而不影响测量精度,也能在油、水雾、灰尘等条件下工作。这种传感器有一个下限工作频率,一般为 50Hz。闭磁路变磁通式转速传感器的下限截止频率可降至30Hz。开磁路变磁通式传感器的输出信号较小,且由于在高速转轴上加装齿轮比较危险,因此不适合测量高转速的被测量。

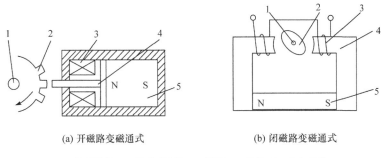

(a) 开磁路变磁通式　　　　　　　　(b) 闭磁路变磁通式

1—被测转轴;2—齿轮/铁芯;3—线圈;4—软铁;5—永久磁铁

图 5.3　变磁通式传感器的结构原理图

5.1.2　动态特性分析

磁电感应式传感器只适合测量动态物理量,因此对其进行动态特性分析是非常必要的。在测量简谐运动时,传感器的输入量为机械量,输出量为电量,传感器相当于线性电路中的二端口网络。如果内部不存在损耗,输入的机械能全部转换为电能输出,这种传感器称为理想传感器。但实际的传感器由于内部存在损耗,在机械输入端存在机械阻抗 Z_m,在电输出端存在电阻抗 Z_e,因此二端口网络可分解为机械阻抗、理想传感器和电阻抗三个级联的子网络,如图 5.4 所示。图中参数均为复数,下标 t 表示理想传感器子网络的输入和输出,箭头方向是能量流向的习惯表示,并不一定是实际方向。

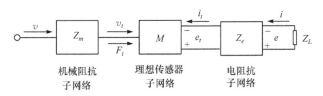

图 5.4　磁电感应式传感器的二端口网络图

1. 机械阻抗子网络

机械阻抗子网络可用如图 5.5 所示的二阶机械振动系统表示,其中质量块 m 对应动铁式中的永久磁铁或动圈式中的线圈,阻尼系数 c 对应金属骨架相对于磁场运动产生的电磁阻尼,弹簧弹性系数用 k 表示。

机械阻抗子网络的输入信号为被测物体振动速度 v,输出信号为作用在质量块上的电磁力 F_t,以及壳体与质量块间的相对运动速度 v_t。

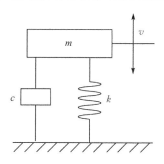

图 5.5　二阶机械振动系统

传感器壳体与被测物体固定在一起,其速度与被测物体同为 v。设质量块速度为 v_m,则壳体与质量块间的相对运动速度为 $v_t = v - v_m$。作用在质量块上的力有弹簧力 F_k,阻尼力 F_c,惯性力 F_m 和电磁力 F_t,其表达式分别为

$$F_k = k \int v_t \mathrm{d}t \tag{5.6}$$

$$F_c = c v_t \tag{5.7}$$

$$F_m = m \frac{\mathrm{d}v_m}{\mathrm{d}t} = m \frac{\mathrm{d}(v - v_t)}{\mathrm{d}t} \tag{5.8}$$

根据力平衡条件,可列出质量块的力平衡方程式为

$$F_k + F_c + F_t = F_m \tag{5.9}$$

将式(5.6)~式(5.8)代入式(5.9)可得

$$v_t Z_m + F_t = \mathrm{j}\omega m v \tag{5.10}$$

其中,Z_m 为机械阻抗,$Z_m = c + \mathrm{j}\omega m + \dfrac{k}{\mathrm{j}\omega}$。

根据式(5.10)可得机械阻抗子网络的传输矩阵,即

$$v = \begin{bmatrix} \dfrac{1}{\mathrm{j}\omega m} & \dfrac{Z_m}{\mathrm{j}\omega m} \end{bmatrix} \begin{bmatrix} F_t \\ v_t \end{bmatrix} \tag{5.11}$$

2. 理想传感器子网络

理想传感器子网络的输入信号为壳体与质量块间的相对运动速度 v_t 和线圈

所受到的电磁力 F_t，输出信号为线圈中的电流 i_t 和线圈中的感应电动势 e_t。

线圈和磁场做相对速度为 v_t 的直线运动时，由式（5.3）得到线圈中的感应电动势为 $e_t = -WBlv_t$。线圈中的电流为 i_t 时，线圈受到的电磁力为

$$F_t = -WBli_t \tag{5.12}$$

其中，负号表示线圈所受电磁力的方向与产生电流 i_t 的外力的方向相反。

因此，可得理想传感器子网络的传输矩阵为

$$\begin{bmatrix} F_t \\ v_t \end{bmatrix} = \begin{bmatrix} -WBl & 0 \\ 0 & -\dfrac{1}{WBl} \end{bmatrix} \begin{bmatrix} i_t \\ e_t \end{bmatrix} \tag{5.13}$$

3. 电阻抗子网络

电阻抗子网络的输入信号为理想传感器子网络的输出电流 i_t 和电动势 e_t，输出信号为流过负载的电流 i 和负载两端的电压 e。

线圈阻抗 Z_e 相当于传感器的内阻，该内阻与传感器的负载阻抗 Z_L 串联，因此流过负载 Z_L 的电流 i 就是流过线圈的电流 i_t，即

$$\begin{cases} i_t = i \\ e_t = e + i_t Z_e = e + i Z_e \end{cases}$$

则电阻抗子网络的传递矩阵为

$$\begin{bmatrix} i_t \\ e_t \end{bmatrix} = \begin{bmatrix} 1 & 0 \\ Z_e & 1 \end{bmatrix} \begin{bmatrix} i \\ e \end{bmatrix} \tag{5.14}$$

4. 二端口网络

结合式（5.11）、式（5.13）和式（5.14），可得二端口网络的传递矩阵，即

$$v = \begin{bmatrix} \dfrac{1}{j\omega m} & \dfrac{Z_m}{j\omega m} \end{bmatrix} \begin{bmatrix} -WBl & 0 \\ 0 & -\dfrac{1}{WBl} \end{bmatrix} \begin{bmatrix} 1 & 0 \\ Z_e & 1 \end{bmatrix} \begin{bmatrix} i \\ e \end{bmatrix} \tag{5.15}$$

由式（5.15）可得如下方程，即

$$v = -\frac{1}{j\omega m}\left[\left(WBl + \frac{Z_m Z_e}{WBl}\right)i + \frac{Z_m}{WBl}e\right]$$

结合负载阻抗 Z_L 两端电压与电流的关系 $i = e/Z_L$，可得

$$v = -\frac{1}{j\omega m}\left[\left(WBl + \frac{Z_m Z_e}{WBl}\right)\frac{1}{Z_L} + \frac{Z_m}{WBl}\right]e \tag{5.16}$$

则二端口网络的传递函数为

$$H(j\omega) = \frac{e}{v} = -\frac{1}{\dfrac{1}{j\omega m}\left[\left(WBl + \dfrac{Z_m Z_e}{WBl}\right)\dfrac{1}{Z_L} + \dfrac{Z_m}{WBl}\right]} \tag{5.17}$$

将 $Z_m = c + j\omega m + \dfrac{k}{j\omega}$ 代入式(5.17)得

$$H(j\omega) = -\frac{Z_L}{Z_e + Z_L} \frac{WBl}{1/(\omega_n/\omega)^2 + \dfrac{c + (WBl)^2/(Z_e + Z_L)}{j\omega m}} \tag{5.18}$$

其中，$\omega_n = \sqrt{k/m}$ 为传感器的固有频率。

当 $Z_L \to \infty$ 时，式(5.18)可以简化为

$$H(j\omega) \approx \frac{-WBl}{1/(\omega_n/\omega)^2 - j2\xi\omega_n/\omega} \tag{5.19}$$

其中，$\xi = \dfrac{c}{2\sqrt{mk}}$ 为阻尼比。

幅频特性和相频特性分别为

$$A(\omega) = |H(j\omega)| = \frac{WBl}{\sqrt{[1 - (\omega_n/\omega)^2]^2 + (2\xi\omega_n/\omega)^2}} \tag{5.20}$$

$$\phi(\omega) = \angle H(j\omega) = \arctan\left(\frac{2\xi\omega_n/\omega}{1 - (\omega_n/\omega)^2}\right) \tag{5.21}$$

由式(5.20)可以绘制如图 5.6 所示的幅频特性曲线。

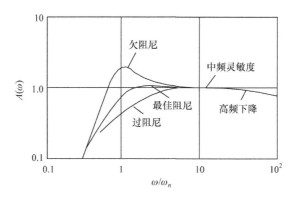

图 5.6　磁电感应式传感器的幅频特性曲线

由分析过程可以得出如下结论。

① 当被测物体的振动频率 ω 低于传感器的固有频率 ω_n，即 $\dfrac{\omega}{\omega_n} < 1$ 时，传感器的灵敏度随振动频率的变化而明显地变化。

② 当被测物体的振动频率 ω 高于传感器的固有频率 ω_n 时，灵敏度近似为常数，基本上不随被测物体的振动频率 ω 变化。在这一频率范围内，传感器的输出电压与被测物体的振动速度成正比。这一频段称为传感器的工作频段。此时，传

感器可以看做一个理想的速度传感器。

③ 当被测物体的振动频率 ω 进一步升高时,由于线圈阻抗的增加,灵敏度将随频率 ω 的增加而下降。

不同结构的磁电感应式传感器的频率响应特性是有差异的,但一般频率响应范围在几十到几百 Hz,低的可至 10Hz,高的可达 2000Hz。

5.1.3　测量电路

磁电感应式传感器可直接测量线速度或角速度,输出感应电动势。由于该传感器通常具有较高的灵敏度,因此一般不需要增益放大器。

由于速度与位移和加速度之间分别存在积分和微分的关系,因此如果在感应电动势的测量电路中增加积分电路,则可用于测量位移;如果在测量电路中增加微分电路,则可用于测量加速度。在实际测量时,一般将微/积分电路置于两级放大器之间,以利于两级间的阻抗匹配,如图 5.7 所示。

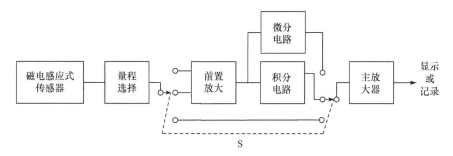

图 5.7　磁电感应式传感器测量电路原理图

1. 积分电路

（1）无源积分电路

基本无源积分电路如图 5.8 所示。其输入和输出关系满足下式,即

$$u_o(t) = \frac{1}{RC}\int u_i(t)\,\mathrm{d}t - \frac{1}{RC}\int u_o(t)\,\mathrm{d}t \tag{5.22}$$

其中,右边第一项为积分输出项;第二项为误差项。

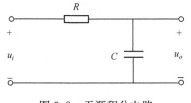

图 5.8　无源积分电路

该电路的传递函数可表示为

$$G_1(s) = \frac{1}{sRC+1} = \frac{1}{s\tau_c+1} \tag{5.23}$$

其中,$\tau_c = RC$ 为电路的时间常数。

复频特性为

$$G_1(j\omega) = \frac{1}{j(\omega/\omega_c)+1} \tag{5.24}$$

其中,$\omega_c = 1/\tau_c$ 为无源积分电路的对数渐进幅频特性的转角频率。

当 $\omega/\omega_c \gg 1$ 时,式(5.24)可以近似为

$$G_1'(j\omega) = \frac{1}{j(\omega/\omega_c)} \tag{5.25}$$

这是理想的积分特性。根据式(5.24)和式(5.25)可以得出实际特性与理性特性之间的幅值误差,即

$$r_1 = \frac{|G_1(j\omega)| - |G_1'(j\omega)|}{|G_1'(j\omega)|} = \frac{1}{\sqrt{(\omega_c/\omega)^2+1}} - 1 \tag{5.26}$$

对式(5.26)右侧第一项进行幂级数展开并忽略高次项后,可近似写为

$$r_1 \approx -\frac{1}{2(\omega/\omega_c)^2} \tag{5.27}$$

除幅值误差,还存在相位误差,即

$$\phi_1 = \angle G_1(j\omega) - \angle G_1'(j\omega) = \frac{\pi}{2} - \arctan(\omega/\omega_c) \tag{5.28}$$

式(5.25)说明,随着工作频率 ω 的增加,输出信号的幅度越来越小,因此允许的输出幅度最大衰减值将限制工作频段的上限值。式(5.27)说明,随着工作频率 ω 的减小,幅度误差逐渐增大,因此允许的最大幅值误差决定了工作频段的下限值。

同时,式(5.25)说明,时间常数 τ_c 的增加使输出信号的衰减增大,反之使其减小。式(5.27)表明,时间常数 τ_c 的增加使幅度误差减小,反之幅度误差增加。因此,无源积分电路存在减小幅值误差与减小输出信号的衰减之间的矛盾。为解决这一问题,有些仪器采用分频段积分的方法,把全部工作频段分为几段,对每个频段使用不同的积分电路,也可以通过有源积分电路来解决这一问题。

(2) 有源积分电路

随着线性集成运算放大器的发展,有源积分电路得到越来越广泛的应用。基本的有源积分电路如图 5.9 所示,其中反馈电阻 R_F 与积分电容 C 并联,用于抑制运算放大器的失调漂移,运算放大器的放大倍数为 A_d。根据电路知识可得

$$\begin{cases} \dfrac{u_i(t)-u_-(t)}{R}=\dfrac{u_-(t)-u_o(t)}{R_F}+C\dfrac{\mathrm{d}(u_-(t)-u_o(t))}{\mathrm{d}t} \\ u_o(t)=A_d(u_+(t)-u_-(t))=-A_d u_-(t) \end{cases} \tag{5.29}$$

如图 5.9 所示有源积分电路的传递函数为

$$G_2(s)=-\frac{A_d}{1+(1+A_d)R/R_F+sRC(1+A_d)} \tag{5.30}$$

其复频特性为

$$G_2(\mathrm{j}\omega)=-\frac{A_d}{1+(1+A_d)R/R_F+\mathrm{j}\omega RC(1+A_d)} \tag{5.31}$$

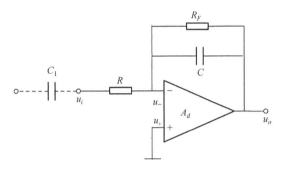

图 5.9　有源积分电路

由于 $A_d \gg 1$，因此有

$$G_2(\mathrm{j}\omega)\approx-\frac{A_d}{1+A_dR/R_F+\mathrm{j}\omega RCA_d}=-\frac{\dfrac{A_d}{1+A_dR/R_F}}{1+\mathrm{j}\omega\dfrac{RCA_d}{1+A_dR/R_F}} \tag{5.32}$$

一般情况下，$A_dR/R_F \gg 1$，可得

$$G_2(\mathrm{j}\omega)\approx-\frac{R_F/R}{1+\mathrm{j}\omega CR_F}=-\frac{R_F/R}{1+\mathrm{j}\omega/\omega_F} \tag{5.33}$$

其中，$\omega_F=\dfrac{1}{R_FC}$ 为有源积分电路的对数渐进幅频特性的转角频率。

当满足 $\omega/\omega_F \gg 1$ 时，式(5.33)可近似写为

$$G_2'(\mathrm{j}\omega)=-\frac{1}{\mathrm{j}\omega RC}=-\frac{1}{\mathrm{j}\omega\tau_c} \tag{5.34}$$

其中，$\tau_c=RC$ 为电路的时间常数。

根据式(5.33)和式(5.34)可得出，实际特性与理性特性之间的幅值误差和相位误差分别为

$$r_2 = \frac{\left| G_2(j\omega) \right| - \left| G_2'(j\omega) \right|}{\left| G_2'(j\omega) \right|} = \frac{1}{\sqrt{1+(\omega_F/\omega)^2}} - 1 \approx -\frac{1}{2}\frac{1}{(\omega/\omega_F)^2} \qquad (5.35)$$

$$\phi_2 = \angle G_2(j\omega) - \angle G_2'(j\omega) = \frac{\pi}{2} - \arctan(\omega/\omega_F) \qquad (5.36)$$

式(5.34)说明,随着工作频率 ω 的增加,输出信号的幅度越来越小,因此允许的输出幅度最大衰减值将限制工作频段的上限值。式(5.35)说明,随着工作频率 ω 的减小,幅度误差会逐渐增大,因此允许的最大幅值误差决定工作频段的下限值。

有源积分电路的输出信号衰减与时间常数 τ_c 相关,而幅值误差与电路的转角频率 ω_F 相关,从而消除无源积分电路中存在的减小输出信号的衰减与减小幅值误差之间的矛盾。

图 5.10 给出了无源积分电路和有源积分电路的对数渐近幅频特性,其中 RC 取值相同,$R_F/R=10$,$\omega_c=1/RC$,$\omega_F=1/R_F C=\omega_c/10$。由图 5.10 可知,当允许信号衰减为 $-20\mathrm{dB}$ 时,有源积分电路的工作频段比无源积分电路的工作频段大约宽一个数量级。但有源积分电路在低频非工作频段内具有较大的增益,这使得该电路对低频噪声没有抑制能力。为解决这一问题,可在电路输入端增加一个输入电容 C_1(图 5.9),用于抑制前级电路向积分电路传递的低频噪声。但这并不会抑制本级内产生的低频噪声,可以通过改善反馈电路的方式,使反馈电路在低频非工作频段内具有反馈增强的频响特性,来抑制积分器本身的低频噪声。

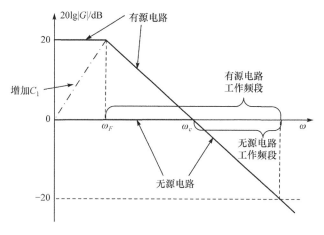

图 5.10　积分电路的对数渐近幅频特性

2. 微分电路

(1) 无源微分电路

基本无源微分电路如图 5.11 所示,其输入和输出的关系满足下式,即

$$u_o(t) = RC\frac{\mathrm{d}u_i(t)}{\mathrm{d}t} - RC\frac{\mathrm{d}u_o(t)}{\mathrm{d}t} \tag{5.37}$$

其中右边第一项为微分输出项,第二项为误差项。

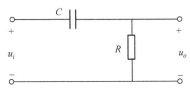

图 5.11　无源微分电路

该电路的传递函数为

$$D_1(s) = \frac{sRC}{sRC+1} = \frac{s\tau_c}{s\tau_c+1} \tag{5.38}$$

其中,$\tau_c = RC$ 为电路的时间常数。

其复频特性为

$$D_1(\mathrm{j}\omega) = \frac{\mathrm{j}\omega/\omega_c}{\mathrm{j}\omega/\omega_c + 1} \tag{5.39}$$

其中,$\omega_c = 1/\tau_c$ 为电路的对数渐进幅频特性的转角频率。

当 $\omega/\omega_c \ll 1$ 时,式(5.39)可近似为

$$D_1'(\mathrm{j}\omega) = \mathrm{j}\omega/\omega_c \tag{5.40}$$

这是理想的微分特性。实际特性与理性特性之间的幅值误差和相角误差分别为

$$r_2 = \frac{|D_1(\mathrm{j}\omega)| - |D_1'(\mathrm{j}\omega)|}{|D_1'(\mathrm{j}\omega)|} = \frac{1}{\sqrt{1+(\omega/\omega_c)^2}} - 1 \approx -\frac{1}{2}(\omega/\omega_c)^2 \tag{5.41}$$

$$\phi_2 = \angle D_2(\mathrm{j}\omega) - \angle D_2'(\mathrm{j}\omega) = -\arctan(\omega/\omega_c) \tag{5.42}$$

式(5.40)说明,无源微分电路允许的输出幅度最大衰减值将限制工作频段的下限值,而式(5.41)表明允许的最大幅值误差决定工作频段的上限值,这与无源积分电路相反。无源微分电路同样存在减小幅值误差和减小输出信号的衰减之间的矛盾。可通过采用分频段微分的方法,或有源微分电路来解决这一问题。

(2) 有源微分电路

基本的有源微分电路如图 5.12 所示。其中电阻 R_1 与微分电容 C 串联,在反馈回路中接入电容 C_1 与微分电阻 R 并联,并使 $R_1C = RC_1$。在正常的工作频率范围内,R_1 和 C_1 对微分电路的影响很小。当频率高到一定程度时,R_1 和 C_1 将使闭

环放大倍数降低,抑制高频噪声。R_1 的存在也提高了电路的输入电阻。同时,R 和 C_1 形成一个超前环节,对相位进行补偿,可以提高电路的稳定性。根据电路知识可得如图 5.12 所示电路的传递函数,即

$$D_2(s) = -\frac{A_d}{1+(1+A_d)[R_1/R+C_1/C+1/(sRC)+sR_1C_1]} \tag{5.43}$$

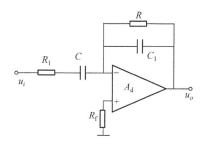

图 5.12　有源微分电路

其复频特性为

$$D_2(j\omega) = -\frac{A_d}{1+(1+A_d)[R_1/R+C_1/C+1/(j\omega RC)+j\omega R_1C_1]} \tag{5.44}$$

由于 $A_d \gg 1$,因此

$$D_2(j\omega) \approx -\frac{j\omega RC}{1+j\omega RC(R_1/R+C_1/C)-\omega^2 RCR_1C_1}$$

$$= -\frac{j\omega RC}{(1+j\omega CR_1)(1+j\omega C_1R)}$$

$$= -\frac{j\omega/\omega_c}{(1+j\omega/\omega_n)^2} \tag{5.45}$$

其中,$\omega_c = \dfrac{1}{RC}$ 为运算放大器的时间常数 $\tau_c = RC$ 所对应的转角频率;$\omega_n = \dfrac{1}{R_1C} = \dfrac{1}{RC_1}$ 为电路的谐振频率。

当满足 $\omega/\omega_n \ll 1$ 时,式(5.45)可近似写为

$$D_2'(j\omega) = -j\omega/\omega_c \tag{5.46}$$

这是理想的微分特性。此时,根据式(5.45)和式(5.46),可得出实际特性与理性特性之间的幅值误差,即

$$r_2 = \frac{|D_2(j\omega)|-|D_2'(j\omega)|}{|D_2'(j\omega)|} = \frac{1}{1+(\omega/\omega_n)^2}-1 \approx -(\omega/\omega_n)^2 \tag{5.47}$$

以上分析说明,有源微分电路的输出信号衰减与时间常数 τ_c 相关,而幅值误差与电路的谐振频率 ω_n 相关,可以消除减小幅值误差和减小输出信号衰减之间的

矛盾。

5.1.4　线圈的磁场效应

　　磁电感应式传感器在进行测量时,传感器线圈中会有电流流过,这时线圈会产生附加磁通 ϕ_a。此交变磁通会叠加在永久磁铁产生的工作磁通 ϕ 上,导致工作气隙中的磁通发生变化,如图 5.13 所示。当线圈的运动方向使线圈电流产生的附加磁场方向与工作磁场方向相反时,工作磁场被减弱,传感器的灵敏度降低。线圈相对于磁场的运动速度越大,灵敏度越低。当线圈的运动方向使附加磁场方向与工作磁场方向相同时,工作磁场被增强,传感器的灵敏度提高。其结果是线圈运动方向不同时,传感器的灵敏度具有不同的值。

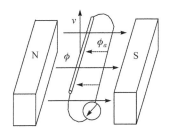

图 5.13　线圈的磁场效应

　　为补偿上述附加磁场产生的误差,可以在传感器中加入通有电流的补偿线圈,如图 5.14 所示。适当选取补偿线圈参数,可使补偿线圈产生的磁通与传感器线圈本身产生的附加磁通相互抵消,从而达到补偿的目的。

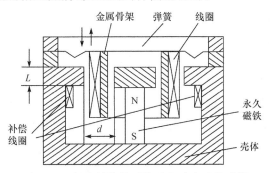

图 5.14　加入补偿线圈的磁电感应式传感器

5.1.5　磁电感应式传感器的应用

1. 磁电感应式振动速度传感器

如图 5.15 所示为国产 CD-1 型磁电感应式振动速度传感器的结构示意图。

其结构主要由钢制圆形外壳制成,内用铝架 4 将圆柱形永久磁铁 3 与壳体 7 固定成一体,并通过壳体形成磁回路。永久磁铁中间有一小孔,穿过小孔的芯轴 5 的两端架起工作线圈 6 和阻尼器 2,芯轴用弹簧 1 和 8 支撑在壳体内,构成传感器的活动部分。

工作时,传感器与被测物体刚性连接。当被测物体振动时,传感器壳体和永久磁铁随之振动,而架空的芯轴、线圈和阻尼器因惯性而接近于静止。因此,磁路气隙中的线圈切割磁力线而产生正比于振动速度的感应电动势,线圈的输出电动势通过引线 9 输出到测量电路。

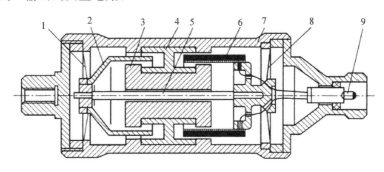

1、8—弹簧片;2—阻尼器;3—永久磁铁;4—铝架;
5—芯轴;6—工作线圈;7—壳体;9—引线

图 5.15　CD-1 型磁电感应式振动速度传感器的结构示意图

2. 磁电感应式扭矩传感器

如图 5.16 所示为磁电感应式扭矩传感器的结构示意图,在弹性轴的两端,安装有两个相同的齿轮,在两个齿轮的上方分别安装有两个相同的绕在磁钢上的线圈。弹性轴两端分别与动力轴和被测轴固定。当弹性轴不受扭矩作用时,两线圈的输出信号相同(同幅、同频、同相),相位差为零。弹性轴承受扭矩后,两线圈输出信号的相位差不为零,且随两齿轮所在横截面之间相对扭矩角的增加而变大,其大小与相对扭矩角、扭矩成正比。测出相位差的变化,可求得扭矩的大小,根据其电

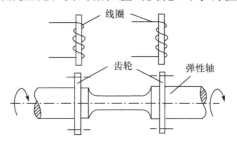

图 5.16　磁电感应式扭矩传感器的结构示意图

动势的频率还可同时测出转速。因为两线圈的输出信号较弱,所以要先进行信号放大,再送入相位差检测器中检测其相位差。

5.2　霍尔式传感器

霍尔式传感器是基于霍尔效应的一种传感器。1879 年,美国物理学家霍尔首先在金属材料中发现霍尔效应,但由于金属材料的霍尔效应太弱而没有得到应用。随着半导体技术的发展,开始用半导体材料制成霍尔元件,由于半导体的霍尔效应显著而得到应用和发展。霍尔式传感器具有结构简单、体积小、噪声小、频率范围宽、可靠性高、易于微型化和集成电路化等特点,广泛用于电流、磁场、位移、压力、加速度、振动等被测量的测量。

5.2.1　工作原理

置于磁场中的静止载流导体,当它的电流方向与磁场方向不一致时,载流导体将在垂直于电流和磁场的方向产生电动势,这种现象称为霍尔效应,该电动势称为霍尔电势。

如图 5.17 所示为霍尔效应的原理图,在垂直于外磁场 B 的方向放置一导电材料(金属导体或半导体)制成的薄片,设薄片的长、宽、厚分别为 l、b、d,沿长度 l 方向通以电流 I。此时,在外磁场 B 的作用下,导电材料中的载流子(以 N 型半导体为例介绍,故载流子为电子)受到洛伦兹力 f_L 的作用,其大小为

$$f_L = evB \tag{5.48}$$

其中,e 为电子电量;v 为电子运动的平均速度;B 为外磁场的磁场强度。

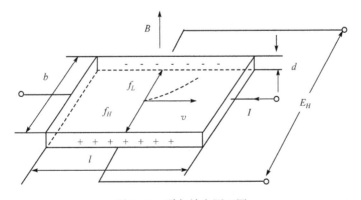

图 5.17　霍尔效应原理图

在洛伦兹力 f_L 的作用下,电子向垂直于电流和磁场的方向发生偏转,在导电材料表面(图 5.17 的内侧面)累积电子而使其带负电,同时在它的对面(图 5.17 的

外侧面)累积正电荷而使其带正电。从而在内、外侧面之间形成附加电场,该电场称为霍尔电场,其电场强度 E_H 为

$$E_H = \frac{U_H}{b} \tag{5.49}$$

其中,U_H 为内、外侧面之间的电位差,称为霍尔电势。

由于霍尔电场的存在,定向运动的电子除了受到洛伦兹力 f_L 的作用,还受到霍尔电场力 f_H 的作用,其大小为 $f_H = eE_H$。此霍尔电场力将阻止电荷继续累积。随着内、外侧面累积的电荷数量逐渐增加,霍尔电场逐渐增强,电子受到的霍尔电场力也逐渐增大。当洛伦兹力 f_L 和霍尔电场力 f_H 大小相等时,电子在垂直于磁场和电流方向上所受合力为零,电子的累积达到动态平衡。此时

$$E_H = vB \tag{5.50}$$

若导电材料的电子浓度为 n,电子定向运动平均速度为 v,则激励电流为

$$I = nevbd \tag{5.51}$$

由式(5.49)~式(5.51)可得霍尔电势,即

$$U_H = \frac{IB}{ned} = R_H \frac{IB}{d} = K_H IB \tag{5.52}$$

其中,$R_H = \frac{1}{ne}$ 为霍尔常数,由导电材料的物理性质决定,其大小取决于材料的载流子密度;$K_H = \frac{R_H}{d}$ 为霍尔片的灵敏度系数,表示在单位磁场强度和单位激励电流时霍尔电压的大小。

由式(5.52)可知,霍尔电势 U_H 正比于激励电流 I 和磁场强度 B,其灵敏度系数 K_H 与霍尔常数 R_H 成正比,与霍尔片厚度 d 成反比。因此,为了提高灵敏度,霍尔元件常制成薄片形状。当激励电流或磁场的方向发生改变时,霍尔电势的方向也将发生改变。

必须指出,当磁场强度 B 的方向与霍尔片平面的垂线的夹角 ϕ 不为零时,实际作用在霍尔片上的有效磁场强度只是其垂线方向的分量,即 $B\cos\phi$。因此,霍尔电势将减小为 $U_H = K_H IB \cos\phi$。

由于材料的电阻率 $\rho = \frac{1}{ne\mu}$(μ 为载流子迁移率),因此霍尔常数可表示为

$$R_H = \rho\mu \tag{5.53}$$

这说明为提高霍尔片灵敏度系数,需要具有较大电阻率 ρ 和载流子迁移率 μ 的霍尔材料。金属材料的载流子迁移率很高,但电阻率很小;绝缘材料的电阻率极高,但载流子迁移率极低,因此只有半导体材料适合于制造霍尔元件。由于电子迁移率大于空穴迁移率,因此霍尔元件大多用 N 型半导体制造。

目前常用的霍尔元件材料有锗、硅、砷化铟、锑化铟等 N 型半导体材料。N 型硅的载流子迁移率低,不是理想的霍尔材料,单独制成硅霍尔元件没有实用价值,但是采用硅外延平面工艺或 MOS 工艺可以制成带有放大等电路的硅霍尔集成电路。这可使它的霍尔输出电压和输出功率得到显著的提高。N 型锗容易加工制造,其霍尔常数、温度性能和线性度都较好,可用于高精度测量。锑化铟对温度最敏感,尤其在低温范围内温度系数大,但在室温时其霍尔常数较大。砷化铟的霍尔常数较小,温度系数也较小,输出特性线性度好。

5.2.2　霍尔元件及测量电路

1. 霍尔元件

如图 5.18(a)所示,霍尔元件由霍尔片、引线和壳体组成。霍尔片是一块矩形半导体单晶薄片。在它的长度方向两端引出两根引线 1 和 $1'$,称为激励电流端引线,这两根引线加激励电压或电流,也可称为激励电极,通常用红色导线,要求焊接处接触电阻很小,并呈纯电阻,即欧姆接触;在薄片另两侧的中间位置以点的形式对称焊接两根输出引线 2 和 $2'$,称为霍尔电极,通常用绿色导线,要求呈欧姆接触。霍尔元件的壳体由非导磁金属、陶瓷或环氧树脂等材料封装而成。

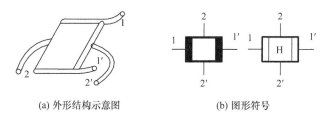

(a) 外形结构示意图　　　　　　　　(b) 图形符号

图 5.18　霍尔元件

电路中霍尔元件可用如图 5.18(b)所示的两种符号表示。国产器件常用 H 代表霍尔元件,其后字母代表元件的材料(Z 代表锗、T 代表锑化铟、S 代表砷化铟),数字代表产品序号。例如,HZ-1 表示用锗材料制成的霍尔元件;HT-1 表示用锑化铟材料制成的霍尔元件。

2. 测量电路

霍尔元件的基本测量电路如图 5.19 所示。激励电流 I 由电源 E 供给,可调电阻 R_p 用来调节激励电流 I 的大小。R_L 为输出霍尔电势 U_H 的负载电阻,通常 R_L 是显示仪表、记录装置或放大器等设备的输入阻抗。霍尔效应的建立时间很短,所以也可以用频率很高的交流激励源进行激励。

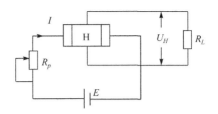

图 5.19　霍尔元件的基本测量电路

在实际应用中,霍尔元件可以在恒压或恒流条件下工作。由于霍尔元件输入电阻随温度变化的影响,恒压工作比恒流工作的性能要差一些,只适合于对精度要求不高的场合,为了充分发挥霍尔式传感器的性能,最好使用恒流源供电。

通常霍尔电势的转换效率较低。为获得更大的霍尔电势输出,可将若干个霍尔元件串联使用(图 5.20),也可采用运算放大器对霍尔电势进行放大(图 5.21),但最好的方法是采用集成霍尔式传感器。

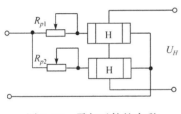

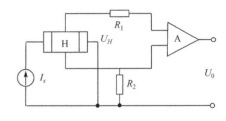

图 5.20　霍尔元件的串联　　　　　　图 5.21　霍尔电势的放大

5.2.3　基本特性及补偿电路

1. 霍尔元件的基本特性

(1) 额定激励电流和最大允许激励电流

使霍尔元件自身温度升高 10℃ 所施加的激励电流称为额定激励电流。以元件允许最大温升为限制所对应的激励电流称为最大允许激励电流。由于霍尔电势随激励电流的增加而增加,因此使用时希望选用尽可能大的激励电流。但是,受最大允许温升的限制,需要通过改善霍尔元件的散热条件,以便于增加激励电流。

(2) 输入电阻和输出电阻

激励电极间的电阻称为输入电阻。霍尔电极间的电阻称为输出电阻。霍尔电极输出电势对外电路来说相当于一个电压源,输出电阻则相当于电压源的内阻。输入输出电阻值是在磁场强度为零,且环境温度在(20±5)℃ 的条件下测量获得。

（3）不等位电势和不等位电阻

当通有激励电流的霍尔元件处于磁场强度为零的环境时，其霍尔电势理论上应为零，但实际上并不为零。这时测得的空载霍尔电势称为不等位电势，也称为非平衡电势或残留电势。

不等位电势是激励电流流经不等位电阻所产生的电压，不等位电势也可用不等位电阻表示为

$$r_0 = \frac{U_0}{I_H} \tag{5.54}$$

其中，U_0 为不等位电势；r_0 为不等位电阻；I_H 为激励电流。

产生这一现象主要有如下原因。

① 由于制作工艺不能保证两个霍尔电极完全对称地焊接在霍尔片的两侧，致使两电极不能完全位于同一等电位面上。

② 半导体材料不均匀造成电阻率不均匀或是几何尺寸不均匀。

③ 激励电极接触不良造成激励电流不均匀分布等。

不等位电阻和不等位电势都是在直流激励源作用下测得的，其值越小说明霍尔元件性能越好。

（4）寄生直流电势

当外加磁场强度为零，激励电流改用交流激励时，霍尔电极间的空载电压除交流不等位电势外，还有一直流电势，称其为寄生直流电势。其产生的原因主要如下。

① 激励电极与霍尔电极接触不良，形成非欧姆接触，造成整流效果。

② 两个霍尔电极大小不对称，使两个电极间的热容量不同、散热状态不同形成极间温差电势。

寄生直流电势一般在 1mV 以下，是影响霍尔元件温度漂移的原因之一。

（5）霍尔电势温度系数

在磁场强度和激励电流一定时，温度每变化 1℃ 时，霍尔电势的相对变化率称为霍尔电势温度系数，其单位为 %/℃。霍尔元件一般采用半导体材料制成，许多参数都具有较大的温度系数。当温度变化时，霍尔元件的载流子浓度和霍尔常数都将发生变化，从而使霍尔电势发生变化，产生温度误差。

（6）工作温度范围

当温度过高或过低时，霍尔元件电子浓度将随之大幅度变化，使元件不能正常工作。锗的正常工作温度范围是 −40 ～ 75℃、硅为 −60 ～ 150℃、锑化铟为 0 ～ 40℃、砷化镓为 −60 ～ 200℃。

2. 补偿电路

在实际使用时,需要对各种影响霍尔元件精度的因素进行补偿,以提高霍尔元件的精度。这里主要介绍不等位电势补偿和温度补偿。

(1) 不等位电势补偿

不等位电势与霍尔电势具有相同的数量级,有时其至超过霍尔电势,因此必须对其进行补偿。分析不等位电势时,可以将霍尔元件等效为电阻电桥,不等位电势相当于电桥的不平衡输出。

如图 5.22 所示为霍尔不等位电势的等效电路,其中 A 和 B 为激励电极,C 和 D 为霍尔电极,电极间的分布电阻分别用 r_1、r_2、r_3 和 r_4 表示,将其看作电桥的四个桥臂。在理想情况下,$r_1 = r_2 = r_3 = r_4$,电桥平衡,不等位电势为零。实际上,r_1、r_2、r_3 和 r_4 阻值不相等,使得电桥不平衡,从而产生非零的不等位电势。因此,只要能使电桥平衡的外电路都可以用来补偿不等位电势。

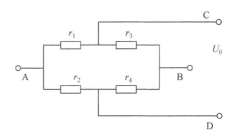

图 5.22　霍尔不等位电势的等效电路

如图 5.23 所示给出了几种常见的补偿线路。图 5.23(a) 为不对称补偿电路,在未加磁场时,调节 R_p 使不等位电势为零。由于 R_p 与霍尔元件的电阻温度系数不同,当温度变化时,初始的补偿关系将被破坏。图 5.23(b) 为对称补偿电路,相当于在等效电桥的两个桥臂上同时并联电阻。这种补偿方式对温度变化的稳定性要比不对称补偿电路好,其缺点是使输出电阻增大。图 5.24(c) 用于交流供电的情况。

(2) 温度补偿

温度误差是霍尔元件测量中不可忽视的误差,可以用以下几种方法对其进行补偿。

① 分流电阻法。

该方法适用于恒流源供电的情况,其原理结构如图 5.24 所示。假设初始温度为 T_0,此时霍尔元件的输入电阻为 R_0,分流电阻为 R_{p0},霍尔元件的灵敏度系数为 K_{H0},则流过霍尔元件的电流 I_{H0} 和霍尔电势 U_{H0} 分别为

$$I_{H0} = \frac{R_{p0} I}{R_{p0} + R_0} \tag{5.55}$$

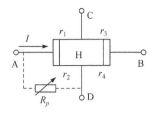
(a) 不对称补偿电路

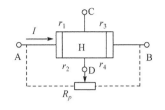
(b) 对称补偿电路

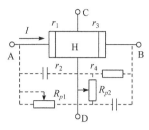
(c) 交流补偿电路

图 5.23 不等位电势补偿电路

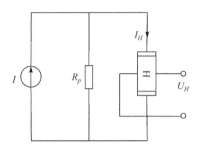

图 5.24 分流电阻法

$$U_{H0} = K_{H0} I_{H0} B = \frac{K_{H0} R_{p0} IB}{R_{p0} + R_0} \qquad (5.56)$$

当温度升高 ΔT 后,霍尔元件的输入电阻 R、分流电阻 R_p 和霍尔元件的灵敏度系数 K_H 变为

$$R = R_0 (1 + \alpha \Delta T)$$
$$R_p = R_{p0} (1 + \beta \Delta T)$$
$$K_H = K_{H0} (1 + \delta \Delta T) \qquad (5.57)$$

其中,α、β 和 δ 分别为霍尔元件输入电阻、分流电阻和霍尔元件灵敏度系数的温度系数。

此时,流过霍尔元件的电流 I_H 和霍尔电势 U_H 分别为

$$I_H = \frac{R_p I}{R_p + R} = \frac{R_{p0}(1 + \beta \Delta T) I}{R_{p0}(1 + \beta \Delta T) + R_0(1 + \alpha \Delta T)} \qquad (5.58)$$

$$U_H = K_H I_H B = \frac{K_{H0}(1 + \delta \Delta T) R_{p0}(1 + \beta \Delta T) IB}{R_{p0}(1 + \beta \Delta T) + R_0(1 + \alpha \Delta T)} \qquad (5.59)$$

为使霍尔电势不变,补偿电路必须满足温度升高前后的霍尔电势不变,即 $U_{H0} = U_H$,整理并略去 ΔT 的高次项后可得下式,即

$$R_{p0} \approx \frac{(\alpha - \beta - \delta)}{\delta} R_0 \qquad (5.60)$$

当霍尔元件选定后,输入电阻 R_0,输入电阻的温度系数 α,以及灵敏度温度系数 δ 是确定值。由式(5.60)可计算出分流电阻的阻值 R_{p0} 及其温度系数 β 需满足的关系。为了满足 R_{p0} 和 β 两个条件,分流电阻可取不同温度系数的两种电阻的串、并联组合。这样虽然复杂,但效果较好。

② 电桥补偿法。

电桥补偿法的工作原理如图 5.25 所示。在霍尔电极间串接一个温度补偿电桥,此电桥由四个锰铜电阻组成四个臂,其中一个臂的锰铜电阻与热敏电阻 R_t 并联。当温度变化时,热敏电阻 R_t 的阻值随温度发生变化,使补偿电桥输出一个随温度变化的可调电压,合理地选择这个可调电压,就可以补偿霍尔元件的温度漂移。

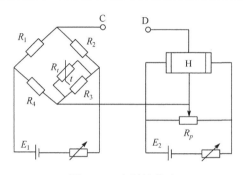

图 5.25　电桥补偿法

5.2.4　霍尔式传感器的应用

1. 霍尔式位移传感器

如图 5.26 所示给出了几种霍尔式位移传感器的工作原理。当霍尔元件采用恒流源激励,并置于均匀梯度的磁场中时,其输出的霍尔电势取决于它在磁场中的位移 Δx。磁场梯度越大,灵敏度越高;磁场梯度变化越均匀,霍尔电势与位移的关系越接近线性。

图 5.26(a)是磁场强度相同的两块永久磁铁,同极性相对地放置,霍尔元件处于两块磁铁的中间。由于磁铁中间的磁场强度为零,因此霍尔元件输出的霍尔电势等于零,此时位移 $\Delta x=0$。若霍尔元件在两磁铁中间产生相对位移,霍尔元件感受到的磁感应强度也随之改变,这时霍尔电势不为零,其量值大小反映出霍尔元件与磁铁之间相对位置的变化量。这种结构的传感器,其动态范围可达 5mm,分辨率可达 0.001mm。

如图 5.26(b)所示的霍尔位移传感器由一块永久磁铁组成,结构简单,但线性范围较窄,且存在零位输出(霍尔元件处于初始位置 $\Delta x=0$ 时,霍尔电势不等于零)。

如图 5.26(c)所示为一个由两个结构相同的磁路组成的霍尔式位移传感器，为了获得较好的线性分布，在磁极端面一般装有极靴。这种传感器灵敏度很高，但它所能检测的位移量较小，适合于微位移量及振动的测量。

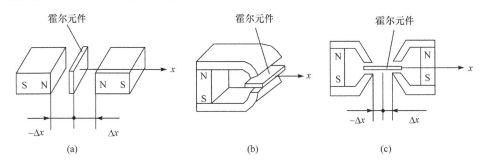

图 5.26　霍尔式位移传感器的工作原理图

2. 霍尔式压力传感器

任何非电量只要能转换成位移量的变化，均可以利用霍尔式位移传感器将其变换成霍尔电压。霍尔式压力传感器就是其中的一种，其工作原理如图 5.27 所示。图中弹簧元件为波登管，一端固定，另一端安装霍尔元件。当输入压力增加时，波登管伸长，由于霍尔元件固定在弹簧元件的自由端，因此弹簧元件产生位移时将带动霍尔元件，使其在线性变化的磁场中移动，从而输出霍尔电压。输出的霍尔电压与压力成正比。

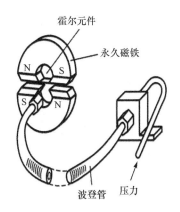

图 5.27　霍尔式压力传感器的工作原理图

3. 霍尔式转速传感器

霍尔式转速传感器的工作原理如图 5.28 所示。在非磁材料的圆盘上粘贴一

块永久磁铁,霍尔式传感器固定在圆盘外缘附近。当永久磁铁远离霍尔式传感器
时,霍尔式转速传感器输出低电平,当永久磁铁处于霍尔式传感器正下方时,霍尔
式转速传感器输出高电平。圆盘每转一周,霍尔式转速传感器便输出一个高电平
脉冲。通过测量产生脉冲的频率,就可以得出圆盘的转速。假设圆盘为车轮,再结
合车轮的周长就可以计算出车的速度。如果要增加测量精度,可以在车轮上多增
加几个永久磁铁,这样车轮每转一周,霍尔式转速传感器便会输出多个高电平脉
冲,从而提高分辨率。

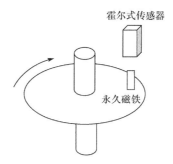

图 5.28　霍尔式转速传感器的工作原理图

习　　题

5.1　磁电式传感器与电感式传感器有哪些不同? 磁电式传感器主要用于测
量哪些物理参数?

5.2　简述磁电感应式传感器的工作原理及分类。

5.3　为什么磁电感应式传感器在工作频率较高时,灵敏度会随频率的增加而
下降?

5.4　什么是霍尔效应? 霍尔电势与哪些因素有关?

5.5　已知某霍尔元件尺寸为长 $L=10\text{mm}$,宽 $b=3.5\text{cm}$,厚 $d=1\text{mm}$。沿 L
方向通以电流 $I=1.0\text{mA}$,电荷量 $e=1.602\times10^{-19}\text{C}$。在垂直于 $b\times L$ 面方向上加
均匀磁场 $B=0.3\text{T}$,输出电势 $U_H=6.55\text{mV}$。求该霍尔元件的灵敏度系数 K_H 和
载流子浓度 n。

5.6　霍尔元件的不等位电势和温度误差是如何产生的? 可采用哪些方法来
减小不等位电势和温度误差?

5.7　设计一个采用霍尔式传感器的液位控制系统,画出系统示意图和电路原
理图,并说明工作原理。

第 6 章　压电式传感器

压电式传感器是一种自发电式和机电转换式传感器,其敏感元件由压电材料制成,工作原理是基于压电材料的压电效应。自 1948 年制作出第一个石英压电式传感器,一系列的单晶、多晶陶瓷材料和近年来发展起来的有机高分子聚合材料制成的压电式传感器,在电子、超市、通信、引爆等许多技术领域得到广泛应用。压电式传感器具有体积小、质量轻、频响高、信噪比大等特点。它没有运动部件,因此结构坚固,可靠性、稳定性高,缺点是某些压电材料需要防潮措施,而且输出的直流响应差,需要采用高输入阻抗电路或电荷放大器来克服这一缺陷。

6.1　压　电　效　应

天然结构的石英晶体呈六角形晶柱,用金刚石刀具切割出一片正方形薄片。当晶体薄片受到压力时,晶格产生变形,表面产生电荷,电荷 Q 与所施加的力 F 成正比,这种现象称为压电效应。若在电介质的极化方向上施加交变电压,它就会产生机械变形,当去掉外加电场时,电介质的变形随之消失,这种现象称为逆压电效应(电致伸缩效应)。

压电式传感器大都利用压电材料的正压电效应制成。在电声和超声工程中也有利用逆压电效应制作的传感器。压电式传感器中的压电材料一般有压电晶体(如石英晶体)、经过极化处理的压电陶瓷、高分子压电材料。

6.1.1　石英晶体的压电效应

如图 6.1(a)所示为石英晶体的结构外形。在晶体学中,用三根互相垂直的轴 X、Y、Z 表示它们的坐标,如图 6.1 所示,石英晶体的正交晶系以 Z 轴为光轴,该轴方向无压电效应和无双折射现象;X 轴为电轴,垂直于此轴的棱面上压电效应最强;Y 轴为机械轴,在电场作用下,沿该轴方向的机械变形最明显。

石英晶体的化学分子式为 SiO_2,在一个晶体结构单元(晶胞)中,有 3 个硅离子 Si_4^+ 和 6 个氧离子 O_2^-,如图 6.2 所示,石英晶体的内部结构等效为硅、氧离子的正六边形排列,形成三互成 $120°$ 夹角的电偶极矩 p_1、p_2 和 p_3。当晶体没有外力作用时,$p_1+p_2+p_3=0$,因此晶体表面没有带电现象,整个晶体是中性的。

当晶体受到外力作用时产生变形,正负离子相应位置发生变化,正六边形边长(键长)保持不变,夹角(健角)改变,p_1、p_2 和 p_3 在 X(或 Y)方向净余电偶极矩不为

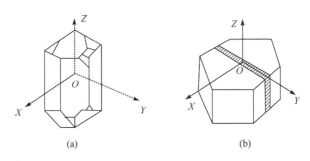

图 6.1　石英晶体的外形和晶轴

零,则相应晶面产生极化电荷而带电。如图 6.2(b)所示,当晶体受到沿 X 轴方向的压力作用时,电偶极矩 p_1 减小,p_2 和 p_3 增大,X 方向上的分量大于 0,即 $p_1+p_2+p_3>0$,在 X 轴的正向面出现正电荷,反向面出现负电荷;电偶极矩在 Y 轴方向的分量为零,不出现正负电荷;由于 p_1、p_2 和 p_3 在 Z 轴方向上的分量为零,不受外力作用的影响,因此在 Z 轴方向上也不出现电荷。

　　当晶体受沿 Y 轴方向的压力作用时,晶体沿 Y 方向将产生压缩,其离子排列结构如图 6.2(c)所示。与图 6.2(b)情况相似,此时 p_1 增大,p_2 和 p_3 减小,$p_1+p_2+p_3<0$,在 X 轴方向出现电荷,其极性与图 6.2(b)相反,而在 Y 轴和 Z 轴方向上则不出现电荷。

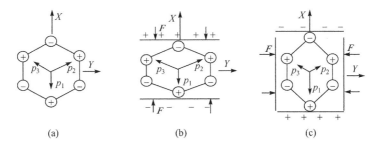

图 6.2　石英晶体压电效应示意图

　　当沿 Z 轴力向(即与纸面垂直方向)上施加作用力时,因为晶体在 X 方向和 Y 方向产生的变形完全相同,所以其正负电荷中心保持重合,电偶极矩矢量和为零,晶体表面无电荷呈现。这表明,沿 Z 轴方向施加作用力,晶体不会产生压电效应。

　　当受到沿 X 方向的压力作用时,电偶极矩方向向上,X 轴正向的晶体表面出现正电荷,反向表面出现负电荷,这种现象称为纵向压电效应;当受到沿 Y 方向的压力作用时,电偶极矩方向向下,X 轴正向的晶体表面出现负电荷,反向表面出现正电荷,这种现象称为横向压电效应;当沿 X 轴方向施加切应力时,将在垂直于 Y 轴的表面产生电荷,这种现象称为切向压电效应。

当受到各个方向作用大小相等的力时,这时不会出现压电效应。石英晶体具有良好的厚度变形和长度变形压电效应,但没有体积变形压电效应。

6.1.2　压电陶瓷的压电效应

压电陶瓷是一种多晶体铁电体,是人工制造的多晶压电材料,比石英晶体的压电灵敏度高得多,而制造成本却较低,因此目前国内外生产的压电元件绝大多数都采用压电陶瓷。

原始的压电陶瓷材料电畴呈无规则排列,不具有压电性,需经过强电场的极化处理才具有压电效应,如图 6.3 所示。压电陶瓷内部存在自发极化的"电畴"结构,具体极化过程为:无压电效应→加外电场 E 极化→"电畴"自发极化方向将趋向于外电场 E 的方向发生转动→拆去外电场 E→压电陶瓷内部出现剩余极化强度→陶瓷片极化的两端出现束缚电荷→压电陶瓷相应表面吸附自由电荷(保持电中性)→压电陶瓷成为压电材料。

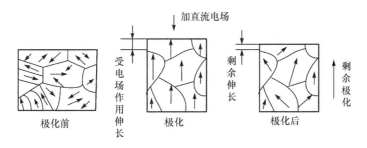

图 6.3　压电陶瓷中的极化示意图

极化过程是在直流电场下对铁电陶瓷进行极化处理,一般极化电场为 20~30kV/cm,温度为 100~150℃,时间为 5~20min。这三者是影响极化效果的主要因素。

当极化后的压电陶瓷片上加一个与极化方向平行的外力,压电陶瓷片将产生变形,"电畴"发生偏转,且片内正、负束缚电荷之间距离变化,剩余极化强度也变化,束缚电荷变化,表面吸附自由电荷变化(充放电现象),充放电电荷的多少与外力的大小成比例。

规定 Z 轴方向为压电陶瓷的极化方向,如图 6.4 所示,垂直于极化方向(Z 轴)的平面内,任意选择正交轴系为 X 轴和 Y 轴。极化压电陶瓷的平面是各向同性的,因此它的 X 轴和 Y 轴是可以互易的,极化压电陶瓷受到如图 6.4 所示的横向、纵向、切向均匀分布的作用力时,在极化面上分别出现正、负电荷。

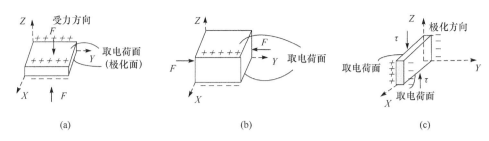

图 6.4　压电陶瓷的压电原理图

6.1.3　压电方程与压电常数

压电元件受到力 F 作用时,在相应的表面产生电荷 Q 为

$$Q=dF \qquad (6.1)$$

其中,d 为压电系数。

压电系数 d 对于一定的施力方向和一定的产生电荷的表面是常数,压电常数 d 有时也称为电压应变系数,是衡量材料压电效应强弱的参数,直接关系到压电输出的灵敏度。但式(6.1)仅用于一定尺寸的压电元件,没有普遍意义。为应用方便,常采用下式,即

$$q=d_{ij}\sigma \qquad (6.2)$$

其中,q 为电荷的表面密度,单位为 C/cm^2;σ 为单位面积上的作用力,单位为 N/cm^2;d_{ij} 为压电常数,单位为 C/N。

压电常数 d_{ij} 的物理意义是在"短路条件"下,单位应力所产生的电荷密度。短路条件是指压电元件的表面电荷从一开始发生就被引开。其中,i 表示极化方向,即产生电荷的表面垂直于 X、Y 或 Z 轴,计作 $i=1$(或 2,3);$j=1$(或 2,3,4,5,6)分别表示在沿 X、Y、Z 轴方向作用的单向应力,或垂直与 X、Y、Z 轴的平面内作用的剪切力,如图 6.5 所示。应力的符号规定拉应力为正,压应力为负。

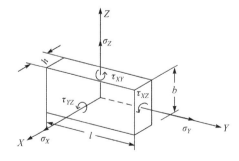

图 6.5　压电元件的坐标系表示

　　按照上述规定,压电常数 d_{31} 表示沿 X 轴方向作用的单向应力,使垂直于 Z 轴的表面产生电荷;d_{16} 表示垂直于 Z 轴的平面(XY 平面)内作用的剪切力,使垂直于 X 轴的表面产生电荷。

　　此外,还需要对因受机械应力而在晶体内部产生的电场方向也作一个规定,以确定压电常数 d_{ij} 的符号。当电场方向指向晶轴的正向时为正,而电场方向与晶轴方向相反时为负。晶体内部产生的电场方向是由产生负电荷的表面指向正电荷的表面。

　　晶体在任意受力状态下所产生的表面电荷密度可表示为

$$\begin{cases} q_X = d_{11}\sigma_X + d_{12}\sigma_Y + d_{13}\sigma_Z + d_{14}\tau_{YZ} + d_{15}\tau_{XZ} + d_{16}\tau_{XY} \\ q_Y = d_{21}\sigma_X + d_{22}\sigma_Y + d_{23}\sigma_Z + d_{24}\tau_{YZ} + d_{25}\tau_{XZ} + d_{26}\tau_{XY} \\ q_Z = d_{31}\sigma_X + d_{32}\sigma_Y + d_{33}\sigma_Z + d_{34}\tau_{YZ} + d_{35}\tau_{XZ} + d_{36}\tau_{XY} \end{cases} \tag{6.3}$$

其中,q_X、q_Y 和 q_Z 分别表示垂直于 X、Y 和 Z 轴表面上产生的电荷密度;σ_X、σ_Y 和 σ_Z 分别表示沿 X、Y 和 Z 轴方向作用的应力;τ_{YZ}、τ_{XZ} 和 τ_{XY} 分别表示垂直于 X、Y 和 Z 轴平面作用的剪应力。

　　这样,压电材料的压电特性可以用压电常数矩阵表示为

$$\boldsymbol{D} = \begin{bmatrix} d_{11} & d_{12} & d_{13} & d_{14} & d_{15} & d_{16} \\ d_{21} & d_{22} & d_{23} & d_{24} & d_{25} & d_{26} \\ d_{31} & d_{32} & d_{33} & d_{34} & d_{35} & d_{36} \end{bmatrix} \tag{6.4}$$

压电常数矩阵的物理意义如下。

　　① 矩阵的每一行表示压电元件分别受到 X、Y 和 Z 轴向的正应力,及垂直于 X、Y 和 Z 轴的平面的剪切力的作用时,在垂直于 X、Y 和 Z 轴表面产生电荷的可能性与大小。

　　② 若矩阵某一 $d_{ij} = 0$,则表示该方向上没有压电效应,这说明不是任何方向上都存在压电效应的。相对于空间一定的几何切型,只有某些方向在某些力的作用下才能产生压电效应。

　　③ 根据压电常数绝对值的大小,可以判断在那几个方向上施加应力时,压电效应最显著。

　　对石英晶体,其压电常数矩阵为

$$\boldsymbol{D} = \begin{bmatrix} d_{11} & d_{12} & 0 & d_{14} & 0 & 0 \\ 0 & 0 & 0 & 0 & d_{25} & d_{26} \\ 0 & 0 & 0 & 0 & 0 & 0 \end{bmatrix}$$

　　矩阵的第三行元素全部为零,说明垂直于 Z 轴表面不会产生电荷;第三列 $d_{13} = d_{23} = d_{33} = 0$,说明石英晶体在沿 Z 轴方向受力作用时,不存在压电效应。由于晶格的对称性,有

$$\begin{cases} d_{12} = -d_{11} \\ d_{25} = -d_{14} \\ d_{26} = -2d_{11} \end{cases}$$

因此,实际上只有 d_{11} 和 d_{14} 两个常数有意义。对应右旋石英晶体有 $d_{11} = -2.31 \times 10^{-12}$ C/N 和 $d_{14} = -0.67 \times 10^{-12}$ C/N;对于左旋石英有 d_{11} 和 d_{14} 都大于零,其值大小不变。

由上可知,压电常数矩阵是正确选择力电转换元件、转换类型、转换效率及晶体几何切型的重要依据,因此合理而灵活的运用压电常数矩阵是保证压电式传感器正确设计的关键。

不同的压电材料,其压电矩阵是不同的,钛酸钡陶瓷的压电常数矩阵为

$$\boldsymbol{D} = \begin{bmatrix} 0 & 0 & 0 & 0 & d_{15} & 0 \\ 0 & 0 & 0 & d_{24} & 0 & 0 \\ d_{31} & d_{32} & d_{33} & 0 & 0 & 0 \end{bmatrix}$$

其中, $d_{33} = 190 \times 10^{-12}$ C/N; $d_{31} = d_{32} = -78 \times 10^{-12}$ C/N; $d_{15} = -d_{24} = 250 \times 10^{-12}$ C/N。

6.1.4 压电元件的基本变形

从压电常数矩阵可以看出,对能量转换有意义的压电晶体变形方式有以下几种。

1. 厚度变形

如图 6.6(a)所示,这种变形方式就是石英晶体的纵向压电效应,产生的表面电荷密度或表面电荷为

$$q_X = d_{11}\sigma_X \quad \text{或} \quad Q_X = d_{11}F_X$$

2. 长度变形

如图 6.6(b)所示,这是利用石英晶体的横向压电效应,表面电荷密度或电荷为

$$q_X = d_{12}\sigma_Y \quad \text{或} \quad Q_X = d_{12}F_Y \frac{S_X}{S_Y}$$

其中, S_X 和 S_Y 分别为产生电荷面和受力面面积。

3. 面剪切变形

如图 6.6(c)所示,计算公式为

$$q_X = d_{14}\tau_{YZ}, \quad \text{对 } X \text{ 切晶片} \quad \text{或} \quad q_Y = d_{25}\tau_{XZ}, \quad \text{对 } Y \text{ 切晶片}$$

4. 厚度剪切变形

如图 6.6(d)所示,计算公式为

$$q_Y = d_{26}\tau_{XY}, \quad 对 Y 切晶片$$

5. 弯曲变形

它不是基本变形方式,而是拉、压、切应力共同作用的结果,应根据具体情况选择合适的压电常数。

6. 体积变形

对于钛酸钡(BaTiO₃)压电陶瓷,除长度变形方式(d_{31})、厚度变形方式(d_{33})和面剪切变形方式(d_{15}),还有体积变形方式可以利用,如图 6.6(e)所示。这时产生的表面电荷密度按下式计算,即

$$q_Z = d_{31}\sigma_X + d_{32}\sigma_Y + d_{33}\sigma_Z$$

由于此时 $\sigma_X = \sigma_Y = \sigma_Z = \sigma$,同时对 BaTiO₃压电陶瓷有 $d_{31} = d_{32}$,则

$$q_Z = (2d_{31} + d_{33})\sigma = d_V\sigma$$

其中,$d_V = 2d_{31} + d_{33}$ 为体积压缩的压电常数。

这种变形方式可以用来进行液体或气体压力的测量。

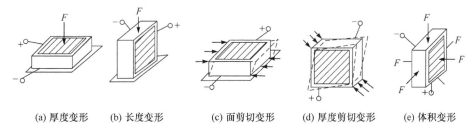

(a) 厚度变形　　(b) 长度变形　　(c) 面剪切变形　　(d) 厚度剪切变形　　(e) 体积变形

图 6.6　压电元件的受力状态和变形方式

6.2　压电材料

选用合适的压电材料是设计高性能传感器的关键,一般应该考虑以下几个方面。

① 机-电转换性能,应具有较大的压电常数。

② 机械性能,压电元件作为受力元件,希望它的强度高、刚度大,以期获得宽的线性范围和高的固有振动频率。

③ 电性能,希望具有高的电阻率和大的介电常数,以期减弱外部分布电容的

影响和减小电荷泄漏并获得良好的低频特性。

④ 温度和湿度稳定性良好,具有较高的居里点(在此温度时,压电材料的压电性能被破坏),以期得到较宽的工作温度范围。

⑤ 时间稳定性,压电特性不随时间蜕变。

⑥ 热释电效应,某些晶体除了由机械应力的作用而引起的电极化(压电效应)之外,还可由温度变化产生电极化。用热释电系数来表示该效应的强弱,指温度每变化 1℃ 时,在单位质量晶体表面上产生的电荷密度大小,单位为 $\mu C/(m^2 \cdot g \cdot ℃)$。

⑦ 机电耦合系数,是一个无量纲的数,表示晶体中储藏的电能对晶体所吸收的机械能之比的平方根,或表示晶体中储藏的机械能对晶体所吸收的电能之比的平方根。

6.2.1　压电晶体

1. 石英

石英晶体有天然和人工培养两种,压电系数 d_{11} 的温度变化率很小,在 $20 \sim 200℃$ 约为 $-2.15 \times 10^{-6}/℃$。石英晶体由于灵敏度低、介电常数小,在一般场合已逐渐为其他压电材料所代替。但是,它具有高安全应力和安全温度,以及性能稳定,没有热释电效应等优点,在高性能和高稳定性场合仍会被选用。

2. 水溶性压电晶体

这类石英晶体有酒石酸钾钠($NaKC_4H_4O_6 \cdot 4H_2O$)、硫酸锂($Li_2SO_4 \cdot H_2O$)、磷酸二氢钾(KH_2PO_4,简称 KDP)等。水溶性压电晶体具有较高的压电灵敏度和介电常数,但易于受潮,机械强度也较低,只适用于室温和湿度低的环境。

6.2.2　陶瓷压电材料

1. 钛酸钡压电陶瓷

在室温下属于四方晶系的铁电性压电晶体。它具有高介电常数,低介质损耗等优异的电学性能,而且价格便宜,主要缺点是使用温度低,工作温度范围狭窄。

2. 锆钛酸铅系压电陶瓷(PZT)

PZT 是由钛酸铅($PbTiO_3$)和锆酸铅($PbZrO_3$)按 47:53 的物质的量比组成的固溶体。其压电性能大约是 $BaTiO_3$ 的二倍,特别是在 $55 \sim 200℃$ 的温度范围内无晶相转变,已成为压电陶瓷研究的主要对象,缺点是烧结过程中 PbO 的挥发,难以获得致密的烧结体,以及压电性能依赖于钛和锆的组成比,难以保证性能的一致性。克服的方法是置换原组成元素或添加微量杂质和热压法等。添加微量杂质包括铌(Nb)、镧(La)、铋(Bi)、钨(W)、钍(Th)、锑(Sb)、钽(Ta),可以提高压电性能,但机械品质因数降低;添加铬(Cr)、铁(Fe)、钴(Co)、锰(Mn),可以提高品质因数,但添加量较多时将降低压电性能。

3. 铌酸盐系压电陶瓷

铌酸盐系压电陶瓷以铁电体铌酸钾($KNbO_3$)和铌酸铅($PbNb_2O_6$)为基础。铌酸钾和钛酸钡十分相似,但所有的转变都在较高温度下发生,在冷却时又发生同样的对称程序:立方、四方、斜方和菱形。铌酸铅的特点是能经受接近居里点(570℃)的高温而不会去极化,有大的 d_{33}/d_{31} 比值和非常低的机械品质因数。铌酸钾特别适用于作 $10\sim40MHz$ 的高频换能器。近年来,铌酸盐系压电陶瓷在水声传感器方面受到重视。

6.2.3　高分子材料

典型的高分子压电材料有聚偏二氟乙烯(PVF2 或 PVDF)、聚氟乙烯(PVF)、改性聚氯乙烯(PVC)等。在有机高分子材料中,聚偏氟乙烯等类化合物具有较强的压电性质。压电率的大小取决于分子中含有的偶极子的排列方向是否一致。除了含有具有较大偶极矩的 C-F 键的聚偏氟乙烯化合物,许多含有其他强极性键的聚合物也表现出压电特性。例如,亚乙烯基二氰与乙酸乙烯酯、异丁烯、甲基丙烯酸甲酯、苯甲酸乙烯酯等的共聚物,均表现出较强的压电特性,而且是一种柔软的压电材料,可根据需要制成薄膜或电缆套管等形状。它们不易破碎,具有防水性,可以大量连续拉制,制成较大面积或较长的尺度,价格便宜,频率响应范围较宽,测量动态范围可达 80dB,高温稳定性较好。还可作为换能材料使用,如音响元件和控制位移元件的制备。

常用的压电材料性能参数如表 6.1 所示。

表 6.1　常用压电材料性能参数

性能 材料 名称	介电 常数	压电常数 $/\times10^{-12}(C\cdot N^{-1})$		电阻率 $/\times10^9$ $(\Omega\cdot m)$	密度 $/(g/cm^3)$	弹性模量 $/\times10^9$ $(N\cdot m^{-2})$	居里点 /℃	安全湿 度范围 /%	正切损 耗角 /rmd	机械 品质 因数
		$d_{33}(d_{11})$	$d_{31}(d_{14})$							
石英 (X零度切割)	4.5	2.31	0.727	>1000	2.65	78.3	550	0~100	0.0003	
钛酸钡	1900	191	−79	>10	5.7	92	120	0~100	0.5	430
钛酸钡 (改性)	1200	149	−58	>10	5.55	110	115	0~100	0.6	400

性能 材料 名称	介电 常数	压电常数 /$\times 10^{-12}$(C·N^{-1})		电阻率 /$\times 10^9$ (Ω·m)	密度/ (g/cm^3)	弹性模量 /$\times 10^9$ (N·m^{-2})	居里点 /℃	安全湿 度范围 /%	正切损 耗角 /rmd	机械 品质 因数
		$d_{33}(d_{11})$	$d_{31}(d_{14})$							
锆钛酸铅 PZT$_4$	1300	285	−122	>100	7.5	66	325	0～100	0.4	500
PZT$_5$	1700	374	−171	>100	7.75	53	365	0～100	2.0	75
Pb(Zr,Ti)O$_3$	730	223	−93.5		7.55	72	370	0～100	0.3	860
(K$_{0.5}$N$_{0.5}$)NbO$_3$	420	160	49	～1000	4.46	104	480	0～100		240
铌酸铅 PbNb$_2$O$_6$	225	85	−9	7000		40	570	0～100		11

6.3　压电元件的结构形式和等效电路

6.3.1　压电元件的结构形式

压电元件一般采用两片或两片以上压电片组合使用。由于压电元件是有极性的,因此连接方法有并联连接和串联连接,如图 6.7 所示。

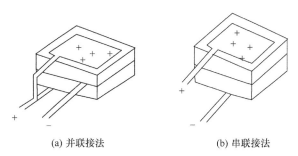

(a) 并联接法　　　　　　　　(b) 串联接法

图 6.7　叠式压电片的并联和串联

并联连接如图 6.7(a)所示,输出为

$$C_{并}=2C, \quad U_{并}=U, \quad Q_{并}=2Q \tag{6.5}$$

串联连接如图 6.7(b)所示,输出为

$$C_{串}=C/2, \quad U_{串}=2U, \quad Q_{串}=Q \tag{6.6}$$

其中,C、U 和 Q 分别为单片压电片的输出电容、输出电压和极板上的总电荷量。

在这两种接法中,并联接法输出电荷量大、电容大、时间常数大,适宜用在测量慢信号,并且以电荷作为输出量的情况;串联接法输出电压大、电容小,适宜用于以电压作为输出信号、并且测量电路输入阻抗很高的情况。

6.3.2　压电式传感器的等效电路

压电式传感器对被测量的变化通过其压电元件产生电荷量的大小来反映,因此相当于一个电荷源。压电元件电极表面聚集电荷时,它又相当于一个以压电材料为电介质的电容器。其电容量为

$$C_a = \frac{\varepsilon S}{h} = \frac{\varepsilon_r \varepsilon_0 S}{h} \tag{6.7}$$

其中,S 为极板面积,单位 m^2;ε_r 为压电材料相对介电常数;ε_0 为真空介电常数 $(\varepsilon_0 = 8.85 \times 10^{-12}\,\text{F/m})$;$h$ 为压电片的厚度,单位 m。

当压电元件受外力作用时,两表面产生等量的正负电荷 Q,压电元件的开路电压(认为其负载电阻为无穷大)U 为

$$U = \frac{Q}{C_a} \tag{6.8}$$

这样,可以把压电元件等效为一个电荷源 Q 和电容器 C_a 的等效电路,如图 6.8(a)虚框所示,同时也等效为一个电压源 U 和一个电容器 C_a 串联的等效电路,如图 6.8(b)虚框所示。其中,R_a 为压电元件的漏电阻。

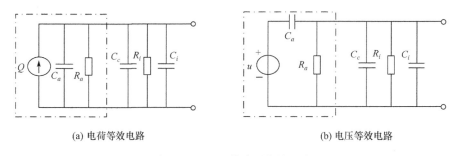

(a) 电荷等效电路　　　　　　　　　　　　　　(b) 电压等效电路

图 6.8　压电式传感器等效电路

压电式传感器在测量时要与测量电路连接,因此实际传感器需考虑连接电缆电容 C_c、放大器输入电阻 R_i 和输入电容 C_i。压电传感器的实际等效电路如图 6.8 所示。

压电式传感器的灵敏度有电压灵敏度和电荷灵敏度两种,分别表示单位力所产生的电压和电荷。

电压灵敏度为

$$k_u = \frac{U}{F} \tag{6.9}$$

电荷灵敏度为

$$k_q = \frac{Q}{F} \tag{6.10}$$

它们之间的关系是

$$k_u = \frac{k_q}{C_a} \tag{6.11}$$

6.4　测　量　电　路

压电式传感器本身的内阻很高（$R_a \geqslant 10^{10}\ \Omega$），而输出的能量信号又非常微弱，因此信号调理电路通常需要一个高输入阻抗的前置放大器。前置放大器的作用有两个：一是阻抗变换（把压电式传感器的高输出阻抗变换成低输出阻抗）；二是放大压电式传感器输出的微弱信号。

前置放大器的形式有两种：一种是电压放大器，它的输出电压与输入电压（传感器的输出电压）成正比；一种是电荷放大器，其输出电压与传感器的输出电荷成正比。

6.4.1　电压放大电路

电压放大器的作用是将压电式传感器的高输出阻抗经放大器变换为低阻抗输出，并将微弱的电压信号进行适当放大。因此，也把这种测量电路称为阻抗变换器。如图 6.9 所示为电压放大器的简化电路图。

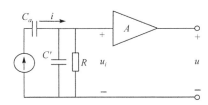

图 6.9　电压放大器的简化电路图

把如图 6.8(b)所示的电压等效电路接到放大倍数为 A 的放大器中，如图 6.9 所示。其等效电阻为

$$R = R_a \ // \ R_i \tag{6.12}$$

等效电容为

$$C' = C_c + C_i \tag{6.13}$$

如果压电元件受到交变正弦力 $\dot{F} = F_m \sin\omega t$ 的作用，则产生的电荷及电压均按正弦规律变化，即

$$Q = d_{33}F$$

则在压电陶瓷元件上产生的电压为

$$U = \frac{Q}{C_a} = \frac{d_{33}F_m}{C_a}\sin\omega t = U_m\sin\omega t \tag{6.14}$$

其中，U_m 为压电元件输出电压的幅值，$U_m = d_{33}F_m/C_a$。

由图 6.9 可见，送入放大器输入端的电压为 u_i，把它写成复数形式，则得到

$$\dot{U}_i = d_{33}\dot{F}\frac{j\omega R}{1+j\omega RC} \tag{6.15}$$

其中，$C = C' + C_a$。

从式(6.15)可得前置放大器输入电压 u_i 的幅值 U_{im} 为

$$U_{im} = \frac{d_{33}F_m\omega R}{\sqrt{1+(\omega RC)^2}} = \frac{d_{33}F_m}{\sqrt{\dfrac{1}{(\omega R)^2}+C^2}} \tag{6.16}$$

输入电压 $\dot{U}_i$ 与作用力 $\dot{F}$ 之间的相位差 φ 为

$$\varphi = \frac{\pi}{2} - \arctan(\omega CR) \tag{6.17}$$

传感器的电压灵敏度为

$$k_u = \frac{U_{im}}{F_m} = \frac{d_{33}\omega R}{\sqrt{1+(\omega RC)^2}} = \frac{d_{33}}{\sqrt{\dfrac{1}{(\omega R)^2}+C^2}} \tag{6.18}$$

在理想情况下，传感器的绝缘电阻 R_a 和前置放大器的输入电阻 R_i 都是无限大，也就是电荷没有泄漏，或者工作频率 ω 很大。这时，$\omega RC \gg 1$，那么前置放大器输入电压(即传感器的开路电压)幅值为

$$U_m = \frac{d_{33}F_m}{C} \tag{6.19}$$

它与实际输入电压幅值 U_{im} 之比为

$$K(\omega) = \frac{U_{im}}{U_m} = \frac{\omega RC}{\sqrt{1+(\omega RC)^2}} \tag{6.20}$$

这时，传感器的电压灵敏度为

$$k_u = \frac{U_m}{F_m} = \frac{d_{33}}{C} = \frac{d_{33}}{C_c+C_i+C_a} \tag{6.21}$$

测量电路的时间常数 $\tau = RC$，令 $\omega_1 = 1/\tau = \dfrac{1}{RC}$，则式(6.20)和式(6.17)可分别写为

$$K(\omega) = \frac{U_{im}}{U_m} = \frac{\omega/\omega_1}{\sqrt{1+(\omega/\omega_1)^2}} \tag{6.22}$$

$$\varphi = \frac{\pi}{2} - \arctan(\omega/\omega_1) \tag{6.23}$$

由此可以得到电压幅值比和相角与频率比的关系曲线，如图 6.10 所示。

① 当 $\omega = 0$ 时，$U_i = 0$，因此压电传感器不能测静态量。

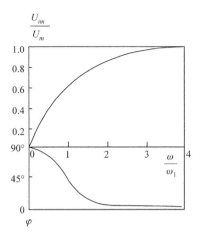

图 6.10　电压幅值比和相角频率比的关系曲线

② 对于高频响应,当 $\omega/\omega_1 \gg 1$ 时,即 $\omega\tau \gg 1$ 时,$K(\omega)$ 趋近于 1。当 $\omega/\omega_1 \geqslant 3$ 时,$U_{im} \approx U_m$,可以近似看作输入电压与作用力的频率无关,这说明压电式传感器的高频响应相当好。

③ 对于低频响应,如果被测物理量是缓慢变化的动态量(ω 小),而测量回路的时间常数 τ 又不大,则会造成传感器灵敏度 $K(\omega)$ 下降,产生低频动态误差为

$$\delta = \frac{\omega/\omega_1}{\sqrt{1+(\omega/\omega_1)^2}} - 1 \tag{6.24}$$

压电式传感器的 3dB 截止频率下限为

$$f_L = \frac{1}{2\pi R(C_a + C_c + C_i)}$$

④ 由式(6.18)可知,为了扩大低频响应范围,需要提高输入电阻加大时间常数,而不是增加回路电容,否则将导致电压灵敏度的下降。

综上所述,对电压放大电路,延长电缆不宜过长,而且不能随意更换电缆,否则会使实际灵敏度与出厂灵敏度不一致,导致产生测量误差。随着固态电子元件与集成电路的发展,微型电压放大器可以与传感器作为一体,这种电路的缺点就可以得以克服。因此,它有广泛的应用前景。

6.4.2　电荷放大器

电压放大器使所配接的压电式传感器的电压灵敏度随电缆分布电容及传感器自身电容的变化而变化,因此电缆的更换需要重新标定。电荷放大器把压电器件高内阻的电荷源变换为传感器低内阻的电压源,使其输出电压与输入电荷成正比,且传感器的灵敏度不受电缆变化的影响。

电荷放大电路由一个反馈电容 C_F 和高增益运算放大器构成。由于运算放大

器输入阻抗极高,放大器输入端几乎没有分流,可以认为压电元件泄漏电阻 R_a 和放大器输入电阻 R_i 无限大,已略去其电路作用。如图 6.11 所示为压电式传感器与电荷放大器连接的等效电路,设放大器输入电容为 C_i,传感器内部电容为 C_a,电缆电容为 C_c,由运算放大器的基本特性,可知放大器的输出电压为

$$U_0 = \frac{-KQ}{C_a + C_c + C_i + (1+K)C_F} \tag{6.25}$$

当 K 足够大时,$C_a + C_c + C_i \ll (1+K)C_F$,因此有

$$U_0 \approx \frac{-Q}{C_F} \tag{6.26}$$

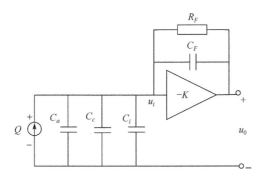

图 6.11　电荷放大器等效电路

当 $(1+K)C_F > 10(C_a + C_c + C_i)$ 时,传感器的输出灵敏度就可以认为与电缆电容无关。因此,只要保持反馈电容的数值不变,就可以得到与电荷量 Q 变化呈线性关系的输出电压。还可以看出,反馈电容 C_F 越小,输出越大,因此要达到一定的输出灵敏度要求,必须选择适当容量的反馈电容。

通常反馈电容 $C_F = 100 \sim 10000 \mathrm{pF}$,且连续可调,以满足不同量程的被测物理量。反馈电容的两端通常并联一个大的反馈电阻 $R_F = 10^8 \sim 10^{10}\,\Omega$。其功能是提供直流反馈,以提高电荷放大器工作稳定性和减小零漂。

在高频时,电路中各电阻 $(R_a、R_i、R_F)$ 的值大于各电容的容抗,略去其电路作用符合实际情况,电荷放大器的频率响应上限主要取决于运算放大器的频率特性,高频响应好。

在低频时,$R_a、R_i$ 与 $\mathrm{j}\omega C_a、\mathrm{j}\omega C_i$ 相比仍可忽略,但 R_F 与 $\mathrm{j}\omega C_F$ 相比就不能忽略了。此时电荷放大器输出电压为

$$U_0 = \frac{-\mathrm{j}\omega QK}{\mathrm{j}\omega C + (1/R_F + \mathrm{j}\omega C_F)(1+K)}$$

同样,当 K 足够大时,有

$$U_0 = \frac{-\mathrm{j}\omega QK}{(1/R_F + \mathrm{j}\omega C_F)(1+K)} \approx \frac{-\mathrm{j}\omega Q}{1/R_F + \mathrm{j}\omega C_F} \tag{6.27}$$

上式表明,输出电压不仅与 Q 有关,而且与反馈网络的元件参数 C_F、R_F 和传感器信号频率 ω 有关,U_0 的幅值为

$$U_0 = \frac{-\omega Q}{\sqrt{(1/R_F)^2 + \omega^2 C_F^2}} \tag{6.28}$$

电荷放大器的 3dB 下限截止频率为

$$f_L = \frac{1}{2\pi R_F C_F}$$

低频时,输出电压与输入电荷之间的相位差为

$$\varphi = \arctan\left(\frac{1}{\omega R_F C_F}\right)$$

在截止频率处,$R_F = 1/\omega C_F$,则 $\varphi = 45°$,截止频率点有 45° 的相移。

如图 6.12 所示为电荷放大器原理图,主要由六部分组成,其中主电荷放大级是整个仪器的核心,包括高阻输入级、运算放大级、互补功放输出级三部分。互补功放输出级使电路提供给 C_F 必要的反馈电流。适调放大级的作用是当被测量一定时,用不同灵敏度的压电元件测量有相同的输出,实现综合灵敏度的归一化,以便记录和数据处理。滤波器备有不同截止频率的分档,应依据实际情况选择。

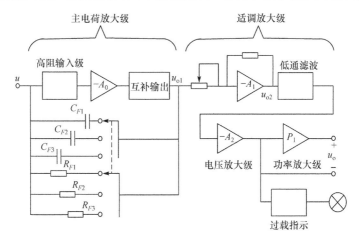

图 6.12　电荷放大器原理图

需要指出,电荷放大器虽然允许很长的电缆使用,并且电缆电容 C_c 的变化不影响灵敏度,它比电压放大器的价格高,电路较复杂,调整也比较困难。

6.5　压电式传感器的应用

由于外力作用在压电元件上产生的电荷只有在无泄漏的情况下才能保存,即

需要测量回路具有无限大的输入阻抗,这实际上是不可能的,因此压电式传感器不能用于静态测量。压电元件在交变力的作用下,电荷可以不断补充,供给测量回路以一定的电流,因此只适用于动态测量(一般必须高于 100Hz,但在 50kHz 以上时,灵敏度下降)。

6.5.1 压电式测力传感器

1. 单向力传感器

一种用于机床动态切削力测量的单向压电石英力传感器的结构如图 6.13 所示。压电元件采用 $xy(x_0°)$ 切型石英晶体,利用其纵向压电效应,实现力-电转换。它用两块石英晶片(Φ8mm×1mm)作传感元件,被测力通过传力上盖 1 使石英晶片 2 沿电轴方向受压力作用,由于纵向压电效应使石英晶片在电轴方向上出现电荷,两块晶片沿电轴方向并联叠加,负电荷由电极 3 输出,压电晶片正电荷一侧与底座连接。两片并联可提高其灵敏度。压力元件弹性变形部分的厚度较薄,其厚度由测力大小决定。这种结构的单向力传感器体积小、质量轻(仅 10g),固有频率高(50~60kHz),可检测高达 5000N 的动态力,分辨率为 10^{-3}N。

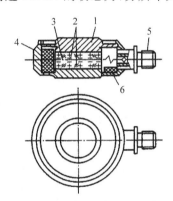

1—传力上盖;2—石英晶片;3—电极;4—底座;5—电极引出头;6—绝缘材料
图 6.13 YDS-781 压电式力传感器

2. 双向力传感器

双向力传感器用于测量垂直分力 F_x 与切向分力 F_y,或者测量互相垂直的两个切向分力,即 F_x 和 F_y。无论哪种测量,传感器的结构形式相似。如图 6.14 所示为双向压电石英晶片的力传感器结构,两组石英晶片分别测量两个分力,下面一组采用 $xy(x_0°)$ 切型,通过 d_{11} 实现力—电转换,测量轴向力 F_x;上面一组采用 yx($y_0°$)切型,晶片的厚度方向为 y 轴方向,在平行于 x 轴的剪切应力 τ_{xy}(在 xy 平面内)的作用下,产生厚度剪切变形。所谓厚度剪切变形是指晶体受剪切应力的面与产生电荷的面不共面,如图 6.14(b)所示。这一组石英晶体通过 d_{26} 实现力—电转换来测量 F_y。

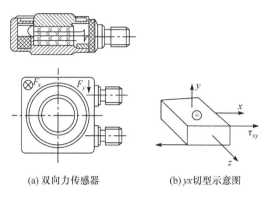

(a) 双向力传感器　　　　　(b)yx切型示意图

图 6.14　双向压电式力传感器

6.5.2　压电式加速度传感器

1. 工作原理

如图 6.15 所示为压电式加速度传感器的结构原理图。压电元件由两块压电片(石英晶片或压电陶瓷片)组成,在压电片的两个表面镀银并焊接输出引线,或在两块压电片之间夹金属薄片,输出引线焊接在金属薄片上,输出端的另一根引线直接与传感器基座相连。在压电元件上,以一定的预紧力安装惯性质量块,整个组件装在一个厚基座的金属壳体中。

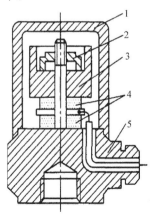

1—壳体;2—弹簧;3—质量块;4—压电晶体;5—基座

图 6.15　压电式加速度传感器

　　测量时,通过基座底部的螺孔将传感器与试件刚性固定在一起,传感器感受与试件相同频率的振动。由于压紧在质量块上的弹簧刚度很大,质量块的质量相对较小,可认为质量块的惯性很小,因此质量块也感受与试件相同的振动。质量块以正比于加速度的交变力作用在压电元件上,压电元件的两个表面就有交变电荷产生,传感器的输出电荷(或电压)与作用力成正比,即与试件的加速度成正比。

　　加速度压电式传感器的结构形式主要有压缩型、剪切型和组合型三种。剪切型压电式加速度传感器是利用压电片受剪切应力而产生压电效应的原理制成的,这类传感器的压电片多采用压电陶瓷。按压电片的结构形式不同,剪切型压电式加速度传感器又可分为柱形剪切型、三角剪切型、H 剪切型等,其结构如图 6.16 所示。

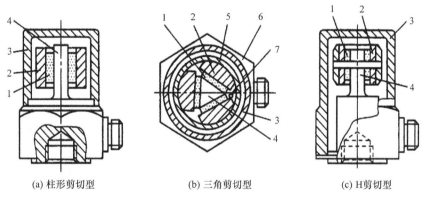

(a) 柱形剪切型　　　　(b) 三角剪切型　　　　(c) H剪切型

1—压电晶体;2—质量块;3—壳体;4—芯柱;5—预紧环;6—基座;7—电极引线

图 6.16　剪切型压电式加速度传感器

2. 应用举例

　　如图 6.17 所示为用压电式加速度传感器探测桥墩水下部位裂纹的示意图。通过放电炮的方式使水箱振动(激振器),桥墩将承受垂直方向的激励,用压电式加速度传感器测量桥墩的响应,将信号经电荷放大器放大后送入数据记录仪,再将记录的信号输入频谱分析设备,经频谱分析后就可判定桥墩有无缺陷。

　　图 6.17(a)为探测示意图。没有缺陷的桥墩为坚固整体,加速度响应曲线为单峰,如图 6.17(b)所示。若桥墩有缺陷,其力学系统变得更为复杂,激励后的加速度响应曲线将显示出双峰或多峰,如图 6.17(c)所示。

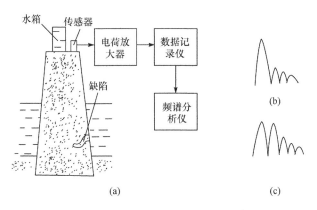

图 6.17　探测桥墩水下部分裂纹示意图

6.6　影响压电式传感器精度的因素分析

6.6.1　横向灵敏度

　　压电传感器的横向灵敏度是指当传感器感受到与其主轴向(轴向灵敏度方向)垂直的单位振动时的灵敏度,一般用它与主轴向灵敏度的百分比来表示,称为横向灵敏度比。横向灵敏度是衡量横向干扰效应的指标。理想的单轴压电传感器,应该仅对其轴向的作用力敏感,而对横向作用力不敏感。由于设计、制造、工艺及元件等方面的原因,这种理想情况是达不到的,往往会出现不重合现象,如图 6.18 所示。

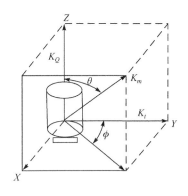

图 6.18　横向灵敏度图解

　　由图 6.18 可知,主轴方向灵敏度为

$$K_Q = K_m \cos\theta$$

垂直方向为

$$K_t = K_m \sin\theta \cos\phi$$

最大横向灵敏度比 $=\dfrac{K_t}{K_Q} \times 100\% = \tan\theta \cdot \cos\phi \times 100\%$

压电传感器产生横向灵敏度的原因如下。

① 机械加工精度不够。

② 装配过程中净化条件不够,灰层、杂质等污染传感器零件。

③ 压电转换元件自身存在缺陷,如切割精度不够,压电转换元件各部分压电常数不一致等。

消除横向灵敏度的技术途径如下。

① 从设计、工艺和使用诸方面确保力与电轴的一致。

② 尽量采取剪切型力-电转换方式。

较好的压电传感器可以保证横向灵敏度不大于 5%。

6.6.2　环境温度的影响

环境温度对传感器的影响主要通过三个因素,即压电材料的特性参数、某些压电材料的热释电效应、压电传感器的结构。

环境温度变化会使压电材料的压电常数 d、介电常数 ε、电阻率 ρ 和弹性系数 k 等机电特性参数发生变化。d 和 k 的变化将影响传感器的输出灵敏度;ε 和 ρ 的变化会导致时间常数 $\tau = RC$ 的变化,从而使传感器的低频响应发生变化。

某些铁电多晶压电材料具有压电效应,通常这种热电输出只对频率低于 1Hz 的缓变温度较敏感,从而影响准静态测量。在测量动态参数时,有效的办法是采用下限频率高于或等于 3Hz 的放大器。

瞬变温度对传感器的影响,除了引起压电元件热释电效应,还在传感器内部引起温度梯度,这一方面会产生热应力和寄生热电输出;另一方面也改变预紧力和传感器的线性度。因此,在高温环境进行低电平信号测量时,必须采取以下措施。

① 采用剪切式、隔离基座型结构,或使用时采用隔离安装销。

② 在压电元件受热冲击的一端设置有热导率小的材料做成的绝热片,或采用由大膨胀系统材料,陶瓷及铁镍青铜组合材料制成的温度补偿片,以实现高温下的结构等膨胀匹配,克服热力影响。

③ 采用水流式冷却装置,环境湿度主要影响压电元件的绝缘电阻,使其明显下降。因此,在采用水流式冷却装置工作的传感器,必须选用高绝缘材料,并采取防潮密封措施。

6.6.3　安装差异及基座应变

实际应用中,压电传感器安装的要求依据有:传感器与试件系统的安装谐振频率;传感器本身的固有频率;传感器和被测试件的质量。

压电传感器安装时需要保证传感器的敏感轴向与受力向的一致性不因安装而遭到破坏,以避免横向灵敏度的产生。为此,安装接触面要求有高的平行度、平直度和低的粗糙度。根据承载能力和频响特性所要求安装谐振频率,选择适当的安装方式。对刚度,质量和接触面小的试件,只能用微小型压电传感器测量。

6.6.4　电缆噪声

普通的同轴电缆是由聚乙烯或聚四氟乙烯做绝缘保持层的多股绞线组成,外部屏蔽是一个编织的多股镀银金属套包在绝缘材料上,工作时同轴电缆在振动或弯曲变形时,电缆屏蔽层、绝缘层和芯线间引起局部相对滑移摩擦和分离,而在分离层之间产生的静电感应电荷干扰,它将混入信号中被放大。为了减小这种噪声。可以使用特制的低噪声电缆,同时将电缆固紧,以免产生相对运动。

6.6.5　接地回路噪声

压电传感器接入二次测量线路或仪表构成测试系统后,由于不同电位处的多接地点,形成接地回路和回路电流所致产生噪声。防止这种噪声的有效办法是整个测量系统在一点接地,而且选择指示器的输入端为接地点。

除以上分析的几个因素,影响压电式传感器精度的还存在声场效应、磁场效应和射频场效应等因素。

习　　题

6.1　什么是压电效应? 压电效应有哪些种类? 压电传感器的结构和应用特点是什么? 能否用压电传感器测量静态压力?

6.2　为什么压电传感器通常都用来测量动态或瞬态参量?

6.3　影响压电式传感器精度的因素有哪些?

6.4　试比较石英晶体和压电陶瓷的压电效应。

6.5　设计压电式传感器检测电路的基本考虑因素是什么? 为什么?

6.6　简述压电式传感器分别与电压放大器和电荷放大器相连时各自的特点。

6.7　有一压电晶体,其面积 $S=3\mathrm{cm}^2$,厚度 $t=0.3\mathrm{mm}$,在零度 x 切型纵向石英晶体压电系数 $d_{11}=2.31\times10^{-12}\mathrm{C/N}$。求受到压力 $p=10\mathrm{MPa}$ 作用时产生的电荷 q 及输出电压 U_0(ε_0 真空介电常数,$\varepsilon_0=8.85\times10^{-12}\mathrm{F/m}$;$\varepsilon_r$ 石英晶体相对介电

常数 $\varepsilon_r = 4.5$)。

6.8　如图 6.19 所示的电荷放大器中 $C_a = 100\text{pF}$, $R_a = \infty$, $R_f = \infty$, $R_i = \infty$, $C_f = 10\text{pF}$。若考虑引线电容 C_c 影响，当 $A_0 = 10^4$ 时，要求输出信号衰减小于 1%，求使用 90pF/m 的电缆，其最大允许长度为多少？

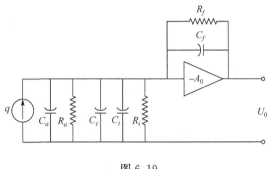

图 6.19

6.9　用石英晶体加速度传感器测量机器的振动，已知加速度传感器的灵敏度为 $5\text{pC}/g$(g 为重力加速度)，电荷放大器的灵敏度为 50mV/pC，当机器振动达到最大加速度时，相应的输出幅值为 2V，求机器的振动加速度($1\text{pC} = 10^{-12}\text{C}$)。

第 7 章　光电式传感器

光电式传感器(photoelectric sensor)是采用光电器件作为检测元件,把光信号转换成电信号的装置。它具有响应速度快、可靠性高、精度高、非接触式、适合于与计算机接口等特点,可以用于检测物体的外形尺寸、亮度、颜色、光反射分布等物理量,广泛应用于工业控制、精密仪器和通信导航等领域。近年来,随着光导纤维、CCD 器件等新型光电器件的不断涌现,特别是激光技术和图像技术的迅速发展,光电式传感器在非接触测量领域获得了广泛的应用。

7.1　光　电　效　应

光电式传感器的核心是具有光电效应的光电器件。所谓光电效应是指一束光照射到物体上时,物体吸收光子的能量发生相应电效应的现象。能够产生光电效应的物体称为光电材料。根据光电效应现象的不同特征,可以将光电效应分为外光电效应和内光电效应。

7.1.1　外光电效应

外光电效应是指在光的作用下,金属或半导体材料中的电子逸出物体表面向外发射的现象,因此也称为光电子发射效应。其代表性器件是光电管和光电倍增管。

光子是具有能量的粒子,每个光子具有的能量为

$$E = hf \tag{7.1}$$

其中,h 为普朗克常量;f 为光的频率。

根据爱因斯坦的光量子假设,一个光子的能量只能给一个电子,因此一个电子要从物体表面逸出,光子能量 E 必须大于表面逸出功 A_0,逸出物体表面的电子所具有的初始动能为

$$E_k = \frac{1}{2}mv^2 = hf - A_0 \tag{7.2}$$

其中,m 为电子质量;v 为电子逸出物体表面时的初始速度。

由上述分析过程可以得到如下结论。

① 每种物体在产生光电效应时都存在一个红限频率(也称截止频率),相应的波长称为红限波长。只有当入射光的频率不低于该物体的红限频率时,才能发生

外光电效应;否则,即使入射光的光强再大也无法使物体中的电子产生逸出现象。

② 外光电效应中产生的光电子的初始速度与入射光的频率有关,而与入射光的光强无关。

③ 外光电效应具有瞬时性。实验发现,入射光照到物体上产生光电子的响应时间不超过 1ns。

④ 光的频率一定时,入射光越强,一定时间内发射的光电子数目越多。

7.1.2 内光电效应

内光电效应是指在光的照射下,半导体材料中处于价带的电子吸收光子能量,通过禁带跃入导带,使导带内电子浓度和价带内空穴浓度增大,即激发产生光生电子-空穴对,从而使半导体材料的电性能发生变化的现象。

根据内光电效应的产生原理和爱因斯坦的光量子假设,光子能量 hf 必须大于材料的禁带宽度 ΔE_g 才能产生内光电效应。本征半导体的 ΔE_g 一般为 1eV 左右,如半导体硅的 $\Delta E_g = 1.2\text{eV}$,半导体锗的 $\Delta E_g = 0.75\text{eV}$。

内光电效应又可分为光电导效应和光生伏特效应。

① 光电导效应指高电阻率半导体在光照作用下体内产生电子-空穴对,使其导电性能增强的现象。

② 光生伏特效应指在光照作用下半导体 PN 结两端产生一定方向电动势的效应。当 PN 结两端没有外加电场时,其内建结电场的方向是从 N 区指向 P 区。当光照射在 PN 结上时,光照产生的电子-空穴对在内建结电场作用下,电子移向 N 区,空穴移向 P 区,从而使 P 区带正电,N 区带负电,形成一个因光照而产生的电动势。

内光电效应的代表性器件有光敏电阻、光敏二极管、光敏三极管和光电池。

7.2 光电式传感器

7.2.1 光电式传感器的组成

如图 7.1 所示,光电式传感器一般由光源、光通路、光电器件和测量电路组成。被测量可以通过两种方式引起光的变化:一种是被测量直接引起光源参数的变化(图 7.1 中的 x_1),另一种是被测量作用于光通路,引起到达光电器件的光参数发生变化(图 7.1 中的 x_2)。

光源的质量对测量结果有决定性的影响;光通路用于传递光信号或者实现被测量对光信号的调制;光电器件用于实现光信号到电信号的转换,常用的光电器件既包含光电管、光敏电阻、光敏晶体管、光电池等基本器件,也包含光电耦合器、图

图 7.1　光电式传感器的基本组成

像传感器等集成型器件;测量电路的作用是对光电器件输出的电信号进行放大或转换等进一步处理,从而使最终输出的电信号便于处理,不同光电器件选择的测量电路有所不同。

7.2.2　光电式传感器的分类

光电式传感器按照光电器件输出信号的性质可分为模拟式光电传感器和脉冲式光电传感器两大类。

1. 模拟式光电传感器

模拟式光电传感器将被测量转换成连续变化的电信号。这类传感器对光源的光照均匀性和稳定性要求较高,可用于测量位移、表面粗糙度、振动等参数。

根据被测物、光源、光电器件三者之间的关系,模拟式光电传感器又分为吸收式、反射式、遮光式和辐射式四种测量方式,如图 7.2 所示。

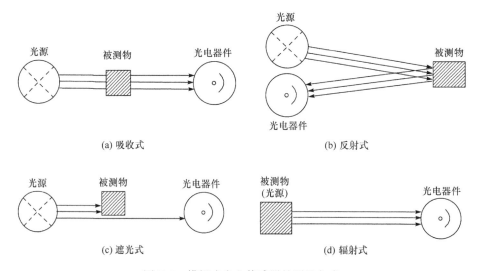

(a) 吸收式　　　　　　　　　　　　　(b) 反射式

(c) 遮光式　　　　　　　　　　　　　(d) 辐射式

图 7.2　模拟式光电传感器的测量方式

　（1）吸收式

　吸收式也称为透射式，如图 7.2(a)所示。光源发射的光穿过被测物并透射过去，其中一部分光被被测物吸收，剩余的光透射出去后被光电器件接收。被测物的透光特性发生变化时，透射光的光照度发生变化。典型应用有透明度计、浊度计等。

　（2）反射式

　如图 7.2(b)所示，被测物反射光源发射的光，光电器件接收反射光。反射光的光照度与反射物体表面的性质、状态和光源间的距离有关。这种测量方式可以用于测量物体表面的粗糙程度、反射率和距离等参数。

　（3）遮光式

　如图 7.2(c)所示，被测物遮挡住一部分光源发射的光，使到达光电器件的光照度发生变化。这种测量方式可用于测量位移、速度、狭缝尺寸、物体尺寸等参数。

　（4）辐射式

　如图 7.2(d)所示，光源本身是被测物，被测物发出的光照射到光电器件上，被测量的变化使照射到光电器件上的光参数发生变化。这种测量方式可以用于测量光源的光谱成分、光强等参数。

　2. 脉冲式光电传感器

　脉冲式光电传感器的光通路只有"通"与"断"两种状态，从而使光电器件呈现有信号输出和无信号输出两种状态，也称为开关式光电传感器。脉冲式光电传感器对于光源的均匀性和稳定性要求较低，主要用于计数、光控开关和光电报警器等场合。

7.2.3　光源

　一般而言，光电式传感器对光源的主要要求包括具有足够的光照强度；保证光照的均匀性；尽量选用发热量小的冷光源，否则要考虑散热处理；具有与光电器件相匹配的光谱范围。光源种类很多，常见的光源有以下几种。

　1. 白炽灯

　白炽灯，也叫钨丝灯，是将灯丝通电加热到白炽状态，利用热辐射发出可见光的电光源。白炽灯具有光谱连续、使用方便等优点，并有大量红外光谱成分。白炽灯近似于一个黑体辐射，通过玻璃泡的光线波长范围为 $0.4 \sim 3.0 \mu m$，其能量损失较大，寿命短。

　在白炽灯的基础上发展了体积和光衰极小的卤钨灯。卤钨灯发光强度稳定，寿命长，但价格昂贵，管壁温度高，必须在高温下工作，否则卤素循环就会完全停止。

2. 气体放电灯

气体放电灯是通过气体放电将电能转换为光的一种电光源,由气体、金属蒸气,以及几种气体与金属蒸气的混合放电而发光。气体放电种类很多,普遍使用的是辉光放电和弧光放电。辉光放电一般用于霓虹灯和指示灯,弧光放电可有很强的发光强度,照明光源都采用弧光放电。

气体放电灯的主要特点如下。

① 辐射光谱具有可选择性,通过选择适当的发光物质,可使辐射光谱集中于所要求的波长上,也可同时使用几种发光物质,以求获得最佳的组合光谱。

② 高效率,可以把 $25\% \sim 30\%$ 的输入电能转换为光输出。

③ 寿命长,使用寿命长达 1 万小时或 2 万小时以上。

④ 光输出的维持特性好,在寿命终止时仍能提供 $60\% \sim 80\%$ 的初始光输出。

3. 发光二极管(LED)

发光二极管是一种利用 PN 结把电能转变成光能的半导体器件,产生的光是非相干荧光。发光二极管一般是单色,辐射波长在可见或红外光区域。

与白炽灯泡和气体放电灯相比,发光二极管的优点主要有:体积小,可平面封装,耐振动;功耗低,仅为白炽灯的 1/8,发热少,是典型的冷光源;响应快,一般电量只需 1ms;易于与计算机系统连接;发光角度大,价格低廉,寿命长。综上所述,发光二极管是光纤通信和光传感系统的重要光源,其应用越来越普遍。

4. 激光器

激光器是一种新型光源,产生的光具有高方向性、高单色性、高稳定性、相干性好等特点。激光器按工作介质可分为气体激光器、固体激光器、半导体激光器和染料激光器四类。半导体激光器最适合与光敏器件匹配。

半导体激光器也称为半导体激光二极管,或简称激光二极管。半导体激光器是通过一定的激励方式(电注入、光泵或高能电子束注入),在半导体物质的能带之间或能带与杂质能级之间,通过激发非平衡载流子而实现粒子数反转,从而辐射出一定波长的光。

7.2.4 光电器件

光电器件是利用光电效应制作而成的器件,也称为光敏器件。基本光电器件主要有光电管、光电倍增管、光敏电阻、光敏二极管、光敏三极管和光电池。下面分别介绍这几种光电器件的结构、工作原理和特性。

1. 光电管和光电倍增管

(1) 结构和工作原理

光电管的种类很多,典型结构如图 7.3 所示,由玻璃壳、光阴极、阳极、引出插脚等构成。在玻璃壳的内半球面涂上光电材料作为光阴极,在玻璃壳的中心位置放置环形金属丝作为阳极。光阴极和阳极间加工作电压后,光阴极受到光照向外发射的电子被阳极吸引,向阳极方向移动,从而在光电管内形成空间电子流。若在外电路中串联一适当电阻,则该电阻产生与光电管内电流成正比的电压降。

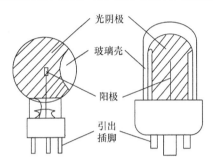

图 7.3　光电管的典型结构

光电管分为真空光电管和充气光电管两种。真空光电管和充气光电管的结构基本相同,但前者的玻璃壳是真空,后者的玻璃壳充有氩、氖等低压惰性气体。当充气光电管的光阴极被光照射时,光阴极产生的光电子在被吸向阳极的过程中与惰性气体碰撞,使惰性气体产生电离,从而使到达阳极的光电子增加,提高了光电管的灵敏度。

光电管的缺点是灵敏度低、体积大、易破损,适用于对较强的光信号检测,使用时要注意防震等。

当光照很弱时,光电管产生的电流很小,为提高灵敏度常常使用光电倍增管。光电倍增管是基于光电效应和二次电子发射效应的高灵敏度传感器。光电倍增管利用二次电子发射效应使逸出的光电子倍增,获得远高于光电管的灵敏度。如图 7.4 所示,光电倍增管的典型结构是在真空玻璃壳或金属容器中封闭有光阴极 K、阳极 A 和 n 个倍增极 $D_1, D_2, \cdots, D_n$(也称为次阴极)。光阴极 K 通常由逸出功较小的锑、铯等半导体光电材料制成。倍增极上涂有在电子轰击下可发射更多电子的材料,通常有 10~15 个倍增极。阳极收集电子,在外电路形成电流输出。

光电倍增管工作时,各倍增极上均加有加速电压,阴极 K 电位最低,从阴极开始,各个倍增极 $D_1, D_2, D_3, \cdots, D_n$ 电位逐渐升高,倍增极的加速电压有利于使二次电子发射系数 δ 大于 1。各倍增极的加速电压经分压电阻 R 分压供给。负载电阻 R_L 或灵敏检流计接在阳极 A 处。

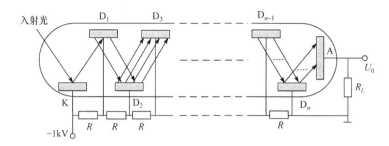

图 7.4　光电倍增管的典型结构

当有光子入射到光阴极 K 上时,在光阴极 K 和第一级倍增极 D_1 之间的加速电场作用下,光电子被加速后轰击第一级倍增极 D_1,从而使第一倍增极 D_1 产生二次电子发射。每一个电子的轰击约可产生 3～5 个二次电子,从而实现电子数目的放大。第一倍增极 D_1 产生的二次电子被第二倍增极 D_2 和第一倍增极 D_1 之间的电场加速后轰击第二倍增极 D_2,…,类似过程一直持续到第 n 倍增极 D_n。每经过一级倍增极,电子数目便被放大一次,最后一级倍增极 D_n 发射的电子被阳极收集。

光电倍增管的稳定性一般为 1% 左右,因此要求加速电压稳定性在 0.1% 以内。光电倍增管的灵敏度比普通光电管要高得多,可用来检测微弱光信号。光电倍增管高灵敏度和低噪声的特点,使其被广泛应用于微弱光信号的测量、核物理及频谱分析等方面。

(2) 特性

① 伏安特性。

伏安特性是指当入射光的频谱和光通量一定时,阳极电流 I 与阳极电压 U 之间的关系曲线。如图 7.5(a)所示为真空光电管的伏安特性曲线。当阳极电压比较低时,光阴极发射的电子只有一部分到达阳极,其余部分受光电子在真空中运动时形成的负电场作用,回到光阴极。随着阳极电压的增强,能够到达阳极的电子数量增多,阳极电流随之增大。当光阴极发射的电子全部到达阳极时,阳极电流达到饱和状态,此时阳极电压的增加将不再影响阳极电流的大小。选择光电管的工作点时,必须选在光电流与阳极电压无关的区域内,即饱和区域。

② 光电特性。

光电特性是指阳极电压一定时,阳极电流 I 与入射到光阴极上的光通量 Φ 之间的关系。如图 7.5(b)和图 7.5(c)所示分别为真空光电管和充气光电管的光电特性曲线。阳极电压一定时,光阴极上的光通量与阳极电流之间呈线性关系。与真空光电管不同,充气光电管的转换灵敏度随阳极电压的增加而增大。

③ 光谱特性。

光阴极对光谱的选择性导致光电管对光谱也有选择性。当保持光阴极上的光通量和阳极电压均不发生变化时,光电管的相对灵敏度 k 与入射光的波长 λ 之间的关系称为光电管的光谱特性。光电管的灵敏度是指一个光子照射到光阴极上后,阳极所得的总电子数。

不同光阴极材料的光电管一般具有不同的光谱特性曲线。图 7.5(d)中的Ⅰ、Ⅱ、Ⅲ 分别为光阴极涂有铯氧银、锑化铯时不同波长的灵敏度系数和人眼的视觉特征。由图 7.5(d)可以看到,光阴极涂有铯氧银时相对灵敏度的最大值位于红外线区域,而阴极涂有锑化铯时相对灵敏度的最大值位于紫外线区域。

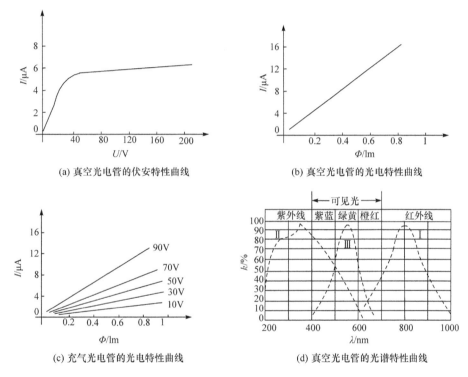

(a) 真空光电管的伏安特性曲线　　　　　　　(b) 真空光电管的光电特性曲线

(c) 充气光电管的光电特性曲线　　　　　　　(d) 真空光电管的光谱特性曲线

图 7.5　光电管的特性曲线

此外,光电管还有温度特性、疲劳特性、惯性特性和衰老特性等,使用时可参考产品说明书和有关手册。

光电倍增管主要有以下几种特性。

① 倍增系数 $M = c\delta^n$,其中 c 为收集系数,反映倍增极收集电子的效率;δ 为倍增极的二次电子发射系数;n 为倍增级的级数。

② 光阴极的灵敏度指一个光子射在光阴极上所能激发的电子数。光电倍增管的灵敏度指一个光子入射后,阳极所得到的总电子数。此值与倍增系数和光阴极的灵敏度相关。与光电信增管不同,当光电管工作在饱和区域时,其光阴极的灵敏度即为光电管的灵敏度。

③ 光电倍增管接上工作电压后,在没有光照的情况下阳极仍有一个很小的电流输出,该电流称为暗电流。暗电流是由热发射或者场致发射造成的。光电倍增管在工作时,其阳极输出电流由暗电流和信号电流两部分组成。当信号电流比较大时,暗电流的影响可以忽略,但是当光信号非常微弱,阳极信号电流很小,甚至和暗电流在同一数量级时,暗电流将严重影响光信号测量的准确性。一只性能好的光电倍增管需要其暗电流小,并且稳定。

④ 光电倍增管与闪烁体放在一处,在完全屏蔽光的情况下,出现的电流称为本底电流。本底电流具有脉冲形式,其值大于暗电流,增加的部分是由宇宙射线对闪烁体的照射激发的,被激发的闪烁体照射到光电倍增管上造成的。

2. 光敏电阻

(1) 结构和工作原理

光敏电阻是一种基于光电导效应制成的光电器件。由于半导体吸收光子产生的光电效应仅仅发生在光敏电阻表面层,因此光电半导体一般都做成薄层。光敏电阻的灵敏度易受湿度影响,因此要将其严密封装在玻璃壳体内,其结构如图 7.6 (a) 所示。图 7.6 (b) 为其俯视图。

光敏电阻的基本接线图如图 7.6 (c) 所示,在光敏电阻 R_G 的两端加直流或交流工作电压,当无光照射时,光敏电阻的电阻率很大,使光敏电阻呈高阻状态,流过光敏电阻的电流很小;当有光照射时,由于光敏材料吸收了光能,光敏电阻的电阻率变小,使其呈低阻状态,流过光敏电阻的电流增大。光照越强,光敏电阻阻值越小,流过光敏电阻的电流越大。当光照射停止时,光敏电阻又逐渐恢复高阻状态,流过光敏电阻的电流变小。

光敏电阻具有灵敏度高、可靠性好、光谱特性好、体积小、性能稳定、价格低廉等特点。

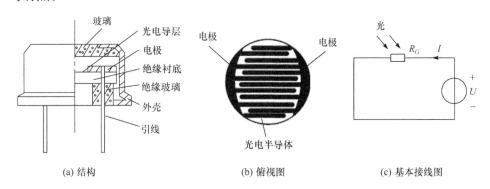

(a) 结构　　　　　　　　(b) 俯视图　　　　　　(c) 基本接线图

图 7.6　光敏电阻的结构和工作原理

(2) 特性

① 伏安特性。

光敏电阻的伏安特性如图 7.7(a)所示,当入射光的频谱和光通量一定时,随着光敏电阻两端电压 U 的增加,流过光敏电阻的电流 I 线性增大。光敏电阻受耗散功率的限制,其两端的电压不能超过最高工作电压,图中虚线为允许功耗曲线,由它可以确定光敏电阻的最高工作电压。

② 光电特性。

光敏电阻的光电特性如图 7.7(b)所示,当光敏电阻两端的电压一定时,随着照射到光敏电阻上光通量 Φ 的增加,光电流 I 逐渐增大。当照射到光敏电阻上的光通量 Φ 很小时,特性曲线近似为线性;随着光通量 Φ 的增加,线性关系变差;当光通量很大时,曲线近似为抛物线形。因此,光敏电阻不宜做测量元件,而是常在自动控制中用做光电开关。

③ 光谱特性。

不同材料制造的光敏电阻其光谱特性是不同的,某种材料制造的光敏电阻只对某一特定波长的入射光具有最高的灵敏度。光敏电阻按材料分为两种类型:本征型光敏电阻和掺杂型光敏电阻。目前市场上所采用的基本上是掺杂型光敏电阻,其光谱特性及最佳工作波长范围可分为三类:一类是紫外光敏感型光敏电阻,如硫化镉和硒化镉等;另一类是可见光敏感型光敏电阻,如硫化铊等;还有一类是红外光敏感型光敏电阻,如硫化铅等。它们的光谱特性曲线如图 7.7(c)所示。

④ 频率特性。

光电元件的频率特性是指其相对灵敏度 k 与入射光的调制频率 f_m 之间的关系。当光敏电阻受到光照射时,光电流要经过一段时间才能达到稳态值,而在停止光照后,光电流也不立刻为零,有一定的惰性。由于不同材料的光敏电阻的响应时间不同,因此它们的频率特性也不同。硫化铊和硫化铅光敏电阻的频率特性曲线如图 7.7(d)所示。光敏电阻的响应时间一般为 $10^{-2} \sim 10^{-3}$ s,与其他光电器件相比,其响应时间是最慢的。因此,光敏电阻通常都工作于直流或低频状态下。

⑤ 温度特性。

在一定的光照下,光敏电阻的阻值、灵敏度或光电流等特性受温度的影响。图 7.7(e)为硫化铅光敏电阻灵敏度的温度特性曲线。灵敏度的峰值随着温度上升向短波长方向移动。不同材料的光敏电阻,温度系数是不同的,显然光敏电阻的温度系数越小越好,对于温度系数较大的光敏电阻在使用时应考虑降温措施,改善光敏电阻的温度特性。

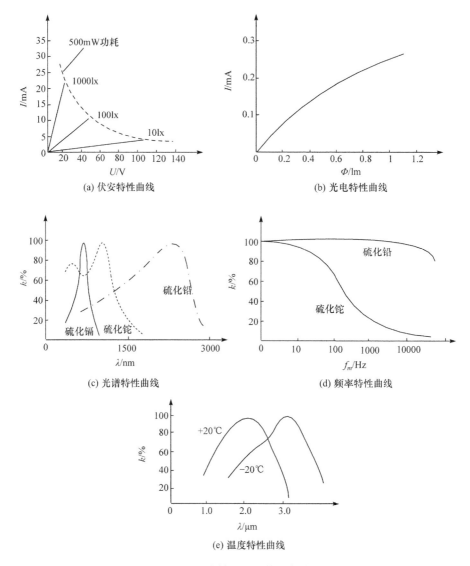

图 7.7　光敏电阻的特性曲线

3. 光敏二极管和光敏三极管

(1) 结构和工作原理

光敏二极管的结构如图 7.8(a)所示,光敏二极管的结构与普通二极管相似,由一个接有两根引线的 PN 结构成,其 PN 结对光敏感。光敏二极管外形特点是:顶部装有一个玻璃透镜制成的窗口,以便光线集中在 PN 结上;PN 结面积较大,从而增加受光面积;PN 结的结深较浅(小于 100nm),以便提高光电转换效率。

光敏二极管的符号和基本接线图分别如图 7.8(b)和图 7.8(c)所示。工作时，外加反向工作电压，当没有光照射时，光敏二极管的反向电阻很大，反向电流很小，处于截止状态；当有光照射时，光敏二极管的 PN 结附近产生光生电子-空穴对，电阻率减小，处于导通状态。当入射光的强度发生变化时，光生电子-空穴对的浓度也相应发生变化，因此通过光敏二极管的电流也随之发生变化。

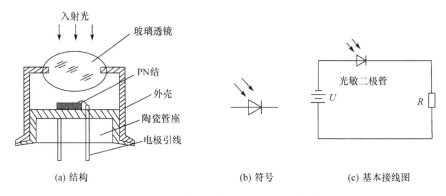

(a) 结构　　　　　　　　(b) 符号　　　　　　(c) 基本接线图

图 7.8　光敏二极管的结构、符号和基本接线图

光敏三极管有 NPN 和 PNP 型两种，下面以 NPN 型光敏三极管为例介绍其结构。如图 7.9(a)所示，在 N^+ 型硅衬底上生成一层 N 型硅作为三极管的集电极。然后，在其上掺杂形成 P 型区作为三极管的基极。在基极上再形成一个小的 N^+ 区作为发射极。为了让更多的入射光照射到集电结上，基极的面积要比发射极的面积大很多。

当光照射在集电结上时，就会在集电结附近产生光生电子-空穴对，在内建结电场的作用下，光生电子向集电极漂移，空穴留在基极，形成光电流 I_∞。该光电流 I_∞ 被三极管放大，若三极管的电流增益为 β，则三极管的发射极输出电流 $I_e = \beta I_\infty$。由此可见，光敏三极管产生的光电流比相应的光敏二极管的光电流大 β 倍，从而提高灵敏度和抗噪声能力。光敏三极管的符号和基本接线图分别如图 7.9(b)和图 7.9(c)所示。

(2) 特性

① 伏安特性。

硅光敏二极管和光敏三极管的伏安特性曲线如图 7.10 所示。可以看出，在反向电压 U 为零时，光敏二极管有光电流输出，而当三极管的集电极-发射极电压 U_{ce} 为零时，光敏三极管没有光电流。光敏二极管的光电流主要取决于光照强度，所加的反向电压对其影响比较小。光敏三极管的集电极-发射极电压对光电流的影响比较大，且其输出电流比相同管型的二极管大上百倍。

② 光电特性。

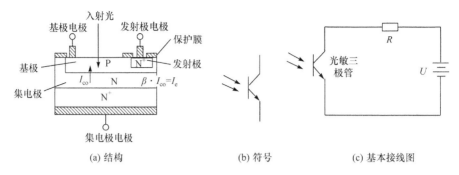

(a) 结构   (b) 符号   (c) 基本接线图

图 7.9 NPN 型光敏三极管的结构、符号和基本接线图

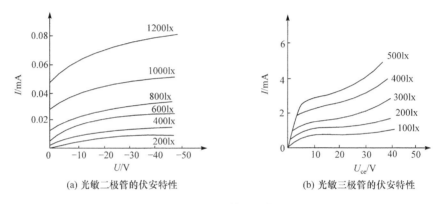

(a) 光敏二极管的伏安特性   (b) 光敏三极管的伏安特性

图 7.10 硅光敏晶体管的伏安特性

    光敏二极管和光敏三极管的光电特性如图 7.11 所示。可以看出,当光通量相同时,光敏三极管的光电流比光敏二极管的光电流大,这是因为光敏三极管具有电流放大作用。

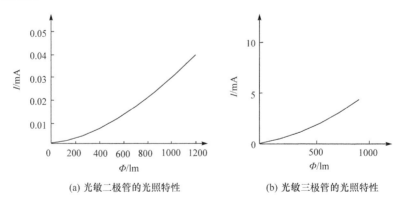

(a) 光敏二极管的光照特性   (b) 光敏三极管的光照特性

图 7.11 光敏晶体管的光照特性

③ 光谱特性。

光敏晶体管的光谱特性如图 7.12 所示。可以看出,当入射光的波长 λ 小于或大于峰值处波长时,硅和锗的相对灵敏度 k 都会下降。锗管的峰值波长约在 $1.5\mu m$ 附近,而硅管的幅值波长约在 $0.9\mu m$ 附近,因此一般测量可见光或赤热状态物体时用硅管,测量红外光时用锗管比较合适。

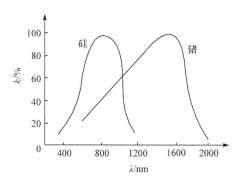

图 7.12　光敏晶体管的光谱特性

④ 频率特性。

光敏二极管和光敏三极管的频率特性如图 7.13 所示。其频率特性与负载电阻 R_L 的阻值相关,负载电阻阻值的减小能扩展频率响应范围,但会引起输出电压减小。一般来说,锗光敏晶体管的频率响应比硅光敏晶体管的频率响应小一个数量级。

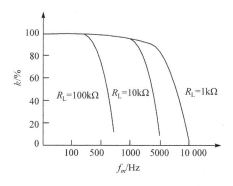

图 7.13　光敏晶体管的频率特性

⑤ 温度特性。

锗光敏晶体管的温度特性曲线如图 7.14 所示。可以看出,温度变化对暗电流影响较大,而对光电流影响较小。因此,使用时应对暗电流进行温度补偿,否则将导致输出误差。

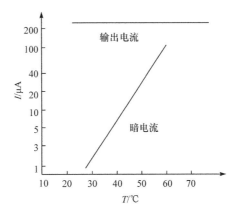

图 7.14　锗光敏晶体管的温度特性

4. 光电池

(1) 结构和工作原理

光电池是基于光生伏特效应制成的具有较大面积的 PN 结,是一种直接将光能转换为电能的光电器件。硒和硅是光电池最常用的材料。光电池的结构、工作原理及符号如图 7.15 所示。

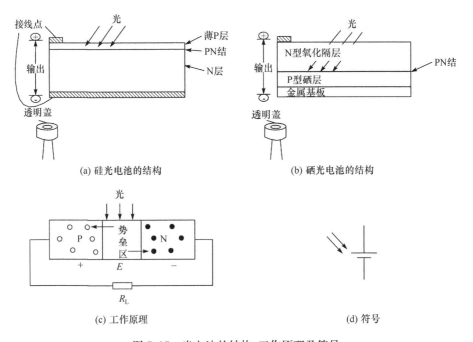

(a) 硅光电池的结构　　　　　　　　　　　　(b) 硒光电池的结构

(c) 工作原理　　　　　　　　　　　　　　(d) 符号

图 7.15　光电池的结构、工作原理及符号

硅光电池的结构如图 7.15(a)所示,在一块 N 型(或 P 型)硅片上,用扩散的方法掺入一些 P 型(或 N 型)杂质,形成一个大面积的 PN 结。硒光电池的结构如图 7.15(b)所示,在金属基板上沉积一层硒薄膜作为 P 区,然后加热使硒结晶,再把氧化镉沉积在硒层上形成 N 区,从而形成一个大面积的 PN 结。

如图 7.15(c)所示,当入射光照到 PN 结上时,PN 结附近激发光生电子-空穴对,在 PN 内建结电场作用下,光生电子被拉向 N 区,光生空穴被推向 P 区,形成 P 区为正,N 区为负的光生电动势 E。若将 PN 结与负载 R_L 相连接,则在电路上有电流通过。光电池的电路符号如图 7.15(d)所示。

(2) 特性

① 光电特性。

光电池的光电特性是指光生电动势 U(或光电流 I)与光通量 Φ 之间的特性曲线,如图 7.16(a)所示。可以看出,短路电流在很大范围内与光照度呈线性关系;开路电压与光照度的关系则是非线性的。因此,光电池作为检测元件使用时,应把它当做电流源的形式来使用,使其接近短路工作状态。需要指出的是,随着负载的增加,硒光电池的负载电流与光照之间的线性关系变差。

② 光谱特性。

图 7.16(b)为硒光电池和硅光电池的光谱特性曲线。可以看出,不同材料的光电池的光谱峰值位置是不同的,例如硅光电池可在 $0.45\sim1.1\mu m$ 使用,其灵敏度最大值在 $0.8\mu m$,而硒光电池在 $0.34\sim0.7\mu m$ 应用,其灵敏度最大值在 $0.5\mu m$ 附近。因此,在使用光电池时对光源要有所选择。

③ 频率特性。

图 7.16(c)为入射光调制频率 f_m 和光电池的灵敏度 k 之间的关系。可以看出,硅光电池具有较高的频率响应,而硒光电池的频率响应较差。

④ 温度特性。

图 7.16(d)为光电池的温度特性曲线。可以看出,开路电压随温度增加而下降的速度较快,而短路电流随温度上升而增加的速度却相对较慢。用光电池作为敏感元件时应考虑温度的漂移,需采取相应的措施进行补偿。

7.2.5　测量电路

不同光电器件的特性不同,导致所选用的测量电路也各不相同。下面介绍几种光电器件的测量电路。

1. 光电管的测量电路

光电管输出的电流通常都很小,因此不能直接驱动记录仪或者继电器,通常需要与放大器相连。如图 7.17 所示为两光电管组成的差动测量电路,其中 T_1 和 T_2

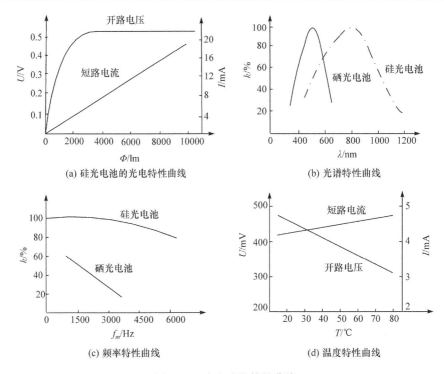

(a) 硅光电池的光电特性曲线　　　　(b) 光谱特性曲线

(c) 频率特性曲线　　　　(d) 温度特性曲线

图 7.16　光电池的特性曲线

为放大器。当被测量为零时,调节电位器 R_p,使指示仪表 P 的指针保持在零位。当被测量发生变化时,下光路发生变化,使光电管 7 产生的光电流发生变化,导致放大器 T_1 输出的变化,最终使指示仪表 P 的指针偏移零位,通过指针的偏移量可以读出被测量的大小。

这种电路可以解决光电管供电电压的变化和光电管特性随时间的变化引起的测量误差,但是存在两光电管的暗电流及灵敏度随时间变化的不一致性所带来的误差。

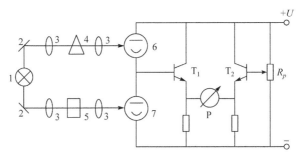

1—光源;2—镜面;3—透镜;4—光阑;5—被测物;6、7—真空光电管

图 7.17　两光电管组成的差动测量电路

2. 光敏电阻的测量电路

如图 7.18 所示为光敏电阻开关电路,其中三极管 T_1 和 T_2 构成施密特触发电路。当照射到光敏电阻上的光通量减少时,光敏电阻的阻值上升,引起 T_1 的基极电压上升,直到 T_1 导通。T_2 由于反馈而变为截止状态,此时 T_2 的集电极电压上升,直到大于稳压二极管 V_{DW1} 电压 0.7V 左右。稳压二极管 V_{DW1} 的电流使得三极管 T_3 导通,继电器被接通。电位器 R_p 用于调整电路的灵敏度。

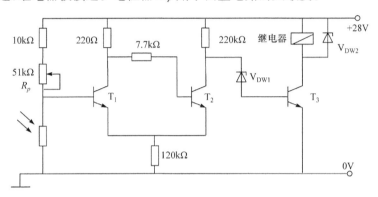

图 7.18　光敏电阻开关电路

3. 光敏三极管的测量电路

如图 7.19 所示为光敏三极管的开关电路,其中 T_1 为光敏三极管。当有光照时,光电流增加,三极管 T_2 导通,作用在三极管 T_3 和 T_4 组成的射极耦合放大器上,使输出电压 U_{se} 为高电平,反之输出电压 U_{se} 为低电平。该输出电压可送至计数器,用于测量转速和时间间隔等被测量。

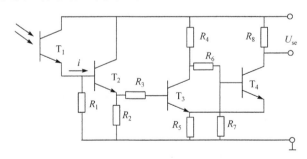

图 7.19　光敏三极管的开关电路

7.2.6　光电式传感器的应用

1. 光电式数字转速表

光电式数字转速表的工作原理如图 7.20 所示。在被测转速的电机上固定一个调制盘，当调制盘的齿位于光源和光电器件之间时，光线照射不到光电器件。当调制盘的槽位于光源和光电器件之间时，光线照射到光电器件，使照射到光电器件上的光是随时间变化的调制光。光线每照射到光电器件上一次，光电器件就产生一个电信号脉冲，经放大器整形后记录。若调制盘上开 Z 个槽，测量电路计数时间为 T，单位 s，被测转速为 N，单位 r/s，则此时得到的计数值 C 为

$$C = ZTN$$

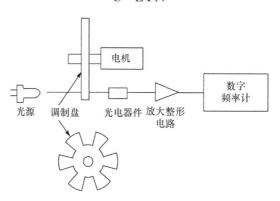

图 7.20　光电式数字转速表工作原理

2. 光电开关

光电开关是一种利用感光元件接收变化的入射光，经过某种形式的放大和控制，从而使输出信号呈现"开"、"关"两种状态的器件。光电开关广泛应用于工业控制、自动包装线及安全装置中，作为光控制和光探测装置。在自控系统中用作物体检测、产品计数、料位检测、尺寸控制、安全报警及计算机输入接口等。

图 7.21(a)是一种透射式的光电开关，其发光元件和接收元件的光轴是重合的。当不透明的物体位于或经过它们之间时，会阻断光路，使接收元件接收不到来自发光元件的光，从而起到检测作用。图 7.21(b)是一种反射式的光电开关，其发光元件和接收元件的光轴在同一平面且以某一角度相交，交点一般即为被测物所在处。当有物体经过时，接收元件将接收到从物体表面反射的光，没有物体经过时则接收不到光。光电开关的特点是小型、高速、非接触。

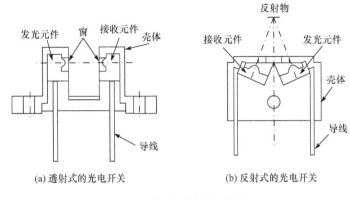

(a) 透射式的光电开关	(b) 反射式的光电开关

图 7.21　光电开关的工作原理

3. 基于光电耦合器的打火控制器

光电耦合器实际上是一种将发光元件和接收元件封装在一个外壳内的电量隔离转换器。为保证光电耦合器具有较高的灵敏度,发光元件和接收元件的波长必须匹配。光电耦合器具有抗干扰和单向信号传输功能,广泛应用于电路隔离、电平转换、噪声抑制、无触点开关及固态继电器等场合。

通常采用发光二极管作为光电耦合器的发光元件。随着发光二极管两端电压的不断增大,正向电流不断变大,发光二极管产生的光通量不断增加,当达到一定阈值时,接收元件开始工作。采用光敏三极管和达林顿光敏管作为接收元件的光电耦合器如图 7.22 所示。

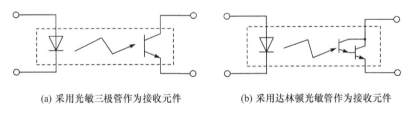

(a) 采用光敏三极管作为接收元件	(b) 采用达林顿光敏管作为接收元件

图 7.22　光电耦合器的组合形式

如图 7.23 所示的燃气热水器的高压打火电路就是一种基于光电耦合器的应用。为保证使用燃气热水器的安全性,必须确保在打火确认针产生火花后再打开燃气阀门;否则,燃气阀门关闭。

在高压打火时,火花电压高达 10 000 伏,这个高压对电路工作影响极大,为了使电路正常工作,采用光电耦合器 VB 进行电平隔离,可以大大增强电路抗干扰能力。当高压打火针对打火确认针放电时,光电耦合器中的发光二极管发光,耦合器中的光敏三极管导通,经三极管 T_1、T_2、T_3 放大,驱动强吸阀,将气路打开,燃气碰到火花即燃烧。若高压打火针与打火确认针之间不放电,则光电耦合器不工作,三极管 T_1、T_2 和 T_3 不导通,燃气阀门关闭。

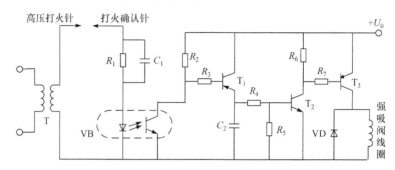

图 7.23　燃气热水器的高压打火电路

7.3　光纤传感器

　　光纤作为远距离传输光信号的介质,最初用于光通信领域。1977 年,光纤开始应用到传感器技术中,至今光纤传感器已日趋成熟。与传统传感器相比,光纤传感器具有灵敏度高、电绝缘性能好、结构简单、体积小、重量轻、不受电磁干扰、光路可弯曲、便于实现遥测、耐腐蚀、耐高温等优点。

　　光纤传感器可以测量位移、速度、加速度、压力、温度、液位、流量、水声、电流、磁场、放射性射线等物理量,其发展极为迅速,在制造业、军事、航天、航空、航海和其他领域有着广泛的应用。

7.3.1　光导纤维

1. 结构

　　光导纤维(光纤)的基本结构如图 7.24 所示,由一个圆柱形纤芯、包层、保护套组成。光主要在纤芯中传输,纤芯由很细的石英玻璃制成,处于光纤的中心部位。围绕着纤芯的是包层,其材料是玻璃或塑料。最外层是保护套,用于保护包层。

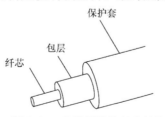

图 7.24　光导纤维的基本结构

2. 导光原理

光纤传光的基础原理是光的全反射现象。假设纤芯的折射率为 n_1，包层的折射率为 n_2，且 $n_1 > n_2$。如图 7.25 所示，当光以入射角 θ 从折射率为 n_0 的介质入射到光纤端面后，在纤芯内的折射角为 γ，到纤芯与包层的交界面处的入射角为 $\alpha(\alpha = 90° - \gamma)$，当入射角 α 大于纤芯与包层的临界角 α_c 时，即

$$\alpha > \alpha_c = \arcsin(n_2 / n_1) \tag{7.3}$$

入射光在纤芯和包层的交界面发生全反射，并在纤芯内部以同样的角度 α 不断循环反射，最终将入射光从光纤的一端传到另一端。若光纤两端的介质相同，则光的出射角将与入射角相等，即出射角为 θ。

光纤内产生全反射的最大入射角 θ_c 满足下式，即

$$n_0 \sin\theta_c = n_1 \sin\gamma = n_1 \cos\alpha_c = n_1 (1 - \sin^2\alpha_c)^{\frac{1}{2}} \tag{7.4}$$

结合式(7.3)可知，$n_0 \sin\theta_c = (n_1^2 - n_2^2)^{\frac{1}{2}}$，一般 $n_0 = 1$。

最大入射角 θ_c 的正弦函数称为数值孔径，用 NA 表示，即

$$NA = \sin\theta_c = \frac{1}{n_0}\sqrt{n_1^2 - n_2^2} \tag{7.5}$$

数值孔径是光纤的一个重要性能参数，表示光纤的集光能力。数值孔径越大，光纤的集光能力越强，光纤与光源之间的耦合越容易。

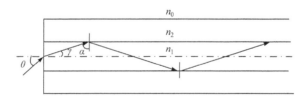

图 7.25　光纤的导光原理

3. 光纤的种类

按照纤芯到包层的折射率分布，光纤可分为阶跃型光纤和渐变型光纤。如图 7.26(a)和图 7.26(b)所示，阶跃型光纤的折射率在纤芯中保持不变，在纤芯与包层的交界面处产生突变。渐变型光纤如图 7.26(c)所示，在横截面中心处的折射率最大，其值由中心向外逐渐变小，到纤芯边界处时变为包层折射率。通常渐变型光纤的折射率变化呈抛物线形式，即在中心轴附近的折射率梯度最陡，而接近边缘处的折射率减小得非常缓慢，从而保证光束集中在光纤轴线附近传输。

按照传输模式，光纤可分为单模光纤和多模光纤。如图 7.26(a)所示，单模光纤的纤芯很细(芯径一般为 9μm 或 10μm)，只能传输基模成分，其他高次模被截

止。利用单模光纤制成的传感器,其线性较好、灵敏度较高、动态测量范围较大,常用于功能型光纤传感器,但纤芯太小使得制造、连接和耦合较为困难。如图 7.26(b) 和图 7.26(c)所示,多模光纤的纤芯较粗(一般为 $50\mu m$、$62.5\mu m$ 或 $100\mu m$),可传多种模式的光。多模光纤的性能较差,但容易制造且连接耦合比较方便,常用于非功能型光纤传感器。

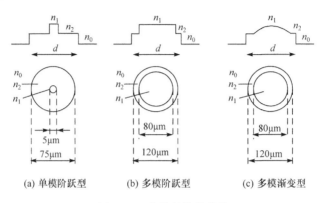

(a) 单模阶跃型　　　　(b) 多模阶跃型　　　　(c) 多模渐变型

图 7.26　光导纤维的种类

7.3.2　光纤传感器的分类

根据光纤在传感器中的作用,通常将光纤传感器分为功能型(FF 型)和非功能型(NFF 型)两大类。

1. 功能型光纤传感器

在功能型光纤传感器中,光纤一方面起传输光的作用;另一方面是敏感元件。功能型光纤传感器是通过被测量影响光纤中光信号的属性(光强、相位等)制成的一类传感器。如图 7.27 所示,光电器件位于光纤的输出端,接收被调制的光信号,并使之转变为电信号。此类传感器的优点是结构紧凑、灵敏度高,但是需要使用单模光纤,成本高。

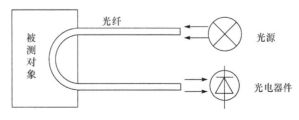

图 7.27　功能型光纤传感器的原理

2. 非功能型光纤传感器

如图 7.28 所示,非功能型光纤传感器中的光纤只起传光作用,不作为敏感元件,通过放置在光纤的端面或两根光纤中间的光学材料及机械式或光学式的敏感元件感受被测量的变化。此类光纤传感器大多采用多模光纤,比较容易实现,成本低,但灵敏度也较低,应用于对灵敏度要求不太高的场合。目前,常见的大部分光纤传感器是非功能型的。

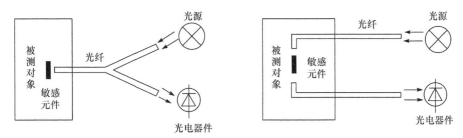

图 7.28　非功能型光纤传感器的原理

7.3.3　光纤传感器的应用

1. 光纤微弯曲压力传感器

光纤微弯曲压力传感器是对光强度进行调制的功能型光纤传感器。其原理如图 7.29 所示,在未受外界压力的直线段,由于光的入射角 α_1 大于临界角 α_c,光在纤芯和包层的交界面产生全反射。当光传输到微弯曲段时,入射角 α_2 小于临界角 α_c,一部分光透射进入包层,致使光的部分能量被损耗。根据接收到的光强,可以测量压力的大小。

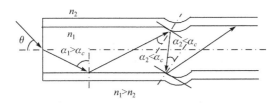

图 7.29　光纤微弯曲对传输光的影响

图 7.30 是光纤微弯曲压力传感器的结构原理图。光纤微弯曲压力传感器由两块波形板,一根光纤组成。其中一块波形板是活动板,另一块波形板是固定板。波形板一般采用尼龙、有机玻璃等非金属材料制成。光纤从两个波形板之间通过,

当活动板受到压力作用时,光纤就会发生微弯曲,使传输光的部分能量被损耗。当活动板的压力增大时,泄漏进入包层的散射光随之增多,引起光纤纤芯输出光的光强减小;反之,光纤纤芯输出光的光强增大。

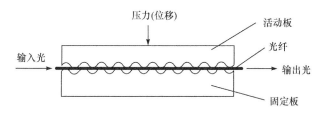

图 7.30　光纤微弯曲压力传感器结构原理图

2. 光纤位移传感器

如图 7.31(a)所示的光纤位移传感器是非功能型光纤传感器的典型应用。如图所示,入射光纤照亮被测表面的区域为 A,接收光纤的光锥区域为 C,当光纤探头端部紧贴被测件时,A 和 C 无重叠部分,入射光纤中的光不能经接收光纤到达光电器件,光电器件中无电信号输出。当被测表面逐渐远离光纤探头时,区域 A 的面积逐渐增大,入射光锥 A 和接收光锥 C 的重合面积 B 越来越大,进入接收光纤的光强逐渐增大,光纤传感器的输出信号线性增长。当整个接收光锥 C 被全部照亮时,光纤传感器的输出信号达到最大值。当被测表面继续远离时,入射光锥 A 大于接收光锥 C,即有部分反射光没有进入接收光纤,光电器件接收到光强减小,其输出信号逐渐减弱。图 7.31(b)为相对光强与探头和被测表面之间的距离 d 的关系示意图,曲线 Ⅰ 段范围窄,但灵敏度高、线性好,适用于测微小位移和表面粗糙度;曲线 Ⅱ 段,输出信号的减弱速度与距离 d 平方成反比。

3. 光纤流速传感器

如图 7.32 所示为光纤流速传感器的结构示意图。将一根多模光纤垂直装入流体管道,根据流体力学原理,当液体或气体流经与其垂直的光纤时,流体受到光纤的阻碍形成有规则的旋涡,旋涡的频率与流体的流速近似成正比。在多模光纤的输出端,各模式的光形成干涉光斑,没有外界干扰时,干涉图样是稳定的;当受到外界干扰时,干涉图样的明暗相间的斑纹或斑点会随着振动周期的变化而移动。根据斑纹或斑点的移动可测出相应的振动频率,进一步得出流体的流速。

光纤流速传感器可测量液体和气体的流量,没有活动部件,测量可靠,对流体的流动几乎不产生阻碍作用。

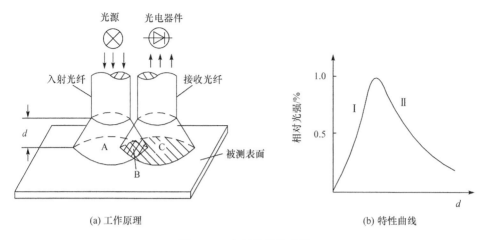

(a) 工作原理　　　　　　　　　　(b) 特性曲线

图 7.31　光纤位移传感器

图 7.32　光纤流速传感器

4. 光纤液位传感器

如图 7.33 所示为一种光纤液位传感器的结构示意图。该传感器由两组光纤系统构成,一组光纤系统实现液面上限的检测,另一组实现液面下限的检测。每组光纤系统由光源、入射光纤、透镜、接收光纤和光电器件构成。入射光纤和接收光纤如图 7.33(b)所示,分别按某一角度安装在容器的两侧。

当入射光纤和接收光纤之间无液体时,由于两者之间有一定角度,接收光纤无法接收到入射光纤的光信号;当入射光纤和接收光纤之间有液体时,由于液体对光的折射,接收光纤接收到光信号,因此可以判断液面是否达到上、下限的位置。

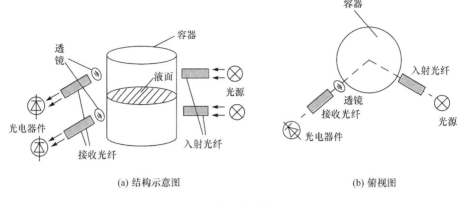

(a) 结构示意图　　　　　　　　　　　　　　　(b) 俯视图

图 7.33　光纤液位传感器

7.4　CCD 图像传感器

图像传感器是利用光电器件的光电转换功能,将感光面上的光学影像转换为与其成比例关系的电信号。与光敏二极管和光敏三极管等"点"光源的光敏元件相比,图像传感器是将其感光面上的光学影像分成许多小单元(像素),将其转换成可用的电信号的一种功能器件。图像传感器主要有真空管图像传感器和半导体图像传感器两大类。随着数字技术的发展,真空管图像传感器逐渐被半导体图像传感器代替。

半导体图像传感器可以在一个器件上完成光电信号转换、信息存储、传输和处理,具有体积小、重量轻、集成度高、分辨率高、功耗低、寿命长、价格低等特点。半导体图像传感器由光敏元件阵列和电荷转移器件集成而成,其核心是电荷转移器件。常用的电荷转移器件有电荷耦合器件(CCD)、电荷注入器(CID)、电荷引发器(CPD)等,其中 CCD 的应用最为广泛。本节主要介绍 CCD 图像传感器的相关知识。

7.4.1　CCD 图像传感器的工作原理

一个完整的 CCD 图像传感器由光敏单元、转移栅、移位寄存器及一些辅助输入、输出电路组成。CCD 工作时,在设定的积分时间内由光敏单元对光信号进行取样,将光的强弱转换为各光敏单元的信号电荷多少。取样结束后,各光敏单元的信号电荷由转移栅转移到移位寄存器的相应单元中。移位寄存器在驱动时钟的作用下,将信号电荷顺次转移到输出端。将输出信号接到示波器、图像显示器或其他信号存储、处理设备中,就可对信号进行存储或再现处理。

1. CCD 的 MOS 结构及存储电荷原理

CCD 的基本单元是 MOS 电容器,这种电容器能存储电荷,其结构如图 7.34 所示。以 P 型硅为例,通过氧化在 P 型硅衬底上形成 SiO$_2$ 层,然后在 SiO$_2$ 上淀积一层金属作为电极,P 型硅里的多数载流子是带正电荷的空穴,少数载流子是带负电荷的电子,当金属电极上施加正电压 V 时,其电场能够透过 SiO$_2$ 绝缘层对这些载流子进行排斥或吸引。于是带正电的空穴被排斥到远离电极处,剩下的带负电的少数载流子在紧靠 SiO$_2$ 层形成负电荷层,称为耗尽层。由于电场作用,电子一旦进入耗尽层就不能复出,因此又称耗尽层为电子势阱。

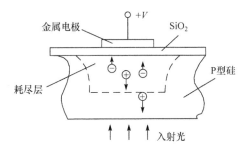

图 7.34　CCD 结构和工作原理图

当器件受到光照时(光可从各电极的缝隙间经过 SiO$_2$ 层射入,或经衬底的薄 P 型硅射入),光子的能量被半导体吸收,产生电子-空穴对,这时出现的电子被吸引存储在势阱中。入射光越强,产生的电子-空穴对越多,势阱中收集的电子越多;入射光越弱,势阱中收集的电子越少。这样势阱中收集的电子数量反映入射光的强弱,从而反映图像的明暗程度,实现光信号到电信号的转换。

上述结构实质上是微小的 MOS 电容,用它构成像素,若能设法把各个电容里的电荷依次传送到输出端,再组成行和帧,并经过"显影"实现图像的传递。

2. 电荷的转移与传输

CCD 的移位寄存器是一列排列紧密的 MOS 电容器,其表面由不透光的铝层覆盖,以实现光屏蔽。由上面可知,MOS 电容器上的电压愈高,产生的势阱越深,当外加电压一定时,势阱深度随势阱中电荷量的增加而线性减小。利用这一特性,通过控制相邻 MOS 电容器栅极电压高低来调节势阱深浅。制造时将 MOS 电容紧密排列,使相邻的 MOS 电容势阱相互"沟通"。相邻 MOS 电容两电极之间的间隙足够小(目前工艺可做到 0.2μm),在信号电荷自感生电场的库仑力推动下,就可使信号电荷由浅处流向深处,实现信号电荷转移。为了保证信号电荷按确定路线转移,通常 MOS 电容阵列栅极上所加电压脉冲为严格满足相位要求的二相、三相或四相系统的时钟脉冲。下面主要介绍三相 CCD 的结构及工作原理。

简单的三相 CCD 结构如图 7.35(a)所示。每一级也叫一个像元,有三个相邻电极,每隔两个电极的所有电极(如 1、4、7,…,2、5、8,…,3、6、9,…)连接在一起,由三个相位相差 120° 的时钟脉冲 ϕ_1、ϕ_2、ϕ_3 来驱动,故称三相 CCD。图 7.35(d)给出了三相时钟的时序信号。

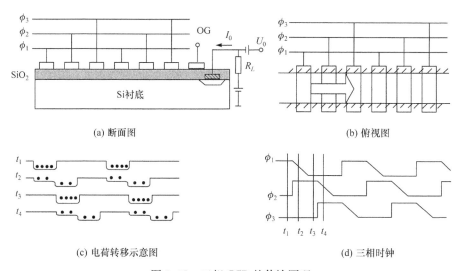

(a) 断面图　　　　　　　　　　　　　　(b) 俯视图

(c) 电荷转移示意图　　　　　　　　　(d) 三相时钟

图 7.35　三相 CCD 的传输原理

t_1 时刻,第一相时钟 ϕ_1 处于高电压,ϕ_2 和 ϕ_3 处于低电压。这时第一组电极(1、4、7,…)下面形成深势阱,在这些势阱中可以储存信号电荷形成的"电荷包"。

t_2 时刻,ϕ_1 电压线性减少,ϕ_2 成为高电压,ϕ_3 仍处于低电压,在第一组电极下的势阱变浅,而第二组电极(2、5、8,…)下形成深势阱,且与第一组电极下的势阱交叠,因此信息电荷从第一组电极下的势阱逐渐扩散漂移到第二组电极下的势阱,由于 ϕ_3 处于低电压,第二组电极下的势阱中的电荷不能向第三组电极下的势阱扩散漂移。

t_3 时刻,ϕ_2 为高压,ϕ_1 和 ϕ_3 为低电压。此时,第一组电极下的势阱中的信息电荷全部转移到第二组电极下的势阱中。由于 ϕ_3 处于低电压,因此信号电荷不能继续前进,这样便完成了信息电荷由第一组电极下的势阱转移到第二组电极下的势阱的一次转移,如图 7.35(c)所示。

重复上述类似过程,信息电荷可从第二组电极下的势阱转移到第三组电极下的势阱,当三相时钟电压循环一个时钟周期时,电荷包向右转移一级。依此类推,信号电荷一直由电极 1～N 向右移,直到输出端。

3. 电荷读出方法

CCD 的信号电荷读出方法如图 7.35(a)所示,在线阵末端衬底上扩散形成输出二极管,当二极管加反向偏置时,在 PN 结区产生耗尽层。当信号电荷通过输出栅 OG 转移到二极管耗尽区时,将作为二极管的少数载流子形成反向电流输出。输出电流的大小与信息电荷大小成正比,并通过负载电阻 R_L 变为信号电压 U_0 输出。

7.4.2　CCD 图像传感器的分类

CCD 图像传感器按其像素的空间排列可分为线阵 CCD 和面阵 CCD。线阵 CCD 用于捕捉一维图像,也可结合附加的机械扫描得到二维图像。面阵 CCD 具有呈二维矩阵排列的感光单元,可以获取二维图像。下面介绍线阵 CCD 的相关知识。

最简单的线阵 CCD 是单通道式的,其结构如图 7.36 所示。它包括感光区和传输区两部分。感光区由一列光敏单元组成,传输区由转移栅和移位寄存器组成。光照产生的信号电荷存储于感光区的势阱中,接通转移栅,信号电荷流入传输区。传输区是遮光的,以防止光生噪声电荷的干扰。

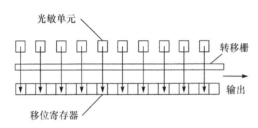

图 7.36　单通道线阵 CCD 的结构

为了防止信号电荷在转移过程中的损失,转移次数应尽可能少,因此可以采用双通道式 CCD。双通道式 CCD 的结构如图 7.37 所示。两个移位寄存器平行排列在感光区两侧,信号电荷产生后,奇数位置上的光敏单元中的信号电荷转移到移位寄存器 1 串行输出;偶数位置上的光敏单元中的信号电荷转移到移位寄存器 2 串行输出,最后上下输出的信号电荷合二为一,恢复信号电荷的原来顺序。显然,

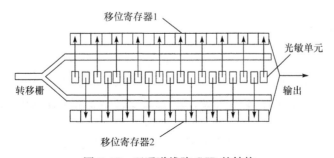

图 7.37　双通道线阵 CCD 的结构

双通道式 CCD 中的信号电荷的传输次数可以减少一半,降低传输损失。

7.4.3　CCD 图像传感器的应用

　　由于 CCD 的像元尺寸小、几何精度高,配置适当的光学系统,即可获得很高的空间分辨率,特别适用于各种精密图像传感和无接触工件尺寸的在线检测。CCD 的输出信号易于数字化处理,易于与计算机连接组成实时自动测量控制系统,可以广泛用于光谱测量及光谱分析、文字与图像识别、光电图像处理、传真、复印、条形码识别及空间遥感等众多领域。

　　1. 缺陷检测系统

　　当光照物体时,使不透明物体的表面缺陷或透明物体的体内缺陷与其材料背景相比有足够的反差,只要缺陷面积大于两个光敏单元,该缺陷就可被 CCD 图像传感器检测到。这种缺陷检测方法适用于多种情况,如检查磁带上的小孔,玻璃中的针孔、气泡和夹杂物等。

　　如图 7.38 所示的钞票检测系统就是上述缺陷检测方法的一种应用。两列被检钞票分别通过两个图像传感器的视场,并使其成像,从而输出两列视频信号。把这两列视频信号送到比较器进行处理,如果其中一张有缺陷,则两列视频信号就会有显著不同的特征,经过比较器就会发现这一特征,从而证实缺陷的存在。

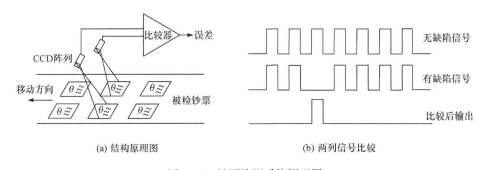

(a) 结构原理图　　　　　　　　　　　　　　(b) 两列信号比较

图 7.38　钞票检测系统原理图

　　2. 微小尺寸检测系统

　　一般采用激光衍射的方法对细丝、狭缝、微小位移、微小孔等进行测量,微小尺寸可达到 $10\sim500\mu m$。其原理图如图 7.39 所示,当激光照射到细丝上时,会产生衍射图像。当满足远场条件时,根据夫琅禾费衍射公式可得到衍射图像中暗纹的间距,即

$$d=L\lambda/\alpha \tag{7.6}$$

其中,λ 为激光波长;L 为被测细丝到线阵 CCD 的距离;α 为被测细丝的直径。

　　用线阵 CCD 测出衍射图像中暗纹的间距 d,即可推导出细丝的直径 α。

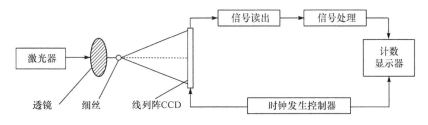

图 7.39 微小尺寸检测系统原理图

习　题

7.1　什么是光电效应？光电效应有哪几种？

7.2　光电式传感器由哪些部分组成？被测量可以影响光电式传感器的哪些部分？

7.3　简述光电倍增管的工作原理。

7.4　模拟式光电传感器有哪些工作方式？

7.5　采用波长为910nm的砷化镓二极管作为光源时，适合采用哪几种光电器件作为测量元件，为什么？

7.6　假设有硫化铊光敏电阻、硫化铅光敏电阻和硅光敏三极管，用可见光作为光源，请按下列条件选择合适的光电器件。

①　制作光电开关，开关频率为10Hz。

②　制作光电开关，开关频率为100kHz。

③　做线性测量元件，响应时间为 10^{-1} s。

7.7　光电器件的光谱特性和频率特性有什么区别？在选用光电器件时应怎样考虑光电器件的这两种特性？

7.8　光敏二极管与普通二极管有什么不同？

7.9　若要设计一种光电传感器，用于控制路灯的自动亮灭，使路灯天黑自动亮，天亮自动灭，可以选择哪种光电器件？这是利用该光电器件的哪种特性？

7.10　光电耦合器的基本结构是什么？光电耦合器有哪些优点？

7.11　简述光纤的结构和原理，并指出光纤传光的必要条件。

7.12　某一阶跃型光纤的纤芯折射率为1.35，包层折射率为1.34，外部介质为空气。求数值孔径和最大入射角。

7.13　光纤传感器有哪两大类型？它们之间有何区别？

7.14　光纤传感器具有哪些优点。

7.15　简述CCD的电荷转移过程。

第8章 热电式传感器

热电式传感器(thermoelectric sensor)是利用敏感元件将温度的变化转换成电动势或电阻的变化,再经过相应的测量电路输出电压或者电流,从而达到检测温度的目的。热电式传感器分为热电偶式传感器、金属热电阻式传感器和热敏电阻式传感器等。

在实际工作中,热电式传感器除了可以测量温度,还可以测量某些物理、化学性质与温度有一定相关性的物理量,如气体成分、金属材质等。热电式传感器广泛应用于工农业生产、家用电器、医疗仪器、火灾报警,以及海洋气象等诸多领域。

8.1 热电偶式传感器

1821 年,德国物理学家塞贝克将两种不同的金属导线首尾相连,形成一个具有两个接触点(称为接点或端点)的闭合回路后发现:如果把其中的一个接点加热到很高的温度而另一个接点保持低温,则电路周围存在磁场。这种现象的产生是因为温度梯度导致电流产生,从而在导线周围产生磁场。热电偶式传感器就是利用这一物理现象制造成的。

热电偶式传感器是目前使用最广的接触式测温装置,具有结构简单、制造方便、性能稳定、测温范围宽、正确度高、信号可远距离传输等优点。

8.1.1 热电效应

如图 8.1 所示,两种不同材料的导体(或半导体)A 和 B 组合成闭合回路,当两接点分别处于温度 T 和 T_0 时,回路中会产生电动势。闭合回路称为热电偶,相应的电流称为热电流,导体 A 和 B 称为热电极。测温时,处于被测温度场的接点称为测量端(工作端或热端),处于某一恒温场中的接点称为参考端(自由端或冷端)。

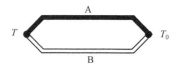

图 8.1 热电效应原理图

研究发现,热电动势是由两种导体的接触电动势和单一导体的温差电动势两部分构成。

1. 两导体的接触电动势

如图 8.2 所示,当两种不同材料的导体 A 和 B 接触时,两种导体中的自由电子密度不同,设导体 A 中的自由电子密度大于导体 B 中的自由电子密度,则由导体 A 扩散到导体 B 的自由电子要比从导体 B 扩散到导体 A 的自由电子多。因此,导体 A 失去电子带正电荷,导体 B 得到电子带负电荷。在 A 和 B 两种导体的接触处形成一个由导体 A 到导体 B 的电场。该电场将阻碍扩散作用继续进行。当扩散作用与阻碍扩散作用相等时,扩散达到动态平衡,导体 A 与 B 的接触处形成稳定的接触电动势。

当导体 A 和 B 接点的温度为 T 时,接点的接触电动势为

$$E_{AB}(T) = \frac{kT}{e} \ln \frac{N_A}{N_B} \tag{8.1}$$

其中,$e = 1.6 \times 10^{-19}$ C 为电子电量;$k = 1.38 \times 10^{-23}$ J/K 为玻尔兹曼常数;N_A 和 N_B 为分别为导体 A 和 B 的自由电子密度。

$E_{AB}(T)$ 中下角标 AB 的顺序表示接触电动势的参考方向,即由导体 A 到导体 B。当下角标的顺序改变时,接触电动势的符号也应随之改变,即 $E_{AB}(T) = -E_{BA}(T)$。

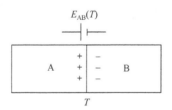

图 8.2　接触电动势示意图

2. 单一导体的温差电动势

对于单一导体,如果两端分别置于不同的温度场 T 和 T_0 中(图 8.3),则高温端自由电子比低温端自由电子的动能大,因此高温端自由电子的扩散速率比低温端自由电子的扩散速率大,从而使高温端失去电子带正电荷,低温端得到电子带负电荷,导体两端产生一个由高温端指向低温端的电场。该电场将阻碍自由电子从高温端向低温端扩散,最终扩散运动达到动态平衡状态,在导体的两端形成稳定的温差电动势。

当金属材料 A 两端的温度为 T 和 T_0 时,A 两端的温差电动势为

$$E_A(T, T_0) = \int_{T_0}^{T} \sigma_A dt \qquad (8.2)$$

其中,σ_A 为导体 A 的汤姆孙系数(汤姆孙系数是导体两端的温度差为 1℃时产生的温差电动势)。

$E_A(T, T_0)$ 中参数 (T, T_0) 的顺序表示热电动势的参考方向为由温度为 T 的一端到温度为 T_0 的一端。因此,当参数 (T, T_0) 的顺序改变时,电动势的符号也应随之改变,即 $E_A(T, T_0) = -E_A(T_0, T)$。

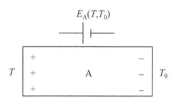

图 8.3　温差电动势示意图

3. 热电偶回路的总热电动势

当 A 和 B 两导体两端连接形成如图 8.1 所示热电偶回路后,若两接点的温度分别为 T 和 T_0,则如图 8.4 所示,在两个接点位置分别存在接触电动势 $E_{AB}(T)$ 和 $E_{AB}(T_0)$,在 A 和 B 两导体中分别存在温差电动势 $E_A(T, T_0)$ 和 $E_B(T, T_0)$。那么,热电偶回路的总电动势 $E_{AB}(T, T_0)$ 为

$$\begin{aligned} E_{AB}(T, T_0) &= E_{AB}(T) - E_{AB}(T_0) + E_B(T, T_0) - E_A(T, T_0) \\ &= \frac{k(T - T_0)}{e} \ln \frac{N_A}{N_B} + \int_{T_0}^{T} (\sigma_B - \sigma_A) dt \qquad (8.3) \end{aligned}$$

其中,$E_{AB}(T, T_0)$ 的下角标 AB 和参数 (T, T_0) 的顺序共同表示热电动势的参考方向。

因此,当单独改变下角标 AB 或参数 (T, T_0) 的顺序时,热电动势的符号也应随之改变,即 $E_{AB}(T, T_0) = -E_{BA}(T, T_0) = -E_{AB}(T_0, T) = E_{BA}(T_0, T)$。

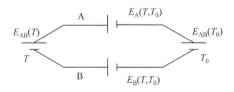

图 8.4　总热电动势示意图

根据以上推导过程,可得出如下结论。

① 热电偶回路中总电动势的大小只与组成热电偶的导体材料和两接点的温

度有关,而与热电偶的形状和尺寸无关。

② 当热电偶两电极的材料相同,即 $N_A = N_B$,$\sigma_A = \sigma_B$ 时,即使两接点温度不同,闭合回路的总热电动势仍为零。因此,测温时必须采用两种不同的材料构成热电偶。

③ 如果热电偶两接点温度相同,闭合回路中的总热电动势为零。

实验证明,在由导体构成的热电偶回路中起主要作用的是两导体的接触电动势,单一导体的温差电动势只占极小部分,可以忽略不计,因此式(8.3)可以近似表示为

$$E_{AB}(T,T_0) \approx E_{AB}(T) - E_{AB}(T_0) = \frac{k(T-T_0)}{e}\ln\frac{N_A}{N_B} \tag{8.4}$$

热电偶两电极材料确定后,热电动势便是两接点温度 T 和 T_0 的函数。如果使参考端温度 T_0 保持不变,即 $E_{AB}(T_0) = C$ 为常数,则热电动势便成为测量端温度 T 的单值函数,即

$$E_{AB}(T,T_0) = E_{AB}(T) - C = f(T) \tag{8.5}$$

在实际测温中,只要测出 $E_{AB}(T,T_0)$ 的大小,就可得到被测温度 T,这就是热电偶式传感器的测温原理。

4. 热电偶的分度表

热电偶的线性较差,通常采用查热电偶分度表的方法进行测量。通过实验将不同温度下测得的结果列成表格,编制出热电动势与温度的对照表,即热电偶分度表。在分度表中,首行和首列都是温度值,行与列的交汇处为当前温度下的热电动势值。以如表 8.1 所示的 S 型(铂铑-铂)热电偶为例,若要读取 280℃时的热电动势值,可先从首列找到 200℃,再从首行找到 80℃,行列交汇处即为 280℃时热电动势的值 2.141mV。中间值按线性内插法计算。需要注意的是,直接从热电偶的分度表查温度与热电动势的关系时,参考端的温度必须为 0℃。各类热电偶分度表的详细内容参考 GB/T 16839.1—1997。

表 8.1 S 型(铂铑-铂)热电偶的分度表

测量端温度/℃	0	10	20	30	40	50	60	70	80	90
	热电动势/mV									
0	0.000	0.055	0.113	0.173	0.235	0.299	0.365	0.432	0.502	0.573
100	0.645	0.719	0.795	0.872	0.950	1.029	1.109	1.190	1.273	1.356
200	1.440	1.525	1.611	1.698	1.785	1.873	1.962	2.051	2.141	2.232
300	2.323	2.414	2.506	2.599	2.692	2.786	2.880	2.974	3.069	3.164

测量端温度/℃	0	10	20	30	40	50	60	70	80	90
	热电动势/mV									
400	3.260	3.356	3.452	3.549	3.645	3.743	3.840	3.938	4.039	4.135
500	4.234	4.333	4.432	4.532	4.632	4.732	4.832	4.933	5.034	5.136
600	5.237	5.339	5.442	5.544	5.648	5.751	5.855	5.960	6.064	6.169
700	6.274	6.380	6.486	6.592	6.699	6.805	6.913	7.020	7.128	7.236
800	7.345	7.454	7.563	7.672	7.782	7.892	8.003	8.114	8.225	8.336
900	8.448	8.560	8.673	8.786	8.899	9.012	9.126	9.240	9.355	9.470
1000	9.585	9.700	9.816	9.32	10.048	10.165	10.282	10.400	10.517	10.635
1100	10.754	10.872	10.991	11.110	11.229	11.348	11.467	11.587	11.707	11.827
1200	11.947	12.067	12.188	12.308	12.429	12.550	12.671	12.792	12.913	13.034
1300	13.155	13.276	13.397	13.519	13.640	13.761	13.883	14.004	14.125	14.247
1400	14.368	14.489	14.610	14.731	14.852	14.973	15.094	15.215	15.336	15.456
1500	15.576	15.697	15.817	15.937	16.057	16.176	16.296	16.415	16.534	16.653
1600	16.771	16.890	17.008	17.125	17.245	17.360	17.477	17.594	17.711	17.826

8.1.2　热电偶的基本定律

用热电偶式传感器测量温度时,还需要解决一系列的实际问题,本节介绍的几个相关定律可以为解决实际问题提供依据。

1. 中间导体定律

在实际测温时,必须在热电偶回路中引入连接导线和仪表,而连接导线的材料一般与热电极的材料不同。

中间导体定律指出,在热电偶回路中接入第三种导体时,如果第三种导体两端温度相同,那么回路中的总热电动势不变。

如图 8.5(a)所示,在原有两种导体 A 和 B 的连接处引入第三种导体 C。设导体 A 与 B 接触点的温度为 T,A 与 C、B 与 C 两接触点的温度为 T_0,则热电偶回路中的总电动势为

$$E_{ABC}(T,T_0)=E_{AB}(T)+E_{BC}(T_0)+E_{CA}(T_0)+E_B(T,T_0)-E_A(T,T_0) \quad (8.6)$$

假设 A、B、C 串接回路中三个接点的温度相同 $T=T_0$,则回路总电动势为零,即

$$E_{AB}(T_0)+E_{BC}(T_0)+E_{CA}(T_0)=0 \quad (8.7)$$

代入式(8.6),可得

$$E_{ABC}(T,T_0)=E_{AB}(T)-E_{AB}(T_0)+E_B(T,T_0)-E_A(T,T_0)=E_{AB}(T,T_0)$$
$$(8.8)$$

同样的方法可证明,对于如图 8.5(b)所示的连接方式,中间导体定律同样成立。

上述定律推而广之,在回路中接入多种导体,只要保证每种导体两端温度相同,对回路的总电动势则无任何影响。热电偶的这种性质在实际应用中有着重要的意义,人们可以方便地在回路中直接接入各种类型的显示仪表或调节器,也可以将热电偶的两端直接插入液态金属中或直接焊在金属表面进行温度测量。

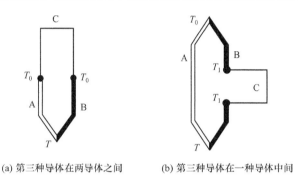

(a) 第三种导体在两导体之间　　　(b) 第三种导体在一种导体中间

图 8.5　中间导体定律示意图

2. 标准电极定律

标准电极定律指出,如果将导体 C(一般为纯铂丝)作为标准电极(也称参考电极),并已知标准电极 C 与任意导体 A、B 分别配对时的热电动势 $E_{AC}(T,T_0)$ 和 $E_{BC}(T,T_0)$,如图 8.6 所示,则在相同接点温度下,导体 A、B 所构成热电偶的热电动势 $E_{AB}(T,T_0)$ 等于标准电极 C 分别与导体 A 和 B 配对时的热电动势之差,即

$$E_{AB}(T,T_0)=E_{AC}(T,T_0)-E_{BC}(T,T_0) \qquad (8.9)$$

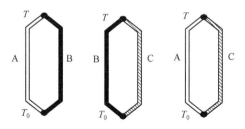

图 8.6　标准电极定律示意图

其证明过程如下。

已知

$$E_{AC}(T,T_0)=E_{AC}(T)-E_{AC}(T_0)+E_C(T,T_0)-E_A(T,T_0) \qquad (8.10)$$

$$E_{BC}(T,T_0)=E_{BC}(T)-E_{BC}(T_0)+E_C(T,T_0)-E_B(T,T_0) \quad (8.11)$$

两式相减,得

$$E_{AC}(T,T_0)-E_{BC}(T,T_0)$$
$$=[E_{AC}(T)-E_{BC}(T)]-[E_{AC}(T_0)-E_{BC}(T_0)]+E_B(T,T_0)-E_A(T,T_0)$$
$$(8.12)$$

其中

$$\begin{cases} E_{AC}(T)-E_{BC}(T)=\dfrac{kT}{e}\ln\dfrac{N_A}{N_C}-\dfrac{kT}{e}\ln\dfrac{N_B}{N_C}=\dfrac{kT}{e}\ln\dfrac{N_A}{N_B}=E_{AB}(T) \\ E_{AC}(T_0)-E_{BC}(T_0)=\dfrac{kT_0}{e}\ln\dfrac{N_A}{N_C}-\dfrac{kT_0}{e}\ln\dfrac{N_B}{N_C}=\dfrac{kT_0}{e}\ln\dfrac{N_A}{N_B}=E_{AB}(T_0) \end{cases}$$

因此,式(8.12)可改写为

$$E_{AC}(T,T_0)-E_{BC}(T,T_0)$$
$$=E_{AB}(T)-E_{AB}(T_0)+E_B(T,T_0)-E_A(T,T_0)=E_{AB}(T,T_0) \quad (8.13)$$

标准电极定律是一个非常实用的定律。纯金属的种类很多,合金类型更多,要得到所有导体组合成的热电偶的热电动势,其工作量是非常大的。利用标准电极定律可以大大简化热电偶选配电极的工作。由于纯铂丝具有物理化学性能稳定、熔点高和易提纯等优点,常将其作为标准电极,只要测得各种金属导体与纯铂所构成热电偶的热电动势,则各种金属导体之间相互组合而构成热电偶的热电动势就可根据标准电极定律直接计算出来,而不需要逐个进行测定。

例 8.1 热端为 100℃,冷端为 0℃时,镍铬合金与纯铂组成的热电偶的热电动势为 2.95mV,而铜镍合金与纯铂组成的热电偶的热电动势为 -4.0mV,求镍铬合金和铜镍合金所构成热电偶的热电动势?

解 已知镍铬合金 A 与纯铂 C 组成的热电偶的热电动势为 $E_{AC}(T,T_0)=$ 2.95mV,铜镍合金 B 与纯铂 C 组成的热电偶的热电动势为 $E_{BC}(T,T_0)=-$ 4.0mV,则根据标准电极定律,镍铬合金 A 和铜镍合金 B 所构成热电偶的热电动势为

$$E_{AB}(T,T_0)=E_{AC}(T,T_0)-E_{BC}(T,T_0)$$
$$=2.95mV-(-4.0mV)$$
$$=6.95mV$$

3. 连接导体定律和中间温度定律

工业应用时,为保证参考端不受被测对象温度的影响,必须使参考端远离被测对象,而热电偶由于受到材料价格的限制不可能做得很长。可以采用与热电偶有相同热电特性的、廉价的补偿导线来解决这一问题。连接导体定律对此作出了解释。

连接导体定律指出,在热电偶回路中,如果热电极 A、B 分别与连接导线 A′、B′相连接,A 与 A′的接点和 B 与 B′的接点温度均为 T_n,如图 8.7 所示,则回路中的总热电动势 $E_{ABB'A'}(T,T_n,T_0)$ 等于热电偶 AB 在接点温度为 T 和 T_n 时的热电动势 $E_{AB}(T,T_n)$ 与热电偶 A′B′在接点温度为 T_n 和 T_0 时的热电动势 $E_{A'B'}(T_n,T_0)$ 的代数和,即

$$E_{ABB'A'}(T,T_n,T_0)=E_{AB}(T,T_n)+E_{A'B'}(T_n,T_0) \tag{8.14}$$

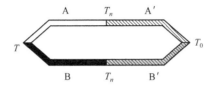

图 8.7　连接导线的热电偶回路

其证明过程如下。

回路中总的热电动势为

$$E_{ABB'A'}(T,T_n,T_0)=E_{AB}(T)+E_{BB'}(T_n)+E_{B'A'}(T_0)+E_{A'A}(T_n)$$
$$-E_A(T,T_n)-E_{A'}(T_n,T_0)+E_{B'}(T_n,T_0)+E_B(T,T_n) \tag{8.15}$$

由于

$$E_{BB'}(T_n)+E_{A'A}(T_n)=\frac{kT_n}{e}\ln\frac{N_B}{N_{B'}}+\frac{kT_n}{e}\ln\frac{N_{A'}}{N_A}=\frac{kT_n}{e}\ln\left(\frac{N_B}{N_{B'}}\frac{N_{A'}}{N_A}\right)$$

$$=\frac{kT_n}{e}\ln\frac{N_{A'}}{N_{B'}}-\frac{kT_n}{e}\ln\frac{N_A}{N_B}=E_{A'B'}(T_n)-E_{AB}(T_n)$$

代入式(8.15)可得

$$E_{ABB'A'}(T,T_n,T_0)=E_{AB}(T)+E_{B'A'}(T_0)+E_{A'B'}(T_n)-E_{AB}(T_n)$$
$$-E_A(T,T_n)-E_{A'}(T_n,T_0)+E_{B'}(T_n,T_0)+E_B(T,T_n) \tag{8.16}$$

将 $E_{B'A'}(T_0)=-E_{A'B'}(T_0)$ 代入式(8.16),可得

$$E_{ABB'A'}(T,T_n,T_0)=[E_{AB}(T)-E_{AB}(T_n)+E_B(T,T_n)-E_A(T,T_n)]$$
$$+[E_{A'B'}(T_n)-E_{A'B'}(T_0)+E_{B'}(T_n,T_0)-E_{A'}(T_n,T_0)]$$

$$=E_{AB}(T,T_n)+E_{A'B'}(T_n,T_0)$$

连接导体定律为补偿导线的使用提供了理论依据。

如果 A 与 A′ 材料相同，B 与 B′ 材料相同，连接导体定律可写为

$$E_{AB}(T,T_n,T_0)=E_{AB}(T,T_n)+E_{AB}(T_n,T_0) \qquad (8.17)$$

这就是中间温度定律，T_n 称为中间温度。在实际热电偶测温回路中，利用中间温度定律可对参考端温度不为 0℃ 的热电动势进行修正。

8.1.3　热电偶的结构、材料及分类

1. 结构

为了适应不同生产对象的测温要求和条件，热电偶有普通型热电偶、铠装型热电偶和薄膜型热电偶等不同的结构。

（1）普通型热电偶

普通型热电偶在工业上使用最多，可以直接测量生产过程中 0～1800℃ 的液体、蒸汽和气体介质及固体的表面温度。普通型热电偶常见外形结构如图 8.8 所示，由热电极、绝缘管、保护套管和接线盒等部分组成。

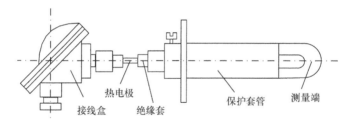

图 8.8　普通型热电偶的结构示意图

热电极又称偶丝。普通金属制成的偶丝，其直径一般为 0.5～3.2mm，贵金属制成的偶丝，直径一般为 0.3～0.6mm。偶丝的长度由使用情况、安装条件，特别是测量端在被测介质中插入的深度来决定，一般为 300～2000mm，常用的长度为 350mm。

绝缘管又称绝缘子，用于热电极之间及热电极与保护套管之间的绝缘保护。形状一般为圆形或椭圆形，中间开有两个、四个或六个孔，热电极从孔中穿过。绝缘管的材料一般为黏土质、高铝质、刚玉质等，材料选用由使用的热电极决定。在室温下，绝缘管的绝缘电阻应在 5MΩ 以上。

保护套管是用于保护热电偶感温元件免受被测介质化学腐蚀和机械损伤的装置。保护套管应具有耐高温、耐腐蚀等性能，要求导热性能好，气密性好。其材料有金属、非金属及金属陶瓷三大类。金属材料有铝、黄铜、碳钢、不锈钢等。非金属

材料有高铝质（85％～90％Al_2O_3）、刚玉质（99％Al_2O_3），使用温度都在 1300℃ 以上。金属陶瓷材料使用温度在 1700℃，且在高温下有很好的抗氧化能力，适用于钢水温度的连续测量，形状一般为圆柱形。

接线盒是用于固定接线座和连接补偿导线的装置。普通式接线盒无盖，仅由盒体构成，其接线座用螺钉固定在盒体上，适用于环境条件良好、无腐蚀性气体的现场。防溅式、防水式接线盒有盖，且盖与盒体是由密封圈压紧密封，适用于雨水能溅到的现场或露天设备现场。插座式接线盒结构简单、安装所占空间小、接线方便，适用于需要快速拆卸的环境。

（2）铠装型热电偶

铠装型热电偶又称套管热电偶，是由热电极、绝缘材料和金属套管三者经拉伸加工而成的坚实组合体，如图 8.9 所示。铠装型热电偶具有能任意弯曲、耐高压、坚固耐用、测温端热容量小、动态响应快、可安装在结构复杂的装置上等优点，因此被广泛应用在工业部门中。

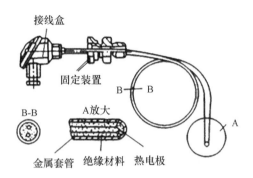

图 8.9　铠装型热电偶的结构示意图

（3）薄膜型热电偶

薄膜型热电偶是由两种薄膜热电极材料用真空蒸镀、化学涂层等方法蒸镀到绝缘基板上而制成的一种特殊热电偶，如图 8.10 所示。薄膜型热电偶的测量端接点可以做得很小（0.01～0.1μm），具有热容量小、反应速度快等特点，热响应时间达到微秒级，适用于微小面积上的表面温度以及快速变化的动态温度测量。

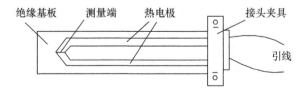

图 8.10　薄膜型热电偶的结构示意图

2. 材料

根据热电效应原理,任意两种不同材料的导体都可以作为热电极组成热电偶,但在实际应用中,一般希望用作热电极的材料具备下面几方面的条件。

① 温度测量范围广。要求在规定的温度测量范围内有较高的测量精确度,有较大的热电动势。温度与热电动势的关系是单值函数,最好呈线性关系。

② 性能稳定。要求在规定的温度测量范围内,热电性能稳定,均匀性和复现性好。

③ 物理、化学性能好。要求在规定的温度测量范围内,不产生蒸发现象,有良好的化学稳定性、抗氧化性或抗还原性。

在实际应用中很难找到一种能完全符合上述要求的材料。一般来说,纯金属的热电极容易复制,但其热电动势较小;非金属热电极的热电动势较大,熔点高,但复制性和稳定性都较差;合金热电极的热电性能和工艺性能介于两者之间,实际测量中可根据具体情况和测量环境进行选择。

3. 分类

热电偶的种类很多,各种分类方式也不尽相同。按照工业标准化的要求,可分为标准化热电偶和非标准化热电偶两大类。

(1) 标准化热电偶

所谓标准化热电偶是指已列入国际和国家标准化文件中,具有统一分度表的热电偶。这类热电偶工艺上比较成熟,能批量生产,性能稳定,应用广泛,精度有一定保证,并有配套的显示、记录仪表可供选用。同一精度等级的标准化热电偶可相互替换,这为使用提供了方便。目前国际电工委员会推荐了八种标准型热电偶,其型号和电极用英文字母表示,第一个字母表示热电偶的类型,即分度号,第二个字母为 P 或 N,分别表示热电偶的正、负电极。我国采用国际标准并制定了热电偶的系列型谱。标准化热电偶的名称、分度号、精度等级等主要性能指标如表 8.2 所示。标准化热电偶的分度表见 GB/T 16839.1—1997。

(2) 非标准化热电偶

非标准化热电偶发展很快,主要目的是进一步扩展高温和低温的测量范围。例如,钨铼系列热电偶最高测量温度可达 2800℃。目前我国已有产品,并建立了我国的行业标准,但由于对这一类热电偶的研究还不够成熟,因此还没有建立国际统一的标准和分度表,使用前需个别标定。

表 8.2　标准化热电偶的主要性能指标

热电偶名称	热电极识别		分度号（新）	允许偏差*		
	极性	识别		等级	使用温度/℃	允许值(±)
铜-铜镍	正	红色	T	Ⅰ	−40~125	0.5℃
				Ⅰ	125~350	0.4%×|t|
				Ⅱ	−40~133	1℃
	负	银白色		Ⅱ	133~350	0.75%×|t|
				Ⅲ	−67~40	1℃
				Ⅲ	−200~−67	1.5%×|t|
镍铬-铜镍	正	暗绿	E	Ⅰ	−40~375	1.5℃
				Ⅰ	375~800	0.4%×|t|
				Ⅱ	−40~333	2.5℃
	负	亮黄		Ⅱ	333~900	0.75%×|t|
				Ⅲ	−167~40	2.5℃
				Ⅲ	−200~−167	1.5%×|t|
铁-铜镍	正	亲磁	J	Ⅰ	−40~375	1.5℃
				Ⅰ	375~750	0.4%×|t|
	负	不亲磁		Ⅱ	−40~333	2.5℃
				Ⅱ	333~750	0.75%×|t|
镍铬-镍硅	正	不亲磁	K	Ⅰ	−40~375	1.5℃
				Ⅰ	375~1000	0.4%×|t|
				Ⅱ	−40~333	2.5℃
	负	稍亲磁		Ⅱ	333~1200	0.75%×|t|
				Ⅲ	−167~40	2.5℃
				Ⅲ	−200~−167	1.5%×|t|
镍铬硅-镍硅	正	不亲磁	N	Ⅰ	−40~375	1.5℃
				Ⅰ	375~1000	0.4%×|t|
				Ⅱ	−40~333	2.5℃
	负	稍亲磁		Ⅱ	333~1200	0.75%×|t|
				Ⅲ	−167~40	2.5℃
				Ⅲ	−200~−167	1.5%×|t|

热电偶名称	热电极识别		分度号（新）	允许偏差		
	极性	识别		等级	使用温度/℃	允许值（±）
铂铑₁₀-铂	正	较硬	S	I	0～1100	1℃
				I	1100～1600	$1+0.3\%\times(t-1100)$
	负	柔软		II	0～600	1.5℃
				II	600～1600	$0.25\%\times|t|$
铂铑₁₃-铂	正	较硬	R	I	0～1100	1℃
				I	1100～1600	$1+0.3\%\times(t-1100)$
	负	较软		II	0～600	1.5℃
				II	600～1600	$0.25\%\times|t|$
铂铑₃₀-铂铑₆	正	较硬	B	III	600～800	4℃
	负	较软		III	800～1700	$0.5\%\times|t|$

* t 为被测温度。

8.1.4　热电偶的测温电路

热电偶产生的热电动势通常在毫伏级范围。测温时,可将其直接与动圈式毫伏表、电子电位差计等显示仪表连接,构成如图 8.11(a)所示的测温电路。在特殊情况下,使参考端在同一温度下,同一分度号的热电偶可串联或并联使用。

图 8.11(b)采用多个热电偶同向串联的方式,测量结果是多个点的温度之和,即 $E=E_1+E_2+E_3$。这种电路的优点是可以获取较大的热电动势,热电偶烧坏时可立即知道。

图 8.11(c)采用两个热电偶反向串联的方式,测量结果是两测量点间的温度差,即 $E=E_1-E_2$。

图 8.11(d)采用多个热电偶并联的方式,测量结果是多个测量点的温度平均值,即 $E=(E_1+E_2+E_3)/3$。这种电路的特点是当某一热电偶烧断时,不容易察觉出来,但不会中断整个测温系统的工作。

若要求高精度测温并自动记录,可以采用如图 8.12 所示的自动电位差计线路。图中 R_M 为精密测量电位器,用于调节电桥输出的补偿电压,U_r 为稳定的参考电压源,R_p 为调零电位器,在测量前调节调零电位器 R_p 使电位器 R_M 的滑动触头位于标尺的起点位置,R_C 为限流电阻。桥路输入端的滤波器是为滤除 50Hz 的工频干扰。热电偶输出的热电动势 E_x 经滤波后加入电桥,与桥路分压电阻 R 两端的直流电压 U_s 相比较,其差值电压 ΔU 经滤波、放大后驱动可逆电机 M。通过传动系统带动电位器 R_M 的滑动触头,自动调整电压 U_s,直到 $U_s=$

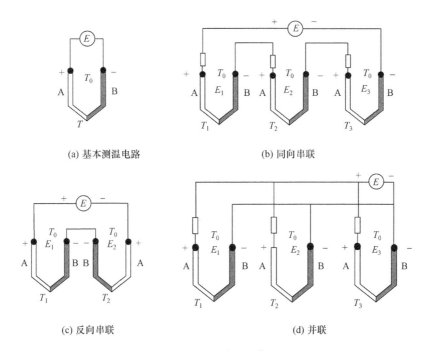

(a) 基本测温电路　　　　　　　　　(b) 同向串联

(c) 反向串联　　　　　　　　　(d) 并联

图 8.11　测温电路

E_x。此时,桥路处于平衡状态,根据电位器 R_M 滑动触头的位置,在标尺上读出相应的被测温度。

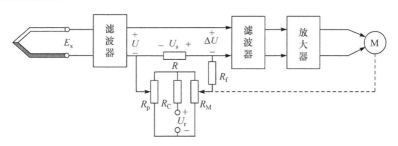

图 8.12　自动电位差计线路

8.1.5　热电偶参考端温度的处理与补偿

由热电偶的测温原理可知,热电动势与两接点的温度差有关。只有参考端温度为恒定值时,才能通过热电动势的大小去判断测量端温度的高低。当参考端温度波动较大时,可以通过补偿导线将参考端延长到一个温度恒定的地方,再进行测量。下面介绍几种常用的处理方法。

1. 参考端恒温法

(1) 0℃恒温法

将冰水混合物放在保温杯中,使其水面略低于冰屑面,然后将热电偶的参考端置于其中,在一个大气压的条件下,即可使冰水混合物保持在 0℃,这时热电偶输出的热电动势与分度表一致。这种装置通常用于实验室精密测量。

(2) 其他恒温器

将热电偶的参考端置于各种恒温器内,使之保持温度恒定,避免由于环境温度的波动而引入误差。这类恒温器可以是盛有变压器油的容器,利用变压器油的热惰性恒温;也可以是电加热的恒温器。这类恒温器的温度一般不为 0℃,因此最后还需对热电偶进行参考端温度修正。

2. 补偿导线法

根据连接导体定理,可以引入补偿导线使参考端远离被测对象,保持稳定温度。补偿导线通常由两种不同性质的廉价金属导线制成,在 0～100℃ 与配接的热电偶有相同的热电特性。需要注意的是,上述方法相当于参考端直接延伸到恒定温度处,并不补偿参考端温度不为 0℃ 时产生的影响,因此还应该进行修正,把参考端温度修正到 0℃。

我国常用的热电偶补偿导线的型号和材料如表 8.3 所示。其中型号第一个字母与所配对热电偶的分度号相对应,第二个字母为"X"或"C",字母"X"表示延长型补偿导线,字母"C"表示补偿型补偿导线。延长型补偿导线所采用的合金丝的名义化学成分与所配对的热电偶相同。补偿型补偿导线所采用的合金丝的名义化学成分与所配对的热电偶不同,但其热电特性在常温范围内与所配对的热电偶相同。

在使用补偿导线法时应注意以下几个方面。

① 各种补偿导线只能与相应型号的热电偶配对,而且必须在规定的温度范围内使用。

② 极性不能接反,否则会造成更大的误差。

③ 补偿导线与热电偶连接的两个接点的温度必须相同。

④ 对于延长型补偿导线,虽然合金丝的名义化学成分与所配对的热电偶相同,但其材料纯度和热电特性不如热电偶的好,因此不能用延长型补偿导线替代热电偶进行测量,否则测量精度和稳定性达不到要求。

表 8.3　补偿导线的型号和材料

补偿导线型号	配对的热电偶	补偿导线的材料		补偿导线颜色	
		正极	负极	正极	负极
SC 或 RC	S(铂铑$_{10}$-铂)或 R(铂铑$_{13}$-铂)	SPC(铜)	SNC(铜镍)	红	绿
KC	K(镍铬-镍硅)	KPC(铜)	KNC(铜镍)	红	蓝
KX	K(镍铬-镍硅)	KPX(镍铬)	KNX(镍硅)	红	黑
NX	N(镍铬硅-镍硅)	NPX(镍铬硅)	NNX(镍硅)	红	灰
EX	E(镍铬-铜镍)	EPX(镍铬)	ENX(铜镍)	红	棕
JX	J(铁-铜镍)	JPX(铁)	JNX(铜镍)	红	紫
TX	T(铜-铜镍)	TPX(铜)	TNX(铜镍)	红	白

3. 热电偶参考端温度不为零时的温度修正

当参考端温度 T_n 不为 0℃时,需要进一步对其进行修正。

(1) 计算修正法

根据中间温度定律,即

$$E_{AB}(T,0)=E_{AB}(T,T_n)+E_{AB}(T_n,0)$$

已知参考端温度 T_n,从分度表中查出 $E_{AB}(T_n,0)$ 的值,测得热电偶回路的热电动势 $E_{AB}(T,T_n)$,两者相加可得到 $E_{AB}(T,0)$ 的值,反查分度表即可得到测量温度 T。

(2) 调整仪表零位法

当热电偶通过补偿导线连接到显示仪表时,如果热电偶参考端温度已知且恒定,可预先将具有零位调整功能的显示仪表的指针调至已知的参考端温度值上,测量时,显示仪表的示值即为被测量的实际温度值。

(3) 电桥补偿法

计算修正法和调整仪表零位法虽然很精确,但只适合参考端温度恒定时的修正。当参考端温度波动时,可以利用不平衡电桥产生的电动势补偿热电偶参考端温度波动引起的热电动势的变化。如图 8.13 所示,补偿电桥由三个电阻温度系数较小的锰铜电阻 R_1、R_2 和 R_3,电阻温度系数较大的铜丝电阻 R_{cu} 和稳压电源 E 组成。补偿电桥与热电偶参考端处于同一环境温度 T_n。

温度为 0℃时,调节电位器 R_s 使电桥输出 $U_{ab}=0$。当参考端温度 T_n 升高(或降低)时,铜丝电阻 R_{cu} 的阻值随之增大(或减小),电桥失去平衡,U_{ab} 增加(或减小),其增加量(或减小量)为 ΔU_{ab},同时由于 T_n 的升高(或降低),热电偶电动势 E_x 减小(或增加)ΔE_x。由于 U_{ab} 与 E_x 同相串联,合理选择铜丝电阻,使 ΔE_x 恰好

等于 ΔU_{ab}，则回路中总热电动势将不随热电偶参考端温度的变化而变化。

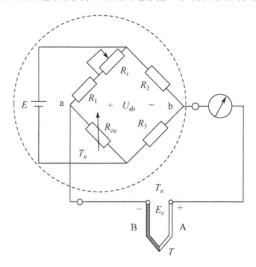

图 8.13　电桥补偿法的工作原理图

8.2　金属热电阻式传感器

金属热电阻式传感器是基于金属导体的电阻值随温度变化的特性进行温度测量的装置。工业广泛应用的金属热电阻式传感器的测温范围一般为 $-200 \sim +500℃$。随着科学技术的发展，金属热电阻式传感器的测量范围低温端可测到 $-272℃$，高温可达到 $1000℃$。金属热电阻式传感器的主要特点是测量精度高、性能稳定。铂热电阻的测量精确度最高，不但被广泛应用于工业测温，而且被制成基准仪。

8.2.1　金属热电阻的结构和材料

金属热电阻的结构如图 8.14 所示，将金属丝绕在云母、石英、陶瓷等绝缘骨架上，装入保护管，接出引线。

绝缘骨架用于支撑和固定金属丝，其性能将影响热电阻的体积和使用寿命。一般选用电绝缘性能好、机械强度高、膨胀系数小、物理化学性能稳定的材料作为绝缘骨架。

保护管用来保护金属丝免受被测介质的化学腐蚀和机械损伤，将金属丝与有害的环境隔离开，应具有耐腐蚀、导热性能好等特点。

引线的电阻值应尽量小，并具有可靠的机械强度和连接。工业用的铂热电阻一般采用 1mm 的银丝作为引线，标准的铂热电阻一般采用 0.3mm 的铂丝作为引线,铜热电阻一般采用 0.5mm 的铜丝作为引线。

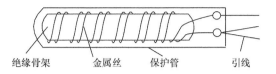

绝缘骨架　　　金属丝　　　保护管　　　　引线

图 8.14　金属热电阻式传感器的结构示意图

作为金属热电阻式传感器的敏感元件,金属丝一般要满足以下要求。

① 电阻温度系数高。电阻温度系数为温度每变化 1℃时,阻值的相对变化率,单位为%/℃。材料的纯度越高,电阻温度系数越大;杂质越多,电阻温度系数越小,且不稳定。通常纯金属的温度系数比合金大,一般均采用纯金属材料。当热电阻丝中有内应力时,会引起电阻温度系数改变,因此制作电阻丝体时必须进行退火和老化处理,以消除内应力的影响。

② 电阻率大,以减小体积和重量。

③ 在整个测量范围内具有稳定的物理和化学性质。

④ 在测温范围内,电阻与温度必须具有线性关系,或者近似线性关系,以保证具有良好的输出特性。

⑤ 具有良好的可加工性。

金属热电阻的种类较多,最常用的是铂、铜、镍、铁等,其中铂和铜应用最为广泛。镍、铁的电阻温度系数和电阻率均比铂、铜高,但由于存在不易提纯和非线性严重的缺点,使用并不多。

1. 铂热电阻

铂热电阻的阻值-温度的关系在 −200∼0℃可表示为

$$R_t = R_0 [1 + At + Bt^2 + Ct^3(t - 100)] \tag{8.18}$$

在 0∼850℃可表示为

$$R_t = R_0(1 + At + Bt^2) \tag{8.19}$$

其中,R_0 为铂热电阻在 0℃时的电阻值;A、B 和 C 为常数,对于工业用铂电阻,$A = 3.9083 \times 10^{-3}(1/℃)$,$B = -5.775 \times 10^{-7}(1/℃^2)$,$C = -4.183 \times 10^{-12}(1/℃^3)$。

在实际测量中,一般采用查标准热电阻分度表的方式得到阻值与对应的温度值之间的关系。目前我国常用的铂热电阻分度号有 Pt10 和 Pt100 两种,分别对应 $R_0 = 10Ω$ 和 $R_0 = 100Ω$ 两种情况。如表 8.4 所示为 Pt100 型铂热电阻分度表的部分内容,详细内容参考 JB/T 8622—1997。将 Pt100 型铂热电阻分度表中的小数点左移一位即可得到 Pt10 型铂热电阻分度表。Pt10 铂热电阻使用较粗的铂丝绕制而成,主要用于 650℃以上温区。Pt100 铂热电阻主要用于 650℃以下温区。

表 8.4　Pt100 型铂热电阻分度表

测量端温度 /℃	0	10	20	30	40	50	60	70	80	90
	电阻值/Ω									
0	100.00	103.9	107.79	111.67	115.54	119.4	123.24	127.08	130.9	134.71
100	138.51	142.29	146.07	149.83	153.58	157.33	161.05	164.77	168.48	172.17
200	175.86	179.53	183.19	186.84	190.47	194.1	197.71	201.31	204.9	208.48
300	212.05	215.61	219.15	222.68	226.21	229.72	233.21	236.7	240.18	243.64
400	247.09	250.53	253.96	257.38	260.78	264.18	267.56	270.93	274.29	277.64
500	280.98	284.3	287.62	290.92	294.2	297.49	300.75	304.01	307.25	310.49
600	313.71	316.92	320.12	323.3	326.48	329.64	332.79	335.93	339.06	342.18
700	345.28	348.38	351.46	354.53	357.59	360.64	363.67	366.7	369.71	372.71
800	375.70	378.68	381.65	384.6	387.55	390.48				

铂热电阻一般用于高精度工业测量。近年来出现大量的厚膜铂热电阻测温元件。厚膜铂热电阻是用铂浆料印刷在玻璃或陶瓷底板上,再经光刻而成。这种铂热电阻仅适合于 −70～500℃ 的测温区域,但它用料省,可大批量生产,效率高,价格便宜,是一种很有应用前景的热电阻。

铂热电阻的工作温度范围宽、电阻率较高,在氧化性环境中具有稳定的物理、化学性能,且易于提纯、加工,复制性好,被认为是目前最好的制造热电阻的材料。但铂热电阻的价格较高,在还原性环境中,特别是在高温下很容易被还原性气体污染,并改变电阻与温度间的关系。

2. 铜热电阻

铜热电阻在 −40～140℃ 的温度特性可表示为

$$R_t = R_0(1 + At + Bt^2 + Ct^3) \tag{8.20}$$

其中,R_0 为铜热电阻在 0℃ 时的电阻值;A、B 和 C 为常数,对于工业用铜热电阻,$A = 4.28899 \times 10^{-3}$ (1/℃),$B = -2.133 \times 10^{-7}$ (1/℃^{2}),$C = -1.233 \times 10^{-9}$ (1/℃^{3})

由于铜热电阻的特性在 0～100℃ 基本上是线性的,因此温度特性可以表示为

$$R_t = R_0(1 + \alpha t) \tag{8.21}$$

其中,α 为温度系数,$\alpha = 4.28 \times 10^{-3}$(1/℃)。

我国常用的铜热电阻分度号有 Cu50 和 Cu100 两种,它们在 0℃ 时的电阻值分别为 50Ω 和 100Ω。Cu50 和 Cu100 型铜热电阻分度表的部分内容如表 8.5 和表 8.6 所示,详细内容参考 JB/T 8623—2015。

表 8.5　Cu50 型铜热电阻分度表

测量端温度 /℃	0	10	20	30	40	50	60	70	80	90
	电阻值/Ω									
0	50.000	52.144	54.285	56.426	58.565	60.704	62.842	64.981	67.120	69.259
100	71.400	73.542	75.686	77.833	79.982	82.134				

表 8.6　Cu100 型铜热电阻分度表

测量端温度 /℃	0	10	20	30	40	50	60	70	80	90
	电阻值/Ω									
0	100.00	104.29	108.57	112.85	117.13	121.41	125.68	129.96	134.24	138.52
100	142.80	147.08	151.37	155.67	159.96	164.27				

铜热电阻的电阻值与温度的关系在一定温度范围内几乎是线性的,其电阻温度系数较大,而且材料容易提纯,价格比较便宜,所以在测量准确度要求不高且温度较低的场合,可使用铜热电阻。铜热电阻的电阻率小,因此体积较大,且其测温范围为−50~+150℃,只适合在无水分和无侵蚀性的低温环境中工作。

3. 镍热电阻和铁热电阻

镍热电阻的温度系数较大,因此其灵敏度要比铜热电阻和铂热电阻高。由于镍热电阻的制造工艺较复杂,很难获得温度系数相同的镍丝,因此用它进行测量时,准确度比铂热电阻和铜热电阻低,且制定标准困难。

铁热电阻的温度系数比铂热电阻和铜热电阻的高,电阻率也较大,因此可做成体积小、灵敏度高的温度传感器。但是,铁热电阻易氧化,不易提纯,且电阻值与温度的关系是非线性的,仅用于测量−50℃~+100℃范围内的温度,目前应用渐少。

图 8.15 给出了上述几种金属丝的电阻相对变化率与温度的关系。由此可知,铂热电阻的线性度最好,铜热电阻次之,铁热电阻和镍热电阻最差;铁热电阻和镍热电阻的温度系数最大,铜热电阻次之,铂热电阻最差。

4. 其他热电阻

铂、铜等热电阻不适合做超低温测量,近几年来一些新颖的热电阻相继用于低温测量。铟热电阻适宜在−269~−258℃使用,测量精度高、灵敏度高,是铂电阻的 10 倍,但材料较软、重现性差。锰热电阻适宜在−271~−210℃使用,电阻温度系数大、灵敏度高、受磁场的影响较小,但脆性高,易损坏。碳热电阻适宜在−273~−268.5℃使用,灵敏度高、价格低廉、操作简便,但热稳定性较差。

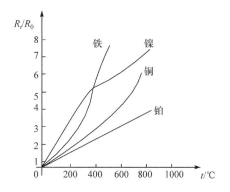

图 8.15　金属热电阻相对变化率与温度的关系

8.2.2　测量电路

　　为满足实际需求,热电阻内部引线方式可以分为两线制、三线制和四线制,如图 8.16 所示。

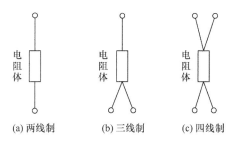

图 8.16　热电阻内部引线方式

　　用金属热电阻式传感器进行测温时,测量电路经常采用电桥的形式。标准热电阻安装在测温现场,而与其配套的温度指示仪表或采集卡等设备安装在控制室,其间引线较长。由于引线有长短、粗细、材质之分,且引线在不同环境温度下的阻值会发生变化,因此在测量时要考虑引线电阻对测量结果的影响。

　　如图 8.17 所示为两线制连接法,图中 G 为检流计,R_1、R_2 和 R_3 为固定电阻,R_a 为调零电位器,R_t 为热电阻。热电阻的引线电阻也加入测温电桥的一臂,这必然会引入附加误差,因此两线制只适于引线不长、测温精度要求较低的场合。

　　为了避免或减小引线电阻对测温的影响,工业上常采用如图 8.18 所示的三线制连接法。图中 G 为检流计,R_1、R_2 和 R_3 为固定电阻,R_a 为调零电位器。热电阻 R_t 通过三根阻值为 r 的引线分别与电桥相邻两臂和检流计(图 8.18(a))或电源(图 8.18(b))连接。当温度变化时,相邻两臂的阻值增加相同的量,不会影响电桥的平衡状态。由于可调电阻 R_a 的接触电阻与电桥一臂相连,可能会导致电桥的零点不稳。

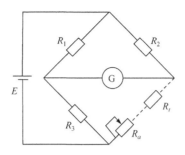

图 8.17 热电阻测温电桥的两线制连接法

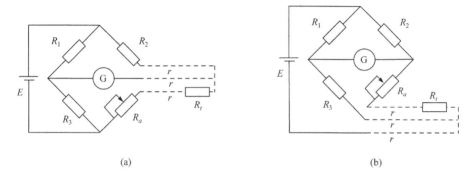

(a)   (b)

图 8.18 热电阻测温电桥的三线制连接法

如果使用恒流源和直流电位差计来测量热电阻的阻值,可采用如图 8.19 所示的四线制连接法。在四线制连接法中,热电阻的两端各引出两根引线,其中两根与恒流源连接,另外两根与电位差计相连。在电流回路中,尽管热电阻的引线会引起压降,但并不在测量范围内。在测量回路中,虽然存在热电阻的引线电阻,但无电流。因此,四根引线的电阻都不会对测量结果产生影响。这种连接方式能消除连接引线电阻的影响,但对恒流源的稳定性要求较高。

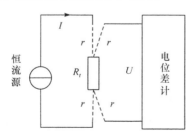

图 8.19 热电阻测温电桥的四线制连接法

热电阻在使用时会有电流流过,电流会导致热电阻发热,使阻值增大。为避免这一因素引起测量误差,应尽量减小流过热电阻的电流,一般应小于 6mA。

8.3　热敏电阻式传感器

热敏电阻式传感器是一种利用半导体材料的电阻随温度的变化而显著变化的现象制成的测温装置。与金属热电阻式传感器相比,热敏电阻式传感器具有灵敏度高、体积小、反应快等优点,广泛用于中低温测量。制造热敏电阻的材料很多,如锰、铜、镍、钴和钛等氧化物,将它们按一定比例混合后压制成型,然后在高温下焙烧而成。

8.3.1　热敏电阻的种类

热敏电阻按照温度系数不同分为负温度系数热敏电阻(NTC)、正温度系数热敏电阻(PTC)和临界温度系数热敏电阻(CTR),如图 8.20 所示。可以看出,PTC和 CTR 热敏电阻的变化非常迅速,适合于控制系统,而 NTC 热敏电阻的变化较为缓慢,适合制作连续测量的温度传感器。

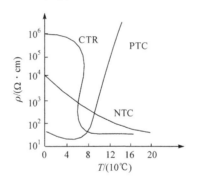

图 8.20　热敏电阻的电阻-温度特性

1. NTC 热敏电阻

NTC 热敏电阻具有电阻值随温度升高而显著减小的特性,可测温度范围较宽。NTC 热敏电阻主要由锰(Mn)、钴(Co)、镍(Ni)、铁(Fe)等金属的氧化物烧结而成,通过不同材质的组合,可以得到不同的电阻值和温度特性。NTC 热敏电阻是研究最早、生产最成熟、应用最广泛的热敏电阻。根据测量环境的不同,NTC 热敏电阻可制作成片状、棒状或球状,直径或厚度约为 1mm,长度往往不到 3mm。

2. PTC 热敏电阻

PTC 热敏电阻在工作温度范围内,具有电阻值随温度升高而显著增大的特性。其主要材料是由在钛酸钡($BaTiO_3$)和钛酸锶($SrTiO_3$)为主的成分中加入少量三氧化二钇(Y_2O_3)和三氧化二锰(Mn_2O_3)构成的烧结体。通过成分配比和添加剂的改变,可使其最大斜率区域处于不同的温度范围,以适用于不同的测温要求。例如,最大斜率区域所处的位置在加入适量铅时向高温区域移动,但在加入锶时向低温区域移动。

3. CTR 热敏电阻

CTR 热敏电阻在特定温度范围内随温度升高而急剧下降,最高可降低 3～4 个数量级,具有很大负温度系数,且灵敏度很高。这种类型的热敏电阻一般是用钒(V)、锗(Ge)、钨(W)等金属的氧化物在弱还原气氛中形成的烧结体为原料制成。

8.3.2　热敏电阻的主要参数

常用于描述热敏电阻的主要参数除金属热电阻式传感器中介绍的温度系数和电阻率外,还有如下两个参数。

① 材料常数 B。材料常数表征的是与热敏电阻材料物理性能相关的常数。一般 B 值越大,则电阻值越大,绝对灵敏度越高。在工作温度范围内,B 值并不是一个常数,而是随温度的升高略有增大。常用 NTC 热敏电阻的材料常数在 1500～6000K($1K=-273.15℃$)之间。

② 散热系数 H。散热系数指热敏电阻自身发热使其温度比环境温度高出 $1℃$ 所需的功率,单位为 W/℃ 或 mW/℃。在工作范围内,当环境温度变化时,H 值随之变化,取决于热敏电阻的形状、封装形式,以及周围介质的种类。

8.3.3　热敏电阻的主要特性

1. 电阻-温度特性

电阻-温度特性描述的是热敏电阻的阻值与温度之间的关系,是热敏电阻最基本的特性。NTC 热敏电阻的阻值与温度之间的关系可近似用下面的经验公式表示,即

$$R_T = A\mathrm{e}^{B/T} \tag{8.22}$$

其中,R_T 为热敏电阻在温度为 T 时的阻值,单位为 Ω;A 为与热敏电阻尺寸形状及其半导体物理性能有关的常数,单位为 Ω;B 为 NTC 热敏电阻的材料常数,单位为 K;T 为热敏电阻的绝对温度,单位为 K。

式(8.22)也可表示为

$$R_T = R_0 \mathrm{e}^{(B/T - B/T_0)} \tag{8.23}$$

其中,T_0 为 0℃时的绝对温度,即 273.15K;R_0 为 0℃时热敏电阻的阻值。

由式(8.23)可得,NTC 热敏电阻的温度系数为

$$\alpha_{tn} = \frac{1}{R_T}\frac{\mathrm{d}R_T}{\mathrm{d}T} = -\frac{B}{T^2} \tag{8.24}$$

由此可见,NTC 热敏电阻的温度系数并不是常数,它随着温度降低而迅速增大。若 $B=4000\mathrm{K}$,当 $T=293.15\mathrm{K}$(即 $20\mathrm{℃}$)时,由式(8.24)可求出温度系数 $\alpha_{tn}=-0.0475/\mathrm{℃}$,约为铂热电阻的 12 倍,可见其具有很高的灵敏度。

在工作温度范围内,PTC 热敏电阻的阻值与温度之间关系的经验公式为

$$R_T = R_0 \mathrm{e}^{B(T-T_0)} \tag{8.25}$$

其中,R_T 和 R_0 为热敏电阻在温度分别为 T 和 T_0 时的阻值,单位为 Ω;B 为 PTC 热敏电阻的材料常数,单位为 K。

由式(8.25)可得 PTC 热敏电阻的电阻温度系数为

$$\alpha_{tp} = \frac{1}{R_T}\frac{\mathrm{d}R_T}{\mathrm{d}T} = B \tag{8.26}$$

可见,在工作温度范围内,PTC 热敏电阻的温度系数为常数,正好等于它的材料常数 B。

2. 伏安特性

伏安特性表示恒温介质中流过热敏电阻的电流与其上电压降之间的关系。如图 8.21(a)所示,对于 NTC 热敏电阻,当电流很小时,自身热效应不明显,电阻值保持恒定,电压与电流之间满足欧姆定律,如 $O\sim a$ 段所示;当电流增加,自热现象明显后,电阻值随电流增加而减小,电压增加速度下降,如 $a\sim b$ 段所示出现非线性的正电阻区;随着电流的进一步增加,自热现象更加明显,由于热敏电阻的温度系数大,电阻值随电流增加而减小的速度大于电压增加的速度,于是出现 $b\sim c$ 段所示的负电阻区;当电流超过允许值时,电阻将被烧坏。

如图 8.21(b)所示,PTC 热敏电阻伏安特性曲线起始段为直线,其斜率与热敏电阻在环境温度下的电阻值相等。这是因为流过电流很小时,自热现象可忽略不计;随着电压的增加,自热现象引起的温升超过环境温度时,引起阻值增大,曲线开始弯曲;当电压增大到 U_m 时,存在一个电流最大值 I_m;如果电压继续增加,由于温升引起电阻值增加的速度超过电压增加的速度,电流反而减小,曲线斜率由正变负。

3. 电流-时间特性

热敏电阻的电流-时间特性是指在不同的外加电压情况下,电流达到稳定值所需的时间。从图 8.22 可以看到,电流在延迟一段时间后才能达到稳定状态,延迟时间反映热敏电阻的动态特性。

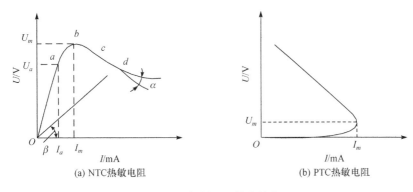

(a) NTC热敏电阻　　　　　　　　(b) PTC热敏电阻

图 8.21　热敏电阻伏安特性

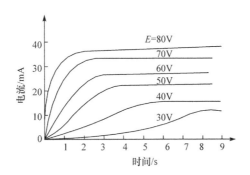

图 8.22　热敏电阻电流-时间特性

8.3.4　热敏电阻的非线性修正

根据热敏电阻的电阻-温度特性可知,NTC 热敏电阻的阻值随温度变化呈指数规律,也就是说,其非线性十分严重,应当考虑线性化处理。

热敏电阻输出特性线性化的方法很多。图 8.23 介绍了一种 NTC 热敏电阻 R_T 与补偿电阻 R_x 串联实现非线性修正的方法。补偿电阻 R_x 具有较小的温度系数,合理选择 R_x 使得串联总电阻 R_s 在一定范围内呈双曲特性,即温度 T 与总电阻 R_s 的倒数呈线性关系,从而使温度 T 与电流 I 呈线性关系。

图 8.24 是通过 NTC 热敏电阻 R_T 与补偿电阻 R_x 并联,实现非线性修正的方法。当温度很低时,由于 $R_T \gg R_x$,并联后的等效电阻 $R_P \approx R_x$;随着温度 T 的增加,R_T 迅速减小,但由于 $R_T > R_x$,R_P 下降速度较为缓慢;随着温度的继续增加,当 $R_T < R_x$ 时,R_T 的影响增大,R_P 下降速度加快;随着温度的进一步增加,R_T 变化变慢,R_P 下降速度变缓;当温度很高时,R_T 基本不随温度变化,R_P 也趋于稳定。如图 8.24(b)所示,补偿后的等效电阻 R_P 的温度系数变小,电阻-温度曲线变平坦。因此,可以在某一温度范围内得到线性的输出特性。

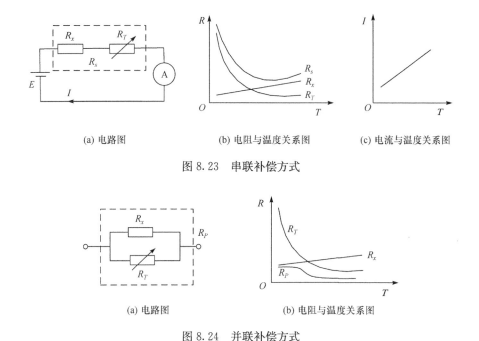

(a) 电路图　　　　　　(b) 电阻与温度关系图　　　　　　(c) 电流与温度关系图

图 8.23　串联补偿方式

(a) 电路图　　　　　　　　　　(b) 电阻与温度关系图

图 8.24　并联补偿方式

8.4　热电式传感器的应用

热电式传感器最直接的应用是测量温度,也可以用于测量与温度相关的量。本节介绍几种热电式传感器的典型应用。

8.4.1　炉温控制装置

图 8.25 为炉温控制装置示意图。毫伏定值器用于设定炉温的预期值,放大器的输入电压为热电动势与定值器预设值的差值。当热电偶的热电动势偏离定值器设定的预期值时,说明炉温需要调整。此时,将二者差值经放大器送入调节器,在自动模式下,该信号经触发器推动执行器,从而调节炉丝的加热功率,使其向预期值靠近。

8.4.2　流体流速测量装置

图 8.26 为流体流速测量装置的工作原理示意图,其中 R_{t1} 和 R_{t2} 为热敏电阻,R_{t1} 放置在被测流速管道中,R_{t2} 作为参考电阻,放置在不受流体流速影响的容器中,R_1 和 R_2 为锰铜电阻,四个电阻组成桥路。

当流体静止时,调节 R_2 使电桥处于平衡状态,电流计 A 上的指示为零。当流

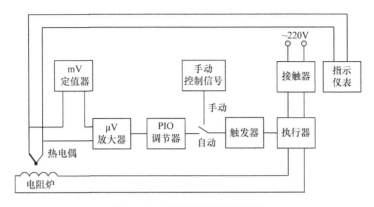

图 8.25　炉温控制装置示意图

体流动时,R_{t1} 上的热量被带走。R_{t1} 因温度变化引起阻值变化,使电桥失去平衡,电流计示数不为零,其值与流体流速 v 成正比。

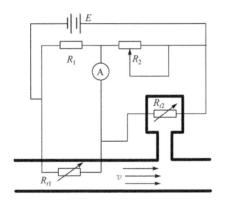

图 8.26　测量流体流速示意图

8.4.3　过热报警装置

图 8.27 是电动机过热报警装置示意图。把三只特性相同的 NTC 热敏电阻 R_{t1}、R_{t2} 和 R_{t3} 放置在电动机内绕组旁,紧靠绕组,每相各放置一只并且固定。当电机正常运转时,温度较低,热敏电阻阻值较高,晶体管 V 截止,继电器 J 不工作。当电机过负荷或断相或一相通地时,电动机温度急剧上升,热敏电阻阻值急剧减小,小到一定值后,晶体管 V 完全导通,继电器 J 工作,使 S 闭合,红灯 L 亮,起到报警保护作用。电位器 R_p 用于调节报警电路的灵敏度。

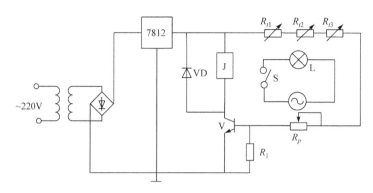

图 8.27　电动机过热报警装置示意图

习　　题

8.1　热电偶式传感器测温的基本原理是什么? 利用金属材料制成的热电偶式传感器主要利用了哪种电动势的变化?

8.2　镍铬-铜镍热电偶式传感器的灵敏度为 0.04mV/℃, 把它放在温度 120℃处, 若以指示表作为参考端, 此处的温度为 50℃, 试求热电动势的大小。

8.3　将一只镍铬-铜镍热电偶与电压表相连, 电压表接线端 50℃, 若电位计的读数是 60mV, 问热电偶热端温度是多少? 已知该热电偶的灵敏度为 0.08mV/℃。

8.4　热敏电阻式传感器主要分为几种类型? 它们分别应用在哪些场合?

8.5　现有一只测温用的标准热电阻, 分度号未知, 如何用简单的方法鉴别出该热电阻的分度号?

8.6　试比较热电阻式传感器与热电偶式传感器的异同点。

8.7　在用热电偶式传感器和金属热电阻式传感器测温时, 若出现以下情况, 指示仪表的示指如何变化? ①当热电偶开路、短路或极性接反时; ②当热电阻开路、短路或热电阻使用两线制时; ③当补偿导线极性接反时。

8.8　当一个热电阻式传感器所处的温度为 20℃时, 电阻值是 100Ω, 当温度是 25℃时, 电阻值是 101.5Ω。假设温度与电阻值为线性关系, 试计算当传感器分别处在 -100℃和 +150℃时的电阻值。

8.9　解释负温度系数热敏电阻的伏安特性, 并说明其用途。

第 9 章　新型传感器

9.1　核辐射传感器

核辐射传感器是利用放射性同位素来进行测量的传感器,又称放射性同位素传感器。核辐射传感器是基于被测物质对射线的吸收、反散射或射线对被测物质的电离激发作用而进行工作的。近年来,核辐射传感器具有众多优良特性,广泛应用于金属探伤、测厚、流速、料位和密度等的测量。

9.1.1　核辐射的物理基础

1. 核辐射源或放射源

某些同位素的原子核在没有外力的作用下会自动发生衰变,并在衰变中放出射线（α 射线、β 射线、γ 射线、X 射线等）,这种现象称为核辐射。放出射线的同位素称为放射性同位素,又称放射源。α 射线是带正电的高速粒子流;β 射线是带负电的高速粒子流;γ 射线是从原子核内发射出来的中性光子流;X 射线是原子核外的内层电子被激发射出来的电磁波能量。

半衰期是指放射性同位素的原子核数衰变到其一半时所需的时间,一般将它作为该放射性同位素的寿命。放射性同位素的种类很多,在核辐射检测中,要求放射性同位素的半衰期比较长,且对放出的射线能量也有一定的要求,常用的放射性同位素只有 20 多种,如铯（Cs^{137}）、钴（Co^{60}）、锶（Sr^{90}）、镅（Am^{241}）等。

2. 核辐射的强度

放射性的强弱称为放射性强度,由单位时间内发生衰变的次数来表示,放射性强度是按指数规律随时间而减小,即

$$J = J_0 e^{-\lambda t} \tag{9.1}$$

其中,J 和 J_0 为 t 和 t_0 时刻的辐射强度;λ 为衰变常数。

放射性强度的单位是居里,1 居里等于放射源每秒钟发生 3.7×10^{10} 次核衰变。检测仪表通常用毫居里。

3. 核辐射与物质间的相互作用

(1) 电离作用

具有一定能量的带电粒子在穿过物质时,使物质的分子或原子的轨道电子产生加速运动,如果此轨道电子获得足够大的能量,就能脱离原子成为自由电子,从而产生自由电子和正离子组成的离子对,称为电离作用。电离的作用是带电粒子与物质相互作用的主要形式。

α粒子(射线)由于能量、质量和带电量大,电离作用最强。

β粒子(射线)质量小,电离能力比同样能量的α粒子要弱。

γ粒子(射线)没有直接电离作用。

(2) 吸收、散射和反射

当一束射线穿透物质时,一部分粒子能量被物质吸收,一部分粒子被散射。γ射线的穿透能力最强,在气体中的射程为几百米,并且能穿透几十厘米的固体物质;β射线次之,在空气中射程可达20米;α射线最弱,射程在空气中为几厘米到十几厘米。γ射线的穿透厚度比α、β要大得多。β射线穿透物质时,容易改变其运动方向产生散射现象,当产生相反方向散射时,即出现反射现象。反射的大小取决于散射物质的性质和厚度,β射线的散射随物质的原子序数增大而加大。

9.1.2 核辐射传感器

核辐射传感器的工作原理是基于核辐射与物质相互作用,根据被测物质对核辐射的吸收、反射进行检测,或者利用射线对被测物质的电离激发作用进行检测。

核辐射传感器一般由放射源、探测器和电信号转换电路组成。放射源和探测器是核辐射传感器的重要组成部分。放射源由放射性同位素物质组成,检测中常用四种核辐射源:α、β、γ射线源和X射线管。探测器就是核辐射的接收器,是指能够指示、记录和测量核辐射的材料或装置,其用途就是将核辐射信号转换成电信号,从而探测出射线的强弱和变化。

核辐射传感器主要有气体传感器、闪烁传感器和半导体传感器三大类。

1. 气体传感器

气体传感器以气体为探测介质,主要有电离室、正比计数器和盖革计数器三种,它们的结构相似,一般都是由两个电极的小室,充有某种气体构成。电离室的主要优点是成本低寿命长,缺点是检出电流很小,电离室主要用于探测α、β射线。盖革计数器主要特点是工作电压较低,由于盖革计数器的放大作用,离子电流比电离室大几千倍,盖革计数器主要用于探测β粒子和γ射线。

电离室是一种最简单的气体探测器,如图9.1所示。电离室是在空气中或充有惰性气体的装置中,设置两个板电极,在两个板电极间加几百伏高压(电离室外加电压增大离子电流趋于饱和,图 9.1 中电压 U 工作在离子电流饱和区,即产生的离子电流与 U 无关。),高压在极板间产生电场,当 α 粒子和 β 粒子射向两极板之间的空气时,气体分子电离,在电场作用下,正离子趋向负极板,电子趋向正极板产生电离电流,在电路中接电阻 R,电阻 R 的压降代表辐射的强度。核辐射强度越大,电离室产生的离子对越多,产生的电流亦越大,在电阻上形成的压降也越大。

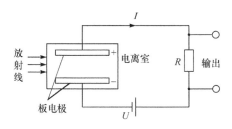

图 9.1　电离室气体传感器示意图

　　为了减少测量误差,通常把电离室设计成差分电离室,如图 9.2 所示。在电阻上流过的电流为两个电离室收集的电流之差,这样可以避免电阻、放大器、环境温度等变化引起的测量误差。在同样条件下,进入电离室的 α 粒子比 β 粒子所产生的电流大 100 多倍。

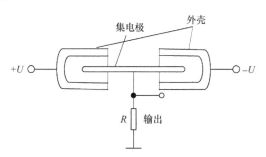

图 9.2　差分电离室放射线传感器

2. 闪烁传感器

　　某些透明物质受放射线的作用而被激发,在由激发态跃迁至基态的过程中,发射出脉冲状光的现象,称为闪烁现象,能产生这样发光现象的物质,称为闪烁体。

　　闪烁传感器也叫闪烁计数器,由闪烁体、光电倍增管和相应的转换电路三个主要部分组成,如图 9.3 所示。当核辐射进入闪烁晶体时,晶体原子受激发光,透过晶体射到光电倍增管的光阴极上,根据光电效应,在光阴极上产生的光电子,在光电倍增管中倍增,在阳极上形成电流脉冲,在阳极负载上产生电信号,此电信号由转换电路分析和记录。输出信号的幅度正比于入射射线的能量,而脉冲信号产生率正比于单位时间进入探测器的射线数,通过分辨信号幅度,可以分辨射线能量;通过测量脉冲数,可以测定射线强弱。

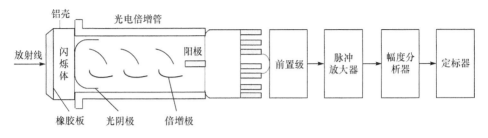

图 9.3　闪烁传感器

闪烁晶体的种类很多,按化学组成成分可分为有机和无机两大类,按物质形态分则可分为固态和液态等。通常使用的固态闪烁体,其中有银激活的硫化锌 ZnS(Ag)、铊激活的碘化钠 NaI(Tl)、铊激活的碘化铯 CsI(Tl)、金激活的碘化锂 LiI(Au)等。有机闪烁体中应用最广的有蒽、芘、三联笨和萘等。

闪烁传感器的粒子适用范围很广,适用于能量在 1eV～10GeV 的辐射粒子,探测效率高、分辨时间短,已成为当前应用最多的探测器之一。其中以无机闪烁探测器的应用最为广泛,其应用可以归结为能谱测量、强度测量、时间测量、剂量测量。

3. 半导体传感器

半导体传感器又叫固体电离传感器,其工作原理如图 9.4 所示,使用时电极 K 和 A 上加工作电压,在半导体介质内部形成强电场区,带电粒子进入半导体后,由于电离作用产生电子空穴对,在强电场作用下,电子和空穴各自向相反的电极方向移动,并在电极上感应产生电荷,在负载上形成信号脉冲输出,产生的电信号与入射粒子的能量损失成正比,这样就可以用所测的电信号来确定入射粒子的能量及射线的其他性质。

目前开发的半导体传感器有 PN 结型传感器、表面势垒型传感器、锂漂移型传感器、非晶硅传感器等。表面势垒型传感器可获得很好的带电粒子能谱;锂漂移锗半导体传感器可获得很好 γ 能谱,锂漂移硅半导体传感器可获得很好 X 射线能谱;高纯锗传感器主要用于测量中高能的带电粒子、能量在 300～600keV X 射线和低能 γ 射线。砷化镓、碲化镉、碘化汞等化合物半导体传感器,可在室温或高于室温下工作,有很强的抗辐照能力。

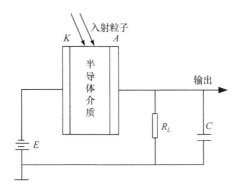

图 9.4　半导体传感器的输出电路

9.1.3　核辐射传感器的应用

核辐射传感器可以用于测量密度、质量、厚度、流量、温度及分析气体成分等,还可用于金属材料的探伤、鉴别粒子等。核辐射检测的优势为非接触测量,且不损坏被测物质。

1. 核辐射测厚传感器

(1) 透射式测厚传感器

如图 9.5 所示,放射源和核辐射传感器分别置于被测材料的两侧,射线穿过被测材料后射入核辐射传感器。由于材料的吸收,使射入核辐射传感器的射线强度降低,降低的程度和被测材料的厚度等参数有关。

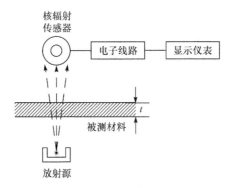

图 9.5　透射式测厚传感器

透射式厚度传感器透射射线强度 J 和材料厚度 t 的关系为

$$t = \frac{1}{\mu\rho} \ln \frac{J_0}{J} \tag{9.2}$$

其中,ρ 为被测材料的密度;μ 为被测材料对所用射线的质量吸收系数;J_0 为没有被测材料时接收的射线强度。

如图 9.6 所示为零位法透射式厚度传感器。放射源的射线穿过被测材料射入测量电离室 1,射线也穿过补偿楔射入补偿电离室 2,这两个电离室形成差动式电路,流过电阻的电流为两个电离室的输出电流之差。该电流差在电阻上产生的电压降,使振荡器振荡,变为交流输出,在经放大后加在平衡电机上,使电机正转或反转,带动补偿楔移动,直到两个电离室接受的射线强度相等,根据补偿楔的移动量可测知被测材料的厚度。

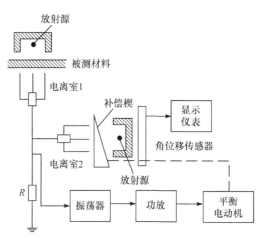

图 9.6　零位法透射式厚度传感器

（2）散射式测厚传感器

散射法是利用核辐射被物体后向散射的效应制成的检测仪器。散射法厚度传感器如图 9.7 所示。放射源和核辐射传感器置于被测物质的同侧,射入被测物质中的射线,由于和被测物质的相互作用,其中的部分射线反向折回,并进入位于与放射源同侧的核辐射传感器而被测量。散射射线强度与放射源至被测物质的距离、成分、密度、厚度和表面状态等因素有关,利用这种方法可测量薄板的厚度、覆盖层厚度、材料的成分、密度等参数。

射线强度与散射体厚度之间的关系式为

$$J_散 = J_饱和(1 - e^{-k\rho t}) \tag{9.3}$$

其中,t 为散射体的厚度;ρ 为散射体的密度;$J_散$ 为厚度为 t 时的后向散射射线强度;$J_饱和$ 为厚度为"无限大"时的后向散射射线强度;k 为与射线能量有关的系数。

2. 核辐射物位传感器

核辐射物位传感器利用介质对 γ 射线的吸收作用制成的检测仪器。不同介质

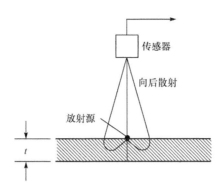

图 9.7 β 散射法厚度传感器

对 γ 射线的吸收能力不同,固体吸收能力最强,液体居中,气体最弱。

如图 9.8(a)所示为定点测量,将射线源 I_0 与传感器安装在同一平面上,由于气体对射线的吸收能力远比液体或固体弱,因此当物位超过或低于此平面时,探测器接收到的射线发生急剧变化。这种方法不能进行物位的连续测量。

如图 9.8(b)所示将射线源和传感器分别安装在容器的下部和上部,射线穿过容器中的被测介质和介质上方的气体后到达传感器。显然,探测器接收到的射线强弱与物位的高度有关。这种方法可对物位进行连续测量,但是测量范围比较窄(300～500mm),测量准确度较低。

图 9.8(c)和图 9.8(d)分别采用线状射线源和线状传感器,这样虽然对射线源或传感器的要求提高了,但这两种方法既可以适应宽量程的需要,又可以改善线性特性。

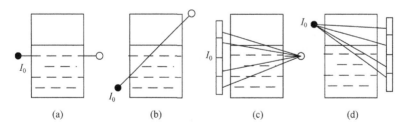

图 9.8　核辐射物位传感器示意图

3. 核辐射流量传感器

核辐射气体流量传感器原理如图 9.9 所示。在气流管壁中装两个电位不同的电极,两电极形成一个电离室,放射源的射线使气体电离,工作状态相当于一个电离室。当被测气体流过电离室时,部分离子被带出电离室,因此室内的电离电流减小,当气体流动速度增加时,从电离室带出的离子数增多,电离室电流减小也越多,由电流的变化检测气流流速和流量。辐射强度、离子迁移率等因素也会影响电离电流,为了提高测量准确度,应采用差动测量方式。

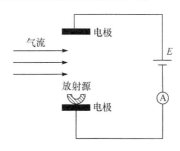

图9.9　核辐射流量传感器

4. X射线荧光成分分析仪

入射到物质上的核辐射产生的次级辐射称为次级荧光射线(如特征X射线),荧光射线的能谱和强度与物质的成分、厚度及密度等有关。利用荧光效应可以检测覆盖层厚度、物质成分、密度和固体颗粒的粒度等参数。荧光式材料成分分析仪,具有分析速度快、精度高、灵敏度高、应用范围广、成本低、易于操作等优点,已经得到广泛应用。

能量色散型X射线荧光成分分析仪如图9.10所示,由放射源、传感器、样品台架孔板、滤光片和安全屏蔽快门等组成。它是根据初级射线从样品中激发出来的特征X射线荧光对材料成分进行定性分析和定量分析。测量时安全屏蔽快门打开,放射源发出的射线射入样品盒中的样品上,初级射线从样品中激发出来的多种能量的各组成元素的特征X射线射入传感器,传感器输出一个和射入其中的X射线能量成正比的脉冲,这些脉冲输送给脉冲高度分析器、定标器和显示记录仪器,给出以X射线荧光能量为横坐标的能谱曲线,由能谱曲线的峰位置及峰面积的大小,就可以求出样品中含有什么元素及其质量含量。

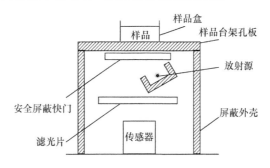

图9.10　能量色散型X射线荧光成分分析仪

在 X 射线荧光成分分析仪中,放射源是低能 γ 射线源和 X 射线源用得最多。常用的传感器有正比计数管、闪烁计数管和锂漂移硅半导体传感器。传感器要根据具体的场合,合理地选用。

放射源、样品和传感器间的几何布置也是一个重要问题。如图 9.11 所示,将放射源表面中心点的连线方向与样品表面中心点的连线方向间的夹角作为散射角 θ,散射角 θ 的选择取决于所用射线能量、传感器形式和所测样品。选择合适的散射角可以使能谱曲线上的散射峰和散射光子的逃逸峰对所测荧光峰的干扰最小。最常用的散射角为 90°,这种布置可使探头结构简单、尺寸较小、使用方便。

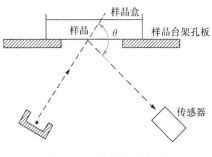

图 9.11　散射角示意图

9.2　超声波传感器

超声波传感器是利用超声波的特性研制而成的传感器。超声波传感器具有成本低、安装维护方便、体积小、可实现非接触测量,同时不易受电磁、烟雾、光线、被测对象颜色等影响,因此在工业领域得到广泛应用。

9.2.1　超声波及其物理性质

振动在弹性介质中的传播称为波动。频率在 $16 \sim 2 \times 10^4$ Hz,人耳能听到的机械波,称为声波;低于 16 Hz 的机械波,称为次声波;高于 2×10^4 Hz 的机械波,称为超声波。声波的频率界限如图 9.12 所示。超声波的特性是频率高、波长短、绕射现象小。其他最显著的特点是方向性好,且在液体、固体中衰减很小,穿透本领大,碰到介质分界面会产生明显的反射和折射。

1. 超声波的波形

由于声源在介质中施力方向与波在介质中传播方向不同,声波的波形也有所不同,通常有纵波、横波和表面波。

① 纵波。可以在固体、液体、气体中传播。

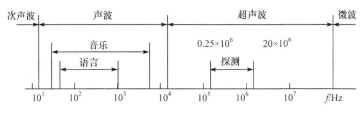

图 9.12　声波的频率界限图

② 横波。只能在固体中传播。

③ 表面波。质点的振动介于纵波和横波之间,沿着介质表面传播,其振幅随深度的增加而迅速衰减,表面波只能在固体的表面传播。

当超声波以某一角度入射到第二种介质界面上,除有纵波的反射、折射,还有横波的反射、折射,在一定条件下,还能产生表面波。各种波形都符合几何光学中的反射和折射定律。

2. 超声波的波速

超声波的传播速度取决于介质的弹性常数及介质密度。在气体和液体中只能传播纵波,气体中声速为 344m/s,液体中声速为 900~1900m/s。在固体中,纵波、横波和表面波三者的声速成一定关系。通常可认为横波声速为纵波声速的一半,表面波声速约为横波声速的 90%。

在固体中纵波、横波、表面波的速度分别为

$$v_{纵} = \sqrt{\frac{E(1-\mu)}{\rho(1+\mu)(1-2\mu)}} \tag{9.4}$$

$$v_{横} = \sqrt{\frac{E}{2\rho(1+\mu)}} \tag{9.5}$$

$$v_{表} = 0.9\sqrt{\frac{E}{2\rho(1+\mu)}} \tag{9.6}$$

其中,E 为介质的弹性模量;ρ 为介质的密度;μ 为泊松比。

3. 超声波的衰减

超声波在介质中传播时,随着传播距离的增加,能量逐渐衰减。能量的衰减取决于超声波的扩散、散射和吸收。在理想介质中,超声波的衰减仅来自超声波的扩散,即随着超声波传播距离的增加单位面积上的声能减弱。散射衰减是指超声波在介质中传播时,固体中的颗粒或流体中的悬浮粒子使超声波产生散射,一部分声能不再沿原来传播运动而减少。吸收衰减是由于介质黏滞性使超声波在传播时造成质点间的内摩擦,从而使一部分声能转换为热能而损耗。声压和声强随传播距

离的规律分别表示为

$$P_x = P_0 e^{-\alpha x} \tag{9.7}$$

$$I_x = I_0 e^{-2\alpha x} \tag{9.8}$$

其中,x 为声波与声源之间的距离;α 为衰减系数;P_0 和 I_0 为距离 0 处的声压和声强。

9.2.2　超声波传感器结构原理

1. 超声波传感器的原理

超声波传感器是利用压电晶体的压电效应和电致伸缩效应(逆压电效应),将机械能与电能相互转换,并利用波的传输特性(声速、声衰减、声阻抗)的变化,实现对各种参数的测量,属于典型的双向传感器。

如图 9.13 所示,超声波传感器由发射传感器(发射器)和接收传感器(接收器)两部分组成,若对发射传感器内谐振频率为 40kHz 的压电陶瓷片(图中的双晶振子)施加 40kHz 的高频电压,则双晶振子根据所加高频电压的极性伸长与缩短,于是发送 40kHz 的超声波,以疏密形式传播,并传给接收器。接收器中的双晶振子受到超声波施加的压力,使压电元件发生应变,则产生一面为"＋"极,另一面为"－"极的 40kHz 的正弦波电压,因为该高频电压的幅值较小,所以经放大电路放大输出。

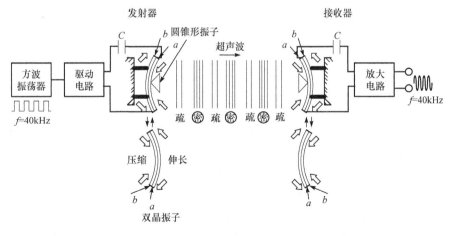

图 9.13　超声波传感器的发射接收工作原理示意图

2. 超声波探头

超声波传感器有专用型和兼用型。专用型就是发送器用作发送超声波,接收器用作接收超声波。兼用型就是发送器(接收器)既可发送超声波,又可接收超声波。常用超声波的谐振频率有 23kHz、40kHz、75kHz、200kHz、400kHz 等。

如图 9.14 所示为几种压电式超声波探头的结构图,核心是压电晶体,阻尼块用于吸收压电晶体背面的超声波能量,防止杂乱反射波产生,提高分辨率。

根据结构和使用波型的不同可分为直探头、双晶探头、斜探头等。直探头如图 9.14(a)所示,是声束垂直于被探工件表面入射的探头,可发射和接收纵波;双晶探头如图 9.14(b)所示,内含两个压电晶片,分别为发射、接收晶片,中间隔声层隔开,主要用于近表面探伤和测厚;斜探头是利用透声斜楔块使声束倾斜于工件表面射入工件的探头,如图 9.14(c)所示,斜楔块 9 用有机玻璃制作,与工件组成固定倾角的异质界面,使压电晶片 5 发射的纵波通过波型转换,以折射横波在工件中传播。

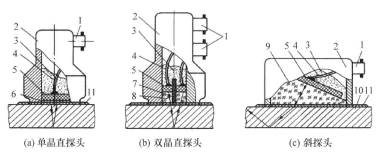

(a) 单晶直探头　　　　(b) 双晶直探头　　　　(c) 斜探头

1—接插件;2—外壳;3—阻尼吸收块;4—引线;5—压电晶体;6—保护膜;
7—隔离层;8—延迟块;9—有机玻璃斜楔块;10—试件;11—耦合剂
图 9.14　超声波探头结构示意图

3. 超声波传感器的性能指标

超声波传感器的主要性能指标由压电晶片的性能决定。

① 工作频率就是压电晶片的共振频率。当加到它两端的交流电压的频率和晶片的共振频率相等时,输出的能量最大,灵敏度也最高。

② 工作温度。由于压电材料的居里点一般比较高,特别是诊断用超声波探头使用功率较小,所以工作温度比较低,可以长时间地工作而不产生失效。医疗用的超声探头的温度比较高,需要单独的制冷设备。

③ 灵敏度。主要取决于压电晶片本身,机电耦合系数大,灵敏度高;反之,灵敏度低。

9.2.3　超声波传感器的应用

超声波传感器可用于测距(厚度、液位、汽车的倒车雷达)、流动液体的流量、无损检测(探伤),还可用在医学上进行疾病诊断等。

1. 超声波测距

超声波测距是利用超声波在两种介质分界面上发生反射的特性进行的,如果从发射超声波开始到接收到反射回来的超声波为止的时间间隔已知,可以求出分界面的位置。

由于超声波束发散聚焦困难,测量范围小,因此适用于大目标、近距离、一般精度测距。手持测距仪可用于盲人导盲,汽车倒车雷达为了保证汽车安全,工业应用于测量液位、物位。

如图9.15所示是利用超声波测量液位高度。超声波传感器可装在液体中,如图9.15(a)和图9.15(b)所示;也可以安装在液面上方,如图9.15(c)和图9.15(d)所示。超声波在空气中传播的衰减比在液体中更快,需要提高传感器的检测灵敏度。

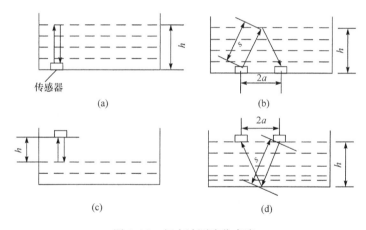

图9.15　超声波测液位高度

2. 超声波测流量

超声波测流量是利用超声波在流体中传播时,在静止流体和流动流体中的传播速度不同,可以求出流体的速度,再根据管道流体的截面积,便可知道流体的流量。如图9.16所示,用两个传感器安装在管道外侧,这两个传感器可以发射和接收超声波,一个装在上游,一个装在下游,两个传感器的距离为L,管道的直径为D。

如设顺流方向的传播时间为t_1,逆流方向的传播时间为t_2,流体的流速为v,超声波在静止流体中的速度为c,θ为超声波传播方向与流体流动方向的夹角。

顺流方向传播时间为

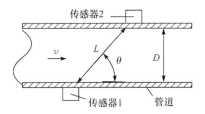

图 9.16　超声波测流量原理图

$$t_1 = \frac{L}{c + v\cos\theta} \tag{9.9}$$

逆流方向传播时间为

$$t_2 = \frac{L}{c - v\cos\theta} \tag{9.10}$$

由于 $v \ll c$，时间差为

$$\Delta t = t_1 - t_2 = \frac{2lv\cos\theta}{c^2 - v^2\cos^2\theta} \approx \frac{2lv\cos\theta}{c^2} \tag{9.11}$$

得到流体流速为

$$v \approx \frac{c^2}{2l\cos\theta}\Delta t \tag{9.12}$$

只要测出时间差，就可以测出流体的流速，进而得到流体的流量。

3. 超声波探伤

超声波探伤是利用超声波在物体中的传播、反射和衰减等物理性质来发现缺陷的探伤方法。超声波探伤按原理分有脉冲反射法、穿透法和共振法。

穿透法是依据脉冲波或连续波，穿透试件之后的能量变化，来判断缺陷情况的一种方法。穿透法常采用两个探头，一收一发，分别放置在试件的两侧进行探测。

共振法为声波（频率可调的连续波）在被检工件内传播，当工件的厚度为超声波半波长的整数倍时，将引起共振，仪器显示出共振，当工件内存在缺陷或工件厚度发生变化时，将改变工件的共振频率，依据工件的共振频率特性来判断缺陷情况和工件厚度变化情况的方法，称为共振法。

脉冲反射法的基本原理是将一定频率间断发射的超声波（脉冲波）通过一定介质（耦合剂）的耦合传入工件，当遇到异质界面（缺陷或工件底面）时，超声波将产生反射，回波（即反射波）被接收电路接收并以电脉冲信号在示波屏上显示出来。由此判断缺陷的有无，以及进行定位、定量和评定。脉冲反射法是超声波探伤中应用最广的方法。

如图 9.17 所示为 A 型脉冲反射式超声波探伤电路框图，接通电源后，同步电路产生的触发脉冲同时加至扫描电路和发射电路。扫描电路受触发产生锯齿波扫描电压,加至示波管水平(X 轴)偏转板,使电子束发生水平偏转,在示波屏上产生一条水平扫描线(又称时间基线)。同时发射电路受触发产生高频窄脉冲加至探头,激励压电晶片振动,在工件中产生超声波。超声波在工件中传播遇到缺陷和底面发生反射,回波被接收探头接收并转变为电信号,经接收电路放大和检波,加至示波管垂直(Y 轴)偏转板上,使电子束发生垂直偏转,在水平扫描线的相应位置上产生始波 T(工件表面反射波)、缺陷波 F 和底波 B(工件底面反射波)。

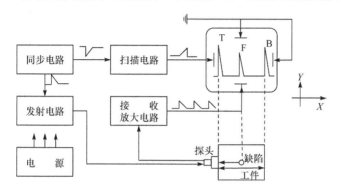

图 9.17　A 型脉冲反射式超声波探伤电路框图

由于仪器水平扫描线的长短与扫描电压有关,而扫描电压与时间成正比,因此反射波的位置能反映声波传播的时间,即反映声波传播的距离 X,因此可以对缺陷定位;又由于反射波幅度的高低(Y 轴)与接收的电信号大小有关,电信号的大小取决于接收的反射声能多少,而反射声能又与缺陷反射面的形状和尺寸有一定关系,因此反射波幅度的高低间接地反映出缺陷大小,可以对缺陷定量和评价。

9.3　气敏传感器

气敏传感器是能够感知环境中某种气体及其浓度的一种敏感器件。它将气体的种类及其浓度有关的信息转化成电信号,根据这些电信号的强弱便可获得与待测气体在环境中存在情况有关的信息。

早期对气体的检测主要采用电化学和光学方法,其检测速度慢、设备复杂、使用不便。自从 1962 年半导体金属氧化物陶瓷气体传感器问世以来,半导体气敏传感器已经成为应用最普遍、最具有实用价值的一类气体传感器,它是利用半导体气敏元件同气体接触,造成半导体性质发生变化的原理来检测待定气体的成分或浓度。

由于气体的种类很多,性质各不相同,因此不可能用同一种气体传感器测量所有的气体。气敏传感器的检测对象和应用范围如表9.1所示。

表 9.1　气敏传感器检测的气体分类

分类	检测的气体	应用范围
爆炸性气体	液化气、天然气	家庭、煤矿、食堂
有毒气体	一氧化碳、硫化氢、氨气等	工厂、化验室
环境气体	氧气、二氧化碳、水蒸气、大气污染(SO_x,NO_x)	家庭、办公场所、汽车、电子设备
工业气体	氧气(控制燃烧、调节空气燃料比) 一氧化碳(不完全燃烧) 水蒸气(食品加工)	锅炉、发电机、食品加工企业
乙醇	酒后呼出气体	交警部门

根据气敏机制,半导体气敏传感器可以分为电阻式和非电阻式两种,如图 9.18所示。

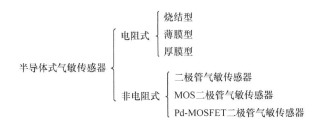

图 9.18　半导体气敏传感器的分类

9.3.1　电阻式半导体气敏传感器

1. 工作原理

电阻式半导体气敏传感器的基本原理是利用气体在半导体表面的氧化还原反应导致敏感元件阻值变化而制成的,根据阻值的变化检测出气体的种类和浓度。

如图9.19所示为N型半导体与气体接触时电阻值的变化。由于半导体气敏元件对氧的吸附与温度有很强的依赖关系,常温下,半导体的电导率变化不大,达不到检测的目的,因此半导体气敏元件都有加热电阻丝。当加热电源接通后,气敏传感器的阻值迅速下降,经过一段时间后开始上升,最后达到恒定阻值。加热时间为2~3分钟,加热电源一般为5V。对于每个气敏传感器,其灵敏度都存在最佳工作温度。此外,电阻式气敏传感器加热丝,能使吸附在传感器元件表面的油污、灰尘烧掉。当氧化型气体吸附到N型半导体(SnO_2、ZnO)上,将使半导体载流子数目减少,导致电阻值增大;当还原型气体吸附到N型半导体上,将使半导体载流子数目增多,电阻值减小。

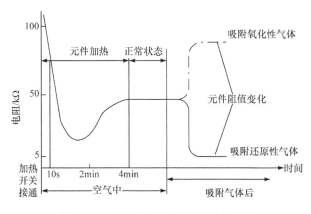

图 9.19 SnO$_2$气敏传感器阻值变化图

2. 结构特征及分类

电阻式气敏传感器一般由气敏元件、加热丝、测量电极、金属罩组成,如图 9.20 所示。电阻式气敏传感器分为烧结型、薄膜型和厚膜型。

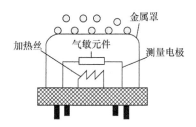

图9.20 电阻式气敏传感器的外形结构

(1) 烧结型

如图 9.21 所示为烧结型气敏元器件,是以半导体陶瓷 SnO$_2$ 为基体材料添加不同杂质,采用传统制陶方法进行烧结。烧结时埋入加热丝和测量电极,制成管心,最后将加热丝和测量电极焊在管座上,加特种外壳构成器件。该器件的结构有两种,分别是直热式和旁热式。直热式的优点是工艺简单、成本低、功耗小,可以在较高回路电压下使用,缺点是测量回路与加热回路间没有隔离,互相影响引入附加电阻,易受环境气流的影响。旁热式气敏传感器结构克服了直热式结构的缺点,与直热式相比,有更好的稳定性和可靠性。

烧结型器件的一致性较差,机械强度也不高,但它价格便宜,工作寿命较长,仍得到广泛应用,主要用于检测甲烷、丙烷、一氧化碳、氢气、酒精、硫化氢等。

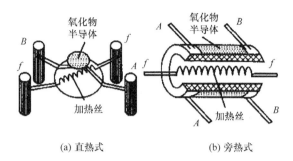

(a) 直热式　　　　　　　　　(b) 旁热式

A、B—测量电极；f—加热电极

图 9.21　烧结型元器件的结构

（2）薄膜型

如图 9.22 所示为薄膜型气敏元器件,是采用蒸发或溅射方法在石英基片上形成一薄层氧化物半导体薄膜,再引出电极。实验测定,证明 SnO_2 和 ZnO 薄膜的气敏特性最好。这种器件的灵敏度高、响应迅速、机械强度高、互换性好、成本低,但这种薄膜为物理性附着系统,器件之间的性能差异较大。

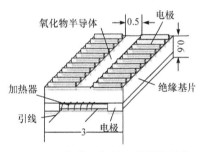

图 9.22　薄膜型气敏元器件的结构

（3）厚膜型

为解决器件一致性问题,出现厚膜器件,如图 9.23 所示。它是用 SnO_2 和 ZnO 等材料与 3%～15%（重量）的硅凝胶混合制成能印刷的厚膜胶,把厚膜胶用丝网刷到事先安装有铂电极的 Al_2O_3 基片上,以 400～800℃烧结 1～2 小时制成。用厚膜工艺制成的器件一致性较好,机械强度高,适于批量生产。

3. 特性参数

① 固有电阻。常温下电阻式气敏元件在洁净空气中的电阻值,固有电阻值一般在几十到几百 kΩ 范围内。

② 电阻灵敏度。气敏元件的固有电阻与在规定气体浓度下气敏元件的电阻之比为电阻灵敏度。

③ 电压灵敏度。气敏元件在固有电阻值时的输出电压与在规定浓度下负载

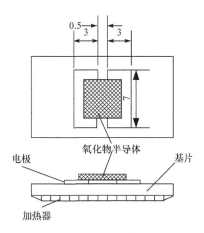

图 9.23　厚膜型气敏元器件的结构

电阻两端电压之比为电压灵敏度。

④ 分辨率。分辨率表示气敏传感器对被测气体的识别,以及对干扰气体的抑制能力,可表示为

$$S=\frac{U_g-U_a}{U_{gi}-U_a} \tag{9.13}$$

其中,U_a 为气敏元件在洁净空气中工作时,负载电阻上的输出电压;U_g 为气敏元件在规定浓度被测气体中工作时,负载电阻上的电压;U_{gi} 为规定浓度下,气敏元件在第 i 种气体(被测气体中的第 i 种干扰气体)中工作时,负载电阻上的电压。

⑤ 时间常数。从气敏元件与某一浓度的气体接触开始,至元件的阻值达到此浓度下稳定阻值的 63.2% 所需要的时间。

⑥ 恢复时间。由气敏元件脱离某一浓度的气体开始,到气敏元件的阻值恢复到固有电阻的 36.8% 需要的时间。

4. 基本测量电路

电阻式气敏传感器的测量电路如图 9.24 所示。测量电路包括气敏元件的加热回路和测试回路两部分,有 6 个引脚 A、A'、B、B'、F、F',其中 A、A' 端和 B、B' 端两只引脚内部分别连接在一起。A、B 端为传感器测量电极回路,F 和 F' 引脚为加热回路,加热电极电压 $U_H=5V$,直流电源提供检测回路工作电压 U。半导体气敏元件是电阻性元件,若 A、B 之间的等效电阻为 R_s,则

$$U_0=\frac{R_L}{R_s+R_L}U \tag{9.14}$$

由式(9.14)可见,输出电压与气敏元件电阻具有对应关系,只要测量出电阻 R_L 上的压降,即可测得气体浓度的变化。

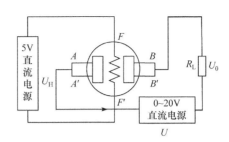

图 9.24　电阻式气敏传感器的测量电路

9.3.2　非电阻式半导体气敏传感器

非电阻式半导体气体传感器与被测气体接触后,二极管的伏安特性、MOS 二极管的电容-电压特性或场效应管的阈值电压将会发生变化,可以根据这些变化测定气体的成分或浓度。非电阻式半导体气敏传感器主要用于氢气浓度测量。

1. 二极管气敏传感器

金属和半导体接触的界面形成肖特基势垒,构成金属半导体二极管。管子加正偏压,金属半导体的电子流增加,加负偏压几乎无电流,当金属与半导体界面处吸附某种气体时,气体将影响半导体的禁带宽度或者金属的功函数,使二极管整流特性发生变化,即电流变化,根据电流的变化来判断气体的浓度。

2. MOS 二极管气敏传感器

MOS 二极管气敏器件,其制作过程是在 P 型半导体硅片上,利用热氧化工艺生成一层厚度为 $50\sim100\text{nm}$ 的二氧化硅层,然后在其上面蒸发一层钯(Pd)的金属薄膜,作为栅电极,如图 9.25(a)所示。SiO_2 层电容固定不变,而 SiO_2 与 P-Si 界面电容 C 是外加电压的功函数,其电容-电压特性曲线如图 9.25(b)所示,当 MOS 二极管与氢气接触后,由于金属钯对氢气特别敏感,当钯电极有氢气吸附时,导致钯电极的功函数下降,使 MOS 二极管的电容-电压特性曲线向左平移(虚线),利用这一特性来测量氢气的浓度。

此类器件的制造工艺成熟,便于器件集成化,因此其性能稳定且价格便宜,利用特定材料还可以使器件对某些气体特别敏感。

3. Pd-MOSFET 气敏传感器

钯-MOS 场效应晶体管(Pd-MOSFET)与普通二极管相似,不同的是在栅极蒸镀了一层钯金属,结构如图 9.26 所示。

MOS 场效应晶体管的工作原理如图 9.27(a)所示。当栅极(G)、源极(S)之间

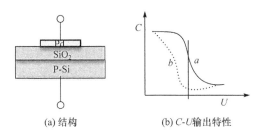

(a) 结构　　　　　　　(b) *C-U*输出特性

图 9.25　MOS 二极管的电容-电压特性曲线

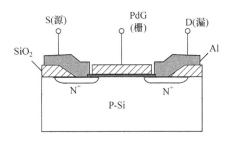

图 9.26　Pd-MOSFET 管结构

加正向偏压 U_{GS},且 U_{GS} 大于阈值电压 U_T 时,栅极氧化层下面的硅从 P 型变为 N型,这个 N 型区就将源极和漏极连接起来形成导电通道,即为 N 型沟道,MOS-FET 进入工作状态,若此时在源极(S)、漏极(D)之间加电压 U_{DS},则源极和漏极之间有电流 I_{DS} 流过,I_{DS} 随 U_{DS} 和 U_{GS} 而变化。没有气体吸附时,MOSFET 的伏安特性如图 9.27(b)中曲线 a 所示。当有氢气吸附时,氢气扩散到钯-硅介质边界时形成电偶层,使 MOS 场效应晶体管的阈值电压 U_T 下降,此时伏安特性曲线左移如图 9.27(b)中曲线 b 所示。Pd-MOSFET 气敏传感器就是利用氢气在钯栅电极吸附气体后功函数降低使阈值电压 U_T 下降,在 U_{GS} 不变时,漏源电流改变实现氢气浓度检测。

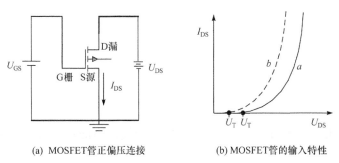

(a) MOSFET管正偏压连接　　　　(b) MOSFET管的输入特性

图 9.27　Pd-MOSFET 管测量气体原理

9.4　湿敏传感器

　　湿敏传感器又叫湿度传感器,是一种能感受被测环境湿度,并通过湿敏材料的物理或化学性质变化将湿度大小转换成电信号的装置。湿度传感器已广泛用于军事、气象、工业、农业、医疗、建筑,以及家用电器等场合的湿度检测、控制与报警。

　　湿度信息必须靠水对湿敏器件直接接触来完成,只能直接暴露在待测环境中不能密封,因此要求湿敏器件在各种场合稳定性好、响应时间短、寿命长、有互换性、耐污染、受温度影响小等。

9.4.1　湿度的基本概念

　　湿度是指大气中的水蒸气含量。在物理学和气象学中,对大气(空气)湿度的表征通常使用绝对湿度、相对湿度和露(霜)点湿度。

　　1. 绝对湿度

　　在一定温度和压力条件下,单位体积的混合气体中所含水蒸气的质量为绝对湿度,表示为

$$P_V = \frac{m_V}{V} \tag{9.15}$$

其中,m_V 为待测混合气体中所含水蒸气的质量,单位为 g;V 为待测混合气体的总体积,单位为 m^3。

　　2. 相对湿度

　　相对湿度(relative humidity,RH)是指气体的绝对湿度与同一温度下达到饱和状态的绝对湿度 P_S 的百分比,表示为

$$H = \frac{P_V}{P_S} \times 100\% \tag{9.16}$$

　　3. 露点湿度

　　露点湿度是指保持压力一定而降温,使混合气体中的水蒸气达到饱和而开始结露或结霜时的温度,单位为℃。

9.4.2　湿敏传感器的基本构成及特性

1. 构成

湿敏传感器主要由湿敏元件和转换电路组成。除此之外,还包括一些辅助元件,如辅助电源、温度补偿、输出显示设备等。

2. 特性参数

① 湿度量程。是指湿敏传感器能够较精确测量的环境湿度的最大范围。

② 感湿特征量(相对湿度特性曲线)。湿敏传感器的输出变量称为感湿特征量,如电阻、电容等。湿敏传感器的感湿特征量随环境湿度而变化产生的曲线,称为传感器的感湿特征量——环境湿度特性曲线,简称为感湿特性曲线。

③ 感湿灵敏度。湿敏传感器的感湿特性曲线的斜率。

④ 湿度温度系数。在器件感湿特征量恒定的条件下,环境相对湿度随环境温度的变化率。

⑤ 响应时间。当环境湿度发生变化时,传感器完成吸湿和脱湿动态平衡过程所需时间的特性参数,即感湿特征量由起始值变化到终止值的 0.623% 所需的时间。

9.4.3　湿敏传感器的分类

根据敏感元件的不同,湿敏传感器分类如表 9.2 所示。

表 9.2　湿敏传感器分类

电阻式	电解质式
	陶瓷式
	高分子式
电容式	陶瓷式
	高分子式
其他	光纤湿敏传感器
	界限电流式湿敏传感器
	二极管式、微波式、热导式等

1. 电阻式湿敏传感器

电阻式湿敏传感器是利用器件电阻值随湿度变化的基本原理来进行工作的,其感湿特征量为电阻值。根据使用感湿材料的不同,电阻式湿敏传感器又可分为电解质式、陶瓷式、高分子式。

(1)电解质式湿敏电阻

电解质是以离子形式导电的物质,分为固体电解质和液体电解质。若物质溶于水,在极性水分子作用下,能全部或部分的离解为自由移动的正、负离子,称为液体电解质。电解质溶液的电导率与溶液的浓度有关,而溶液的浓度在一定温度下,又是环境相对湿度的函数。

氯化锂湿敏电阻是利用吸湿性盐类潮解,离子电导率发生变化制成的测湿元件,由引线、基片、感湿层和电极组成,如图9.28(a)所示。将氯化锂溶液置于一定湿度场合中,若环境相对湿度高,溶液吸收水分使浓度降低,电阻增大;反之,环境相对湿度变低时,溶液浓度升高,电阻减小;通过测量溶液的电阻值实现对环境湿度的测量。如图9.28(b)所示为氯化锂湿敏电阻相对湿度特性曲线。

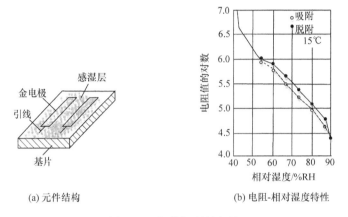

(a) 元件结构　　　　　　(b) 电阻-相对湿度特性

图 9.28　氯化锂湿敏电阻

(2)半导体陶瓷湿敏电阻

陶瓷式湿敏电阻是最常用的电阻式湿感传感器,多是用两种以上的金属氧化物半导体材料混合烧结而成为多孔陶瓷。典型的半导体陶瓷湿敏传感器结构如图9.29所示。

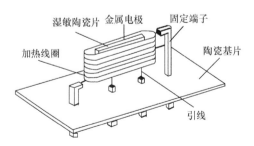

图 9.29　半导体陶瓷湿敏传感器结构

半导体陶瓷湿敏传感器有正特性和负特性两种。材料 $ZnO\text{-}LiO_2\text{-}V_2O_5$ 系、$Si\text{-}Na_2O\text{-}V_2O_5$ 系、$TiO_2\text{-}MgO\text{-}Cr_2O_3$ 系的电阻率随湿度增加而下降,称为负特性湿敏半导体陶瓷,输出特性如图 9.30 所示。材料 Fe_3O_4 的电阻率随湿度增加而增大,称为正特性湿敏半导体陶瓷,输出特性如图 9.31 所示。

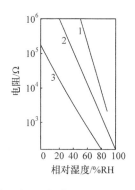

1—$ZnO\text{-}LiO_2\text{-}V_2O_5$ 系;2—$Si\text{-}Na_2O\text{-}V_2O_5$ 系;
3—$TiO_2\text{-}MgO\text{-}Cr_2O_3$ 系

图 9.30 半导体陶瓷负湿敏特性

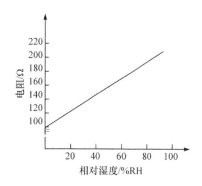

图 9.31 半导体陶瓷正湿敏特性

2. 电容式湿敏传感器

湿敏电容传感器的结构如图 9.32 所示,一般用高分子薄膜电容制成的。常用的高分子材料有聚苯乙烯、聚酰亚胺、酪酸醋酸纤维等。当环境湿度发生改变时,湿敏电容的介电常数发生变化,使其电容量也发生变化,其电容变化量与相对湿度成正比。

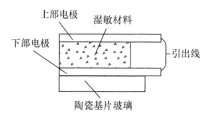

图 9.32 电容湿敏传感器结构示意图

电容式湿敏传感器的优点在于响应速度快、体积小、线性度好、较稳定,有些产品还具备高温工作性能。无论高档次或低档次的电容式湿敏元件,长期稳定性都不理想,多数长期使用漂移严重,大多数电容式湿敏元件不具备 40℃ 以上温度工作的性能。

9.5　生物传感器

生物传感器是近几十年发展起来的一种新的传感器技术,随着生物医学工程的迅猛发展,生物传感器已经广泛应用于食品、制药、化工、临床检验、环境监测等方面。

生物传感器是由固定化的生物材料(包括酶、抗体、抗原、微生物、细胞、组织、核酸等生物活性物质)作为敏感元件,与适当的转换元件(如氧电极、光敏管、场效应管、压电晶体等)结合所构成的一类传感器。

9.5.1　生物传感器的原理

生物传感器的基本工作原理如图 9.33 所示,主要由生物敏感膜和信号转换元件两部分构成。待测物质经扩散作用进入固定的生物敏感膜层,经分子识别而发生生物学反应,产生的信息如光、热、声等被相应的信号转换元件变为可定量和处理的电信号,从而换算出被测物质的量或浓度。

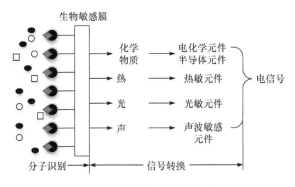

图 9.33　生物传感器工作原理

生物敏感膜又称分子识别元件,是生物传感器的关键元件,直接决定传感器的功能与性能。根据生物敏感膜选材的不同,可以制成酶膜、全细胞膜、组织膜、免疫膜、细胞器膜等。各种膜的生物物质如表 9.3 所示。

表 9.3　生物传感器的生物敏感膜

生物敏感膜(分子识别元件)	生物活性材料
酶膜	各种酶类
全细胞膜	细菌、真菌、动植物细胞
组织膜	动植物组织切片

续表

生物敏感膜(分子识别元件)	生物活性材料
免疫膜	抗体、抗原、酶标抗原等
细胞器膜	线粒体、叶绿体
具有生物亲和力的物质膜	配体、受体
核酸膜	寡聚核苷酸
模拟酶膜	高分子聚合物

生物分子识别元件与信号转换元件的不同组合,可以构建出适用于不同用途的生物传感器类型。

9.5.2　生物传感器的分类

1. 根据信号转换元件的工作原理分类

按照信号转换元件检测的原理,生物传感器可分为热敏生物传感器、场效应管生物传感器、压电生物传感器、光学生物传感器、声波生物传感器、酶电极生物传感器、介体生物传感器等。

2. 根据生物敏感物质相互作用的类型分类

按照生物敏感物质相互作用的类型分类,可分为亲和型和代谢型两种。

生物亲和型传感器是被测物质与分子识别元件上的敏感物质具有生物亲和作用,即二者能特异地结合,同时引起敏感材料的分子结构和固定介质发生变化,如电荷、温度、光学性质等的变化。

代谢型传感器是底物(被测物)与分子识别元件上的敏感物质相作用并生成产物,信号转换元件将底物的消耗或产物的增加转变为输出信号。

3. 根据生物敏感膜的材料分类

按照生物分子识别元件敏感物质,生物传感器可以分为微生物传感器、免疫传感器、组织传感器、细胞器传感器、酶传感器、DNA 传感器等。

9.5.3　酶传感器

酶传感器是最早研发出来的生物传感器,20 世纪 80 年代就有了一次性酶传感器,开启了无试剂分析的序幕,酶传感器是利用被测物质与各种生物活性酶在化学反应中产生或消耗的物质的量,通过电化学装置转换成电信号,从而选择性地测出某种成分的器件。酶传感器具有操作简单、体积小,便于携带和现场测试等优点,目前产品化酶传感器已有 200 余种,广泛应用于检测血糖、血脂、氨基酸、青霉素、尿素等物质的含量。

1. 酶传感器的结构和原理

酶生物传感器的基本结构由物质识别元件(固定化酶膜)和信号转换器(基本电极)组成。

酶传感器的原理是,当酶电极浸入被测溶液,待测底物进入酶层的内部并参与反应,大部分酶促反应都会产生或消耗一种可被电极测定的物质,当反应达到稳态时,电活性物质的浓度可以通过电位或电流模式进行测定。电位型传感器是指酶电极与参比电极间输出的电位信号,与被测物质之间服从能斯特关系(电极电位与离子浓度之间的定量关系)。电流型是以酶促反应引起的物质的量的变化转化成电流信号输出,输出电流大小直接与底物浓度有关。

酶传感器可测定的项目及酶的固定方法如表 9.4 所示。

表 9.4　典型的酶传感器一览表

测定项目	酶	固定化方法	使用电极	稳定性/天	测定范围/(mg/ml)
葡萄糖	葡萄糖氧化酶	共价	氧电极	100	$10\sim5\times10^2$
胆固醇	胆固醇酯酶	共价	铂电极	30	$10\sim5\times10^3$
青霉素	青霉素酶	包埋	pH 电极	$7\sim14$	$10\sim1\times10^3$
尿素	尿素氧化酶	交联	氨离子电极	60	$10\sim1\times10^3$
磷脂	磷脂酶	共价	铂电极	30	$10^2\sim5\times10^3$
乙醇	乙醇氧化酶	交联	氧电极	120	$10\sim5\times10^3$
尿酸	尿酸酶	交联	氧电极	120	$10\sim1\times10^3$
L-谷氨酸	谷氨酸脱氨酶	吸附	氨离子电极	2	$10\sim1\times10^4$
L-谷酰胺	谷酰胺酶	吸附	氨离子电极	2	$10\sim1\times10^4$
L-酪氨酸	L-酪氨酸脱羧酶	吸附	二氧化碳电极	20	$10\sim1\times10^4$

2. 酶的特性

酶是由生物体内产生的具有催化活性的一类蛋白质。此类蛋白质表现出特异的催化功能,因此酶也称为生物催化剂,目前已鉴定出来的酶有两千余种。

酶与一般意义上的催化剂有相同之处,即相对浓度较低时,仅影响化学反应的速度,而不改变反应的平衡点。酶与一般催化剂的不同之处有以下几点。

① 酶的催化效率比一般催化剂要高 $10^6\sim10^{13}$ 倍。

② 酶的催化反应条件较为温和,在常温、常压条件下即可进行。

③ 酶的催化具有高度的专一性,即一种酶只能作用于一种或一类物质,产生一定的产物,而一般催化剂对作用物没有如此严格的选择性。

④ 酶的催化过程是一种化学放大过程,即物质通过酶的催化作用,能产生大量产物。

9.5.4　免疫传感器

免疫传感器是将免疫测定法与传感技术结合构造的一类新型传感器,应用于痕量免疫原性物质的分析研究,因其具有分析灵敏度高、特异性强、使用简便,以及成本低等优点,目前已应用到临床医学与生物检测技术、食品工业、环境监测等领域。

1. 免疫传感器的原理

免疫传感器是利用动物体内抗原和抗体能发生特异性吸附反应的性质,将抗原(或抗体)固定在传感器基体上,通过转换元件使吸附发生时产生物理、化学、电学、光学上的变化,转变成可检测的信号来测定待测物质的量和浓度。

2. 免疫传感器的分类

免疫传感器一般可分为标记型免疫传感器和非标记型免疫传感器。

（1）非标记型免疫传感器

非标记型免疫传感器也称直接免疫传感器。将抗体或抗原固定在大分子结构的膜上或金属电极上,被固定的抗体或抗原与不同浓度的电解质溶液接触时,膜电位取决于膜的电荷密度、电解质浓度、浓度比和膜上离子的输送率等因素,在抗原或抗体膜表面发生抗原抗体结合反应时,膜电位将产生明显的变化。

非标记型免疫传感器的优点是不需要额外试剂,仪器要求简单、操作容易、响应快,缺点是其灵敏度较低,样品需求量较大,非特异性吸附容易造成假阳性结果。

（2）标记型免疫传感器

标记型免疫传感器是在检测前对被分析物进行标记,通过检测标记物的量变监控免疫分析反应。

标记型免疫传感器通常使用酶对被分析物进行标记。这类传感器将免疫的专一性和酶的灵敏性融为一体,可对低浓度底物进行检测,常用的标记酶有辣根过氧化物酶、葡萄糖氧化酶、碱性磷酸酶和脲酶。

如图 9.34 所示为标记型免疫传感器工作原理。将酶免疫传感器放在 H_2O_2 溶液中浸渍,抗原膜表面结合的标识酶催化 H_2O_2,分解成水和氧气,氧气经扩散到达测量氧电极,得到与生成氧气量相对应的电流,从电流量可以求出在膜上结合的标识酶的量。

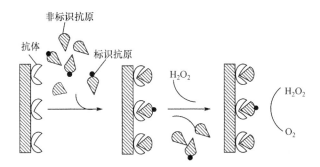

图 9.34　酶标记型免疫传感器工作原理

9.5.5　微生物传感器

酶作为生物传感器的敏感材料,虽然已有广泛的应用,但因酶的性能不够稳定且价格相对较高,使其应用受到限制。微生物传感器不需要昂贵的纯化过程,微生物在其数量、大小、繁殖、遗传改造等方面都有独特的优势,因此可以满足监测中快速简单、原位、低成本的要求,现今已广泛应用于地表水、生活污水,以及工业废水的检测。

1. 微生物传感器的结构原理

微生物传感器也称微生物电极,是使用微生物活细胞或细胞碎片作为敏感元件与电化学转换器来制备的生物传感器。微生物传感器的工作原理是微生物在利用物质进行呼吸或代谢的过程中,将会消耗溶液中溶解氧或者产生电活性物质,借助气体敏感膜电极(如氧电极、二氧化碳电极、氨电极等)或离子选择电极(如 pH 玻璃电极),以及微生物燃料电池检测溶解氧和电活性物质的变化量,在微生物数量及活性保持不变的情况下,其所消耗的物质的量或产生的电活性物质的量反映被测物质的含量。

微生物电极属于酶电极的衍生电极,除了生物活性物质不同,两者之间有相似的结构和工作原理,主要由两部分组成:第一部分是微生物膜,此膜是由微生物与基质以一定的方式固化形成;第二部分是信号转换元件(如氧电极、气敏电极或离子选择电极等)。

2. 微生物传感器的分类

微生物传感器根据对氧气的反应情况分为呼吸机能型微生物传感器和代谢机能型微生物传感器。

（1）呼吸机能型微生物传感器

呼吸机能型微生物传感器由好氧型微生物固定化膜和氧电极（或二氧化碳电极）组合而成，测定时以微生物的呼吸活性为基础。

微生物传感器插入溶解氧保持饱和状态的试液中时，试液中的有机化合物受微生物的同化作用，微生物的呼吸加强，在电极上扩散的氧减少，电流值急剧下降。一旦有机物由测试液向微生物膜的扩散活动趋向恒定时，微生物的耗氧量也达到恒定。于是溶液中氧的扩散速度与微生物的耗氧速度之间达到平衡，向电极扩散的氧量趋向恒定，得到一个恒定的电流值，此恒定的电流值与测试液中的有机化合物浓度之间存在相关关系。

（2）代谢机能型微生物传感器

代谢机能型微生物传感器是以微生物的代谢活性为基础，微生物摄取有机化合物后，当生成的各种代谢产物中，含有电极活性物质时，用电流计可测得氢、甲酸和各种还原性辅酶等代谢物，而用电位计可测得二氧化碳、有机酸等代谢物，由此可以得到有机化合物的浓度信息。

微生物传感器可测定的物质如表 9.5 所示。

表 9.5　典型的微生物传感器一览表

测定项目	微生物名称	测定电极	检测范围	响应时间/min	稳定性/d
葡萄糖	荧光假单胞菌	O_2	3～20mg/L	10	14
乙醇	芸苔丝孢酵母	O_2	3～20mg/L	15	10
亚硝酸盐	硝化杆菌	O_2	0.01～0.6mmol/L	10	21
甲烷	鞭毛甲基单胞菌	O_2	0.01～36.6 mmol/L	1～2	20
谷氨酸	大肠杆菌	CO_2	60～80 mg/L	7	20
硝酸盐	棕色固氮菌	氨气敏	0.01～0.8mmol/L	7～8	14
维生素 B_1	发酵乳酸菌	燃料电池	$10^{-3}～10^{-2}$ mg/L	360	60
甲酸	丁酸梭菌	燃料电池	14～1320mg/L	20	20
NO_2	硝化细菌	O_2	0.5～255mg/L	3	24
氨	硝化细菌	O_2	5～45mg/L	5	20

9.5.6　生物传感器的特点与应用

与传统的分析检测手段相比，生物传感器具有以下特点。

① 根据生物反应的特异性和多样性，理论上可以制成测量所有生物物质的传感器，因此测量范围广泛。

② 一般不需进行样品的预处理，利用本身具备的优异选择性把样品中被测组分的分离和检测统一为一体，测定时一般不需另加其他试剂，使测定过程简便迅

速,容易实现自动分析。

③ 体积小、响应快、样品用量少,可以实现连续在线检测。

④ 通常其敏感材料是固定化生物元件,可反复多次使用。

⑤ 准确度高,一般相对误差可达到1%以内。

⑥ 可进行活体分析。

⑦ 传感器连同测定仪的成本远低于大型的分析仪,因此便于推广普及。

⑧ 某些微生物传感器能可靠地指示微生物培养系统内的供氧状况和副产物的产生,能得到许多复杂的物理化学传感器综合作用才能获得的信息。

随着生物技术与微电子技术的不断发展,生物传感器已进入全面应用时期,各种微型化、集成化、智能化的生物传感器与系统越来越多,生物传感器主要应用于医学领域、食品工业、发酵工业、环境监测等,如表9.6所示。

表 9.6　生物传感器的主要应用

医学领域	尿液分析;各种细菌、病毒及毒素的监测;遗传性差异检验;血液筛检与分析
食品工业	食品中营养成分与有害成分检测;食品的新鲜度检测;水果的成熟度检测
发酵工业	原材料及代谢产物测定;细胞总数测定
环境监测	水污染监测;农药残留物监测;空气污染监测;病源微生物监测;低浓度毒物监测
军事	监测一些引发人员和动物患病的细菌、生物毒素

9.6　机器人传感器

机器人是由计算机控制的能模拟人的感觉、手工操纵,具有自动行走能力而又足以完成有效工作的装置。机器人是一门综合性技术,融合机械、电子、计算机、人工智能、微电子、传感器、新材料、仿生技术等多种学科的知识。

机器人传感技术是20世纪70年代发展起来的一项技术,是一类专门用于机器人技术的新型传感器,与普通传感器的工作原理基本相同,但又有其特殊性,对传感信息种类和智能化处理的要求更高。

9.6.1　机器人传感器的分类

根据传感器的检测对象不同,机器人传感器分为内部传感器和外部传感器,如图9.35所示。

9.6.2　外部传感器

外部传感器用于机器人对于周围环境、目标物的状态、特征获取信息,检测外界使机器人和环境能发生交互作用,从而使机器人对环境具备自校正和自适应能

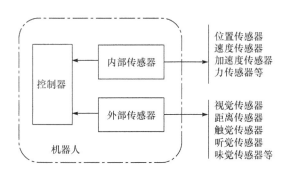

图 9.35　机器人传感器分类

力。外部传感器主要有视觉、距离、触觉、听觉、嗅觉和味觉等传感器。

1. 视觉传感器

机器视觉是使机器人具有感知功能的系统,通过视觉传感器获取图像进行分析,使机器人能够代替人眼辨识物体、测量和判断,实现定位等功能。视觉传感器探测范围广、获取信息丰富,实际应用中常使用多个视觉传感器或者与其他传感器配合使用,通过一定的算法可以得到物体的形状、距离、速度等诸多信息。常用的视觉传感器有摄像机、CCD 图像传感器、超声波传感器等。

2. 距离传感器

距离传感器可用于机器人导航和回避障碍物,同样可用于机器人对空间内的物体进行定位及确定其一般形状特征。目前最常用的测距法有超声波测距法和激光测距法两种。超声波传感器用于测距可参考 9.2 节。

激光传感器通常有三种检测方式来获得距离。

① 使用脉冲激光,按一定间隔发射激光,然后计算返回时间。这种方法和超声波一样,但是激光速度太快,因此对检测元件要求太高,一般不用这种方式。

② 使用不同频率的激光,按照一定顺序,发射不同频率的激光,通过检测返回光束的频率来得到距离。

③ 相位差法,多数激光传感器用的是这种方法。通过检测发射激光和反射激光的相位差得到距离。

3. 触觉传感器

触觉是智能机器人实现与外界环境直接作用的必需媒介,是仅次于视觉的一种重要感知形式。作为视觉的补充,触觉能感知目标物体的表面性能和物理特性,如柔软性、硬度、弹性、粗糙度和冷热程度等。触觉传感器能保证机器人可靠地抓住各种物体,也能使机器人获取环境信息、识别物体形状和表面的纹路,确定物体空间位置和姿态参数等。

触觉传感器又分为接触觉传感器、接近觉传感器、滑觉传感器和力觉传感器等。

（1）接触觉传感器

接触觉传感器可检测机器人是否接触目标或环境,用于寻找物体或感知碰撞。机器人中有开关式接触觉传感器、电容式阵列接触觉传感器、压阻式阵列接触觉传感器(常用的敏感材料有碳毡、导电橡胶)、光电式接触觉传感器、人工皮肤接触觉传感器(人工皮肤利用具有压电和热释电性的高分子材料研制而成)等。最经济实用的是各种微动开关,开关式的动作原理与控制按钮相似,如图 9.36 是开关式接触觉传感器示意图,物体与传感器接触,导致橡胶层的罩塌陷,使金属薄片与电极接触实现电路的切换,从而达到控制行程位置的目的。

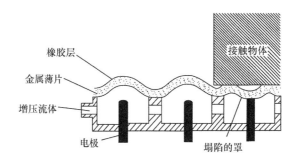

图 9.36　开关式接触觉传感器的示意图

光纤传感器作为一种接触觉传感器,由一束光纤构成的光缆和一个可变形的反射表面。光通过光纤束投射到可变形的反射材料上,反射光按相反方向通过光纤返回。如果反射表面没有受力且表面平整,则通过每条光纤返回的光的强度是相同的。如果反射表面因与物体接触受力而变形,则反射的光强度不同。用高速光扫描技术进行处理,即可得到反射表面的受力情况。

（2）接近觉传感器

接近觉是一种粗略的距离感觉,接近觉传感器的主要作用是在接触对象之前获得必要的信息,用来探测在一定距离范围内是否有物体接近、物体的接近距离和对象的表面形状及倾斜等状态,一般用"1"和"0"两种态表示。在机器人中,主要用于对物体的抓取和躲避。接近觉一般用非接触式测量元件,如霍尔效应传感器、电磁式接近开关和光学接近传感器。

（3）滑觉传感器

机器人在抓取不知属性的物体时,其自身应能确定最佳握紧力的给定值。当握紧力不够时,要检测被握紧物体的滑动,利用该检测信号,在不损害物体的前提下,考虑最可靠的夹持方法,实现此功能的传感器称为滑觉传感器。

如图 9.37 所示是贝尔格莱德大学研制的机器人专用滑觉传感器,由一个金属球和触针组成,金属球表面分成许多个相间排列的导电和绝缘小格。触针头很细,每次只能触及一格,当工件滑动时,金属球也随之转动,在触针上输出脉冲信号,脉冲信号的频率反映了滑移速度,个数对应滑移的距离。

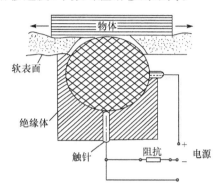

图 9.37　一种机器人滑觉传感器示意图

如图 9.38 所示是根据振动原理制成的滑觉传感器,钢球指针与被抓物体接触,若工件滑动,则指针振动,线圈输出信号。

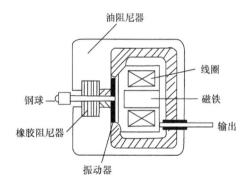

图 9.38　振动式滑觉传感器

（4）力觉传感器

力觉是指对机器人的指、肢和关节等在运动中受力的感知,用于感知夹持物体的状态;校正由于手臂变形引起的运动误差;保护机器人零件不受损坏,包括腕力觉、关节力觉和支座力觉等。力觉传感器主要使用半导体应变片。

在选用力觉传感器时,首先要注意额定值,其次是在机器人通常的力控制中,力的精度意义不大,重要的是分辨率。

4. 声觉传感器

理想的机器人能用自然语言和人对话,它不仅有语音识别功能(即能听懂人讲的话),而且能讲人听懂的话(即有语言合成功能)。

机器人听觉传感器的功能相当于机器人的"耳朵",要具有接收信号的功能,然后是语音识别系统。接收声音信号的传感器多数是用压电效应和磁电效应的传感器。

语音识别实质上是用模式识别技术来识别未知的输入声音,通常分为特定话者和非特定话者两种方式。

特定语音识别是预先把特定说话者发音的单词或音节的各种特征参数记录在存储器中,要识别的输入声音属于哪一类,决定于待识别声音的特征参数与存储器中预先输入的声音特征参数之间的差,单片大规模集成的声音识别传感器已有效地用于机器人的操作或示教中。

非特定话者为自然语音识别,非特定话者的语音识别方法需要对一组有代表性人的语音进行训练,找出同一词音的共性。这种训练往往是开放式的,能对系统进行不断地修正。在系统工作时,将接收到的声音信号,用同样的办法,求出它们的特征矩阵,再与标准模板相比较,看与哪个模板相同或相近,从而识别该信号的含义。

5. 味觉传感器

人类味觉产生的过程是当口腔含有食物时,舌头表面的活性酶有选择地跟某些物质起反应,引起电位差改变,刺激神经组织而产生味觉。

人工味觉传感器主要由传感器阵列和模式识别系统组成,传感器阵列对液体试样做出响应并输出信号,信号经计算机系统进行数据处理和模式识别后,可以得到反映样品味觉特征的结果。目前运用广泛的生物模拟味觉和味觉传感系统是根据对接触味觉物质溶液的类脂/高聚物膜产生的电势差的原理制成的多通道味觉传感器。

目前机器人味觉功能的研究尚不成熟,但是国内外的研究机构都在努力的进行这方面实验的研究,味觉传感器技术在家居机器人中的发展空间很大。

6. 传感器融合

机器人系统中使用的传感器种类和数量越来越多,每种传感器都有一定的使用条件和感知范围,并且只能给出环境或对象的部分或整个侧面的信息,为了有效地利用这些传感器信息,需要对传感器信息进行融合处理。

9.6.3　内部传感器

在机器人功能术语中,内部测量功能定义为测量机器人自身状态的功能。内部传感器以机器人本身的坐标轴来确定其位置,用来感知运动学参数。通过内部传感器,机器人可以了解自己的工作状态,调整和控制自己,按照一定的位置、速度、加速度、压力和轨迹等进行工作,对各种传感器要求精度高、响应速度快、测量范围宽。内部传感器主要有位置传感器、速度传感器和加速度传感器等。

1. 位置传感器

位置传感器用来测量机器人自身位置的传感器。位置传感器可分为直线位移传感器和角位移传感器。

(1) 规定位置、规定角度的检测

检测预先规定的位置或角度,可以用 ON/OFF 两个状态值,这种方法用于检测机器人的起始原点、越限位置或确定位置。通常采用微型开关或光电开关。对于微型开关,当规定的位移或力作用到微型开关的可动部分时,开关的电气触点断开或接通;光电开关由 LED 光源和光敏二极管或光敏晶体管等光敏元件组成,相隔一定距离构成的透光式开关,当光由基准位置的遮光片通过光源和光敏元件的缝隙时,光射不到光敏元件上,从而起到开关的作用。

(2) 位置、角度测量

测量机器人关节线位移和角位移的传感器是机器人位置反馈控制中必不可少的元件。这些传感器有电位器式、旋转变压器式、编码器式等,对于电位器式传感器测量位置和角度的原理可参考第 2 章。

旋转变压器式传感器如图 9.39(a)所示,旋转变压器式传感器是由铁芯、两个定子线圈和一个转子线圈组成,初级线圈与旋转轴相连并通有交变电流,两个次级线圈成 90°放置,随着转子的旋转,当初级线圈与两个次级线圈中的一个平行时,该次级线圈中的感应电压最大,而与初级线圈垂直的次级线圈中的感应电压为零,对于其他角度,两个次级线圈中产生的感应电压与初级线圈夹角的正、余弦成正比,如图 9.39(b)所示。旋转变压器式传感器可靠、稳定且准确。

光电编码器是应用最为广泛的编码式位移传感器。光电编码器如图 9.40 所示,主要由光源、聚光镜、主刻度盘、指示刻度盘、光敏元件和转换电路组成,具有体积小、精度高、工作可靠等优点,一般装在机器人各关节的转轴上,用来测量各关节转轴转过的角度。光电编码器有增量式光电编码器和绝对式光电编码器两种。

① 增量式光电编码器。

增量式光电编码器的特点是每产生一个输出脉冲信号就对应一个增量位移,

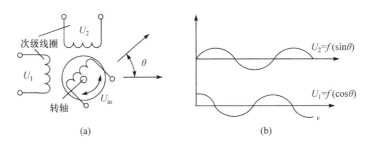

图 9.39　旋转变压器式传感器原理

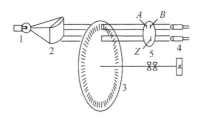

1—光源;2—聚光镜;3—主刻度盘;4—光敏元件;5—指示刻度盘

图 9.40　光电编码器的组成

但是不能通过输出脉冲区别出在哪个位置上的增量。它能够产生与位移增量等值的脉冲信号,是相对于某个基准点的相对位置增量,不能直接检测出轴的绝对位置信息。

　　增量式光电编码器有两个码盘,一个是主刻度盘,另一个是指示刻度盘。

　　如图 9.41(a)所示,主刻度盘可用玻璃材料制成,表面镀一层不透光的金属铬,然后在边缘制成向心的透光狭缝,透光狭缝在码盘圆周上等分,数量从几百条到几千条不等,这样整个码盘圆周上就被等分成 n 个透光的槽。主刻度盘上相邻两个透光缝隙之间代表一个增量周期。

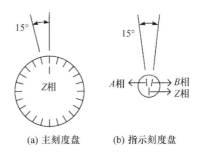

(a) 主刻度盘　　　　(b) 指示刻度盘

图 9.41　增量式光电编码盘示意图

　　如图 9.41(b)所示,指示刻度盘上刻有 A、B 两组与主刻度盘相对应的透光缝隙,用以通过或阻挡光源和光敏元件之间的光线。它们的节距和主刻度盘上的节距相等,并且两组透光缝隙错开 1/4 节距,使得光敏元件输出的信号在相位上相差 $90°$,目的是用于辨向,当正转时 A 信号超前 B 信号 $90°$,当反转时 B 信号超前 A 信号 $90°$,指示刻度盘上的 Z 透光缝隙每转能产生一个脉冲,该脉冲信号称为零标志脉冲,作为测量的起始基准。

增量式光电编码器主刻度盘与转轴连在一起,当主刻度盘随着被测转轴转动时,指示刻度盘不动,光线透过主刻度盘和指示刻度盘上的透过缝隙照射到光电检测器件上,光电检测器件就输出两组相位相差 $90°$ 的近似于正弦波的电信号,电信号经过转换电路的信号处理,给出一系列脉冲,然后根据旋转方向,用计数器对这些脉冲进行加减计数,以此来表示转过的角位移量。增量式光电编码器输出信号波形如图 9.42 所示。

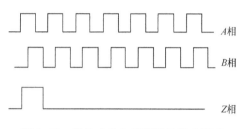

图 9.42　增量式光电编码器的输出波形

增量式光电编码器具有原理构造简单、易于实现;机械平均寿命长,可达到几万小时以上;分辨率高,抗干扰能力较强,信号传输距离较长,可靠性较高等优点。缺点是无法直接读出转动轴的绝对位置信息。

② 绝对式光电编码器。

绝对式光电编码器是把被测转角通过读取码盘上的图案信息直接转换成相应代码的检测元件。它是在透明材料的圆盘上精确地印刷上二进制编码,常用的编码方式有格雷码(循环码)和二进制码位数。

如图 9.43 是四位二进制的绝对式编码盘,白部分是透光的,用"1"来表示;涂黑的部分是不透光的,用"0"来表示。通常将组成编码的圈称为码道,每个码道表示二进制数的一位,其中最外侧的是最低位,最里侧的是最高位。显然,码道越多,分辨率就越高,对于一个具有 N 位二进制分辨率的编码器,其码盘必须有 N 条码道。

工作时,码盘的一侧放置光源,另一侧放置光电接收装置,每个码道都对应一个光电管及放大整形电路。当码盘处于不同位置时,各光敏元件根据受光照与否转换出相应的电平信号,形成二进制数。这种编码器的特点是不要计数器,在转轴的任意位置都可读出一个固定的与位置相对应的数字码。

二进制码:线道的设计遵循二进制码标准,从一个数过渡到另一个数时,可能

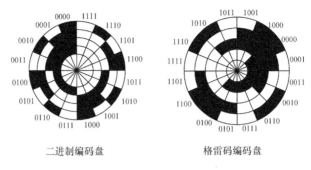

二进制编码盘   格雷码编码盘

图 9.43 绝对式光电编码器

要改变数码中的多位状态,容易产生单值性误差。格雷码:线道的设计采用循环码方式,当从一个数过渡到下一个数时,只改变数码中一位的状态,可有效地避免差错及读数模糊。

2. 速度和加速度传感器

速度传感器用于测量机器人关节的速度,通常用的速度传感器有测速发电机、增量光电编码器。

测速发电机是把机械转速变换成电压信号,输出的电压与输入的转速成正比。测速发电机转子与机器人关节伺服驱动电动机相连,就能测出机器人运动过程中关节转动速度。测速发电机在机器人控制系统中有广泛的应用,目前用得较多的是霍尔无刷直流测速发电机和异步测速发电机。

加速度传感器用于测量工业机器人的动态控制信号。一般有由速度测量进行推演、已知质量物体加速度所产生动力(即应用应变式传感器测量此力)进行推演。

习   题

9.1 简述核辐射式传感器的物理基础。

9.2 简述气敏传感器的工作原理和分类。

9.3 什么是绝对湿度和相对湿度?

9.4 湿敏传感器的主要特性参数有哪些? 分别说明这些特性参数的含义。

9.5 简述生物传感器的工作原理、分类和特点。

9.6 简述机器人传感器的分类,各类机器人传感器的定义和作用。

第 10 章 智能传感器

10.1 智能传感器介绍

传统意义上的传感器输出的多是模拟量信号,本身不具备信号处理和组网功能,需要连接到特定测量仪表才能完成信号的处理和传输功能。智能传感器能在传感器内部实现对原始数据的加工处理,并且可以通过标准的接口与外界实现数据交换,以及根据实际的需要通过软件控制改变传感器的工作,从而实现智能化、网络化。由于使用标准总线接口,智能传感器具有良好的开放性、扩展性,给系统的扩充带来了很大的发展空间。

10.1.1 智能传感器的概念

Intelligent Sensor 是英国人对智能传感器的称谓,Smart Sensor 是美国人对智能传感器的俗称。智能传感器就是将传统的传感器和微处理器及相关电路组成一体化结构,使之具备信息检测、信息处理、信息记忆、逻辑思维与判断功能等类似人的某些智能的新概念传感器。

10.1.2 智能传感器的功能

智能传感器主要功能有以下几点。

1. 自补偿和计算

智能传感器通过软件对传感器非线性、温度漂移、响应时间等进行自动补偿,即使传感器的加工不太精密,只要能保证其重复性好,通过智能传感器的计算功能也能获得较精确的测量结果。

2. 自校正和自诊断

智能传感器通过自诊断软件能对传感器和系统的工作状态进行检测,并可持续显示诊断结果和工作状态,对诊断出故障的原因和位置做出必要的响应,发出故障报警信号,或在计算机屏幕上显示出操作提示。其次,根据使用时间可以自动地对传感器进行在线校正。

3. 双向通信功能

智能传感器利用接口可方便地与外部设备或网络交换信息。微处理器不但接收、处理传感器的数据，还可以将信息反馈至传感器，对测量过程进行调节和控制。

4. 接口功能

智能传感器中由于使用了微处理器，其接口容易实现数字化与标准化，可方便地与一个网络系统或上一级计算机进行信息共享。

5. 显示报警功能

智能传感器通过接口与数码管或其他显示器结合起来，可选点显示或定时循环显示各种测量值和相关参数。测量结果也可以由打印机输出。此外，通过与预设上下限值的比较还可实现超限值的声光报警功能。

6. 复合敏感功能

智能传感器能够同时测量多种物理量和化学量，具有复合敏感功能，能够给出全面反映物质和变化规律的信息。

7. 数据处理功能

微处理器的引入使智能传感器可以更加方便地对多种信号进行实时处理，并完成多传感器、多参数的混合测量，进一步拓宽其探测和应用领域。

8. 信息存储和记忆功能

智能传感器能根据需要对接收到的信息进行存储和记忆。这一类信息包括设备的历史信息，以及有关探测分析结果的索引等。

9. 断电保护功能

智能传感器内装有备用电源，当系统掉电时，能自动把后备电源接入 RAM，保证数据不丢失。

10.1.3 智能传感器的特点

与传统传感器相比，智能传感器具有如下特点。

1. 精度高

智能传感器有多项功能来保证其高精度，如通过自动校零去除零点，与标准参考基准实时对比以自动进行整体系统标定,自动进行整体系统的非线性等系统误差的校正,通过对采集的大量数据进行统计处理来消除偶然误差的影响等,从而保证智能传感器的高精度。

2. 高可靠性与高稳定性

智能传感器能自动补偿因工作条件与环境参数发生变化而引起的系统特性的漂移,如温度补偿;在被测参数变化后能自动改换量程;能实时自动进行系统的自我检验、分析、判断所采集到的数据的合理性,并给出异常情况的应急处理(报警或故障提示)。

3. 高信噪比与高的分辨力

由于智能传感器具有数据存储、记忆与信息处理功能,通过软件进行数字滤波、相关分析等处理,可以去除输入数据中的噪声,将有用信号提取出来。通过数据融合、神经网络技术,可以消除多参数状态下交叉灵敏度的影响,从而保证在多参数状态下对特定参数测量的分辨能力。

4. 强的自适应性

智能传感器具有判断、分析与处理功能,能根据系统工作情况,决策各部分的供电情况与高/上位计算机的数据传送速率,使系统工作在最优低功耗状态和优化传送效率。

5. 低的价格性能比

智能传感器具有的上述高性能,不像传统传感器技术那样通过追求传感器本身的完善和对传感器的各个环节进行精心设计与调试,而是通过与微处理器/微计算机相结合,采用廉价的集成电路工艺和芯片,以及强大的软件实现高的测量精度及性能,因此具有较低的价格性能比。

10.1.4 智能传感器的发展及方向

1. 智能传感器的发展

智能传感器的概念最初是由美国宇航局在研发宇宙飞船的过程中提出,并于1978 年研发出产品。由于宇宙飞船上需要用大量的传感器不断向地面发送温度、位置、速度和姿态等数据信息,用一台大型计算机很难同时处理如此庞杂的数据,于是提出 CPU 分散化,赋予传感器智能处理功能,以分担中央处理器集中处理功能,从而产生智能化传感器。

20 世纪 80 年代初,将信号处理电路(滤波、放大、调零)与传感器设计在一起,输出 0～5V 电压或 4～20mA 电流,这样的传感器即为当时意义上的智能传感器。

80 年代末期到 90 年代中后期,随着单片机技术的发展,将单片微处理器嵌入传感器中实现温度补偿、修正、校准,同时利用 A/D 变换器将原来的模拟信号转换成数字信号,将智能传感器的含义向数字化推进了一步。这种类型的传感器在设计方法上有所转变,不再像以前一样全部由硬件构成,而是通过软件对信号进行处理,相应输出的信号是数字信号。

自现场总线概念提出以后,基于现场总线的测量控制系统得到了广泛应用,对传感器的设计也提出新的要求。从发展的角度看,未来单个传感器独立使用的场合将越来越少,更多的是多传感器系统的综合应用以实现多参数的测量和多对象的控制。为了满足多传感器之间的信息交换,传感器设计时的软件将占主要地位,通过软件将传感器内各个敏感单元或与外部的智能传感器单元联系在一起,软件对象不再是单个对象,而是整个系统。其输出的数字信号是符合某种通信协议格式,从而实现传感器与传感器之间、传感器与执行器之间、传感器与系统之间的数据交换和共享。

2. 智能传感器的方向

(1) 多功能融合

能进行多参数、多功能测量是智能传感器的一个发展方向。多敏感功能将原来分散的、各自独立的单敏感传感器集成为具有多敏感功能的传感器,能同时测量多种物理量和化学量,全面反映被测量的综合信息。

(2) 低功耗

降低功耗不但可以简化传感器的电源设计,降低对散热条件的要求,而且为提高智能传感器的集成度和安装创造有利条件。

(3) 微型化

随着微电子技术、MEMS 的发展,利用硅作为基本材料来制作敏感元件、信号调理电路、微处理单元,并把它们集成在一块芯片上。这种传感器具有微型化、结构一体化、精度高、多功能、阵列式、全数化等特点。

(4) 网络化

智能传感器通常具有数字通信接口,它们之间可以实现数据的实时传输与共享,并且与上级系统进行信息交换。

(5) 虚拟化

软件在智能传感器中占据主要成分。智能传感器的智能化程度与软件的开发水平成正比,基于计算机平台完全通过软件开发的虚拟传感器可缩短产品开发周期、降低成本、提高可靠性,具有广泛的应用。

10.2　智能传感器的组成与实现

10.2.1　智能传感器的组成

　　智能传感器系统主要由传感器、微处理器和相关电路组成,如图 10.1 所示。传感器将被测的物理量、化学量转换成相应的电信号,送到信号调理电路中,经过滤波(集成在程控放大器中)、放大、A/D 转换后送达微处理器。微处理器对接收的信号进行计算、存储、数据分析处理后,一方面通过反馈回路对传感器与信号调理电路进行调节,实现对测量过程的调节和控制;另一方面将处理的结果传送到输出接口,经接口电路处理后,按输出格式、界面定制输出数字化的测量结果。微处理器是智能传感器的核心,由于各种功能软件的使用,可以大大提高传感器的性能。

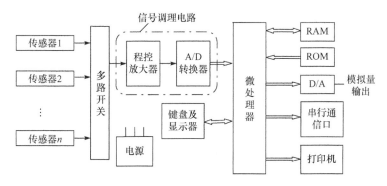

图 10.1　智能传感器系统的基本组成

10.2.2　智能传感器的实现

　　目前,智能传感器的实现是沿着传感技术发展的三条途径进行的。

　　1. 非集成化实现

　　非集成化智能传感器是将仅具有获取信号功能的传感器、信号调理电路、带数字总线接口的微处理器组合为一个整体,构成的智能传感器系统,如图 10.2 所示。

　　这是一种实现智能传感器系统的最快途径与方式。例如,美国罗斯蒙特公司生产的电容式智能压力(差)变送器(把传感器输出信号转变为可被控制器识别的信号的转换器)系列产品,就是在原有传统非集成化电容式变送器基础上附加一块

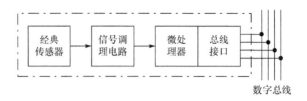

图 10.2 非集成式智能传感器

带数字总线接口的微处理器插板后组装而成的,并开发配备通信、控制、自校正、自补偿、自诊断等智能化软件,从而实现传感器的智能化。

2. 集成化实现

这种智能传感器系统是采用微机械加工技术和大规模集成电路工艺技术,利用半导体硅作为基本材料来制作敏感元件、信号调理电路、微处理器单元,并把它们集成在一块芯片上而构成的。其外形如图 10.3 所示。

图 10.3 集成化智能传感器

集成智能传感器具有如下优点。

① 信噪比高。传感器的弱信号先经集成电路放大后再远距离传送,就可以大大改进信噪比。

② 高性能和高可靠性。由于传感器、微处理器与电路集成于同一芯片上,对于传感器的零漂、温度漂移和零位既可以通过自校单元定期自动校准,又可以采用适当的反馈方式改善传感器频响。

③ 信号规一化。传感器的模拟信号通过程控放大器进行规一化,又通过模数转换成数字信号,微处理器按数字传输的几种形式进行数字规一化,如串行、并行、频率、相位和脉冲等。

3. 混合实现

根据需要与可能,将系统各个环节,如敏感单元、信号调理电路、微处理器单元、数字总线接口,以不同的组合方式集成在两块或三块芯片上,并装在一个外壳里,实现混合集成,如图 10.4 所示。

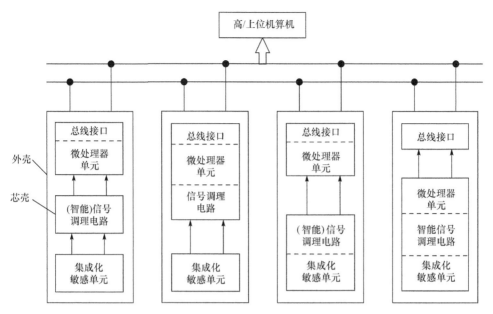

图 10.4　混合集成实现方式示意图

10.3　智能传感器的应用

10.3.1　智能传感器的应用领域

智能传感器已广泛应用于航天、航空、国防、科技和工农业生产等各个领域。

1. 工业生产

在工业生产中,利用传统的传感器无法对某些产品质量指标(如黏度、硬度、表面光洁度、成分、颜色及味道等)进行快速直接测量并在线控制。利用智能传感器可直接测量与产品质量指标有函数关系的生产过程中的某些量(如温度、压力、流量等),利用神经网络或专家系统技术建立的数学模型进行计算,推断出产品的质量。

2. 医学检测

在医学领域中,糖尿病患者需要随时掌握血糖水平,以便调整饮食和注射胰岛素,防止其他并发症。通常测血糖时必须刺破手指采血,再将血样放到葡萄糖试纸上,最后把试纸放到电子血糖计上进行测量。美国 Cygnus 公司生产了一种"葡萄糖手表",其外观像普通手表一样,戴上它就能实现无疼、无血、连续的血糖测试。

"葡萄糖手表"上有一块涂着试剂的垫子,当垫子与皮肤接触时,葡萄糖分子就被吸附到垫子上,并与试剂发生电化学反应产生电流。经处理器计算出与该电流对应的血糖浓度,并以数字量显示。

3. 汽车行业

汽车的电控系统是决定其档次和性能的关键之一。电控系统中应用智能传感器可提高汽车的安全性和可靠性。汽车的安全气囊触发系统是发生撞击事故时保证人身安全最重要的一个方面。正常情况下气囊处于待命状态,一旦发生事故,气囊必须立即动作打开以确保车内人员的安全。因此,用于探测碰撞并触发安全气囊的电控单元必须具有足够的智能程度,智能传感器作为电控单元的重要组成部分可为此提供保障,智能传感器的检测能力能不断监测安全气囊系统的可靠性,发现问题可及时发出警报。智能传感器的自我诊断和自我校正补偿能力可以进一步保障电控系统的可靠性和汽车的安全性。汽车上用到智能传感器的地方还有很多,如胎压监测系统、防抱死制动系统、主动避撞系统等。

4. 农业

水、土、风、光是智能农业中四个最重要的因素,如果可以有效地控制这四个因素,就可以获得较高的产量。利用土壤智能传感器可以测量土壤的电导率、温度及其 PH 值,通过一定的程序算法便可得到土壤中盐的含量和总的营养含量。智能传感器利用其信息通信功能将测试得到的数据信息传输给显示和控制终端,便于技术人员分析使用,根据分析结果改变土壤特性,如施肥、松土等,使土壤环境适宜作物生长,最终获得较高的产量。同样,利用水质传感器、风传感器和光传感器可测试作物生长环境的水质特性、空气特性和光特性,便于技术人员及时精准地掌握作物生长环境的具体情况,进行相应的操作,使作物的生长环境适宜,从而提高产量。

10.3.2　智能传感器典型应用举例

1. 智能微尘传感器

智能微尘(smart micro dust)是一种具有电脑功能的超微型传感器。从肉眼看来,它和一颗沙粒没有多大区别,但内部却包含从信息收集、信息处理到信息发送所必需的全部部件。将一些微尘散放在一个场地中,它们就能相互定位,收集数据并向基站传递信息。如果一个微尘功能失常,其他微尘会对其进行修复。

智能微尘由传感器、微处理器、通信系统和电源四大部分组成。智能微尘主要基于微机电系统技术和集成电路技术,具有体积微小、功耗极低等特点,使其在组成监测网络时具有独特的优势,在环境监测、灾难搜救、远程健康监控、军事侦察等领域有着广阔的应用前景。

未来的智能微尘能够依靠微型电池工作数年,同时具有一个微型的太阳能电池为它充电。英特尔公司制定了基于微型传感器网络的新型计算机的发展规划,致力于研究智能微尘传感器网络的工作。

2. 电子药丸

如图 10.5 所示,药片大小的"电子药丸"微传感器,它们看上去像是普通的药丸,外表呈椭圆形,体积比日常的维生素片略小一点。

图 10.5　"电子药丸"微传感器

智能药丸是一种可以口服的,能对胃肠道及相邻组织器官产生节律性电脉冲刺激的、胶囊式微处理器。它是一种由电信号发生器、壳和电源构成的电疗器械。它不像常规药物那样服用后,在胃肠中溶解吸收产生生物或化学反应,而是在胃肠中不断的发出模拟人体胃肠运动的生物电,规律刺激消化系统的消化管和消化腺来进行治疗,最后随代谢物完整无损的排出。借助微型电池设备,这些电子药丸可以执行多种治疗,如某些类型癌症的靶向给药、刺激受损组织、衡量生物指标、监控胃病等慢性病灶的状态。

谷歌联合英国智能医疗设备公司 Proteus 在研制一款新兴的智能药丸,集成了微型无线发射器和传感器。考虑到金属电池一般对身体有害,并且使设备体积变大,智能药丸把胃液作为电解质溶液用于发电,待药衣被胃液融化,传感器就能和胃酸发生化学反应提供电能,以供传感器进行记录运算和无线传感器收发信息。另外,每个药物都拥有唯一的编码,这些编码记录着药物信息和计量大小。传感器能记录药物反应数据与病人的生理信息,能通过无线传到特定的可穿戴设备上,并继续中转到手机和平板电脑上做进一步的运算分析。

3. 智能饮水机

普通的家用饮水机打开加热电源后,不管房间内有没有人,也不论是白天还是夜晚都一直处在加热及保温状态,加热罐内的水被反复加热,不但不利于健康,而且还相当费电。对普通的家用饮水机加以改造,利用微波感应原理使饮水机能自动探测房间内有无人员活动,同时判断房间内的人是否只是短暂经过,再自动控制加热系统,可以使饮水机具有智能化和节电功能。

如图 10.6 所示为智能饮水机的原理图。TX902 是微波感应控制器,内含的微处理器利用微波多普勒效应在一定空间内建立微电场,当有人或活动物体进入电场时会反射回波,经电子线路混频后检测出极其微弱的移动频率信号,此信号经智能处理后,可输出控制信号。TX902 的有效监控半径为 1～7 米,TX902 的输出端采用集电极开路输出,当微波电路检测到有人在监控范围内活动时,其内部的晶体三极管导通 10s,将把电容 C_3 上的电荷放掉。NE555 组成单稳态延时电路,当其脚 2 低于电源电压的三分之一时,脚 3 输出高电平,继电器 K 吸合,S_1 接通加热器进行加热,电阻 R_2 和电容 C_3 组成延时电路的延时时间为 3min,延时时间设定的比较短,如果人员只是短暂经过,饮水机加热 3min 就会自动停止,如果房间内一直有人,TX902 就会在延时时间内多次触发单稳态电路工作,饮水机就会持续加热直至达到设定温度。

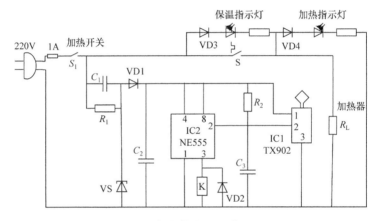

图 10.6　智能饮水机电路原理图

习　题

10.1　智能传感器一般具有哪些功能?

10.2　说明智能传感器的特点。

10.3　举例说明一种智能传感器。

第 11 章　检测技术基础

11.1　检测技术概述

检测技术是以研究检测系统中的信息提取、信息转换,以及信息处理的理论与技术为主要内容的一门应用技术学科。自古以来,检测技术就渗透到人类的生产活动、科学实验和日常生活的多个方面,如计时、产品交换、气候和季节的变化规律等。在工业生产领域,检测技术被广泛应用,如生产过程中产品质量的检测、产品质量的控制、提高生产效益、节能和生产过程的自动化等。这些都要测量生产过程中的有关参数和(或)进行反馈控制,以保证生产过程中的这些参数处在最佳最优状态。

检测技术研究的主要内容分为四个方面。

① 测量原理是指用什么样的原理来检测被测量。不同性质的被测量要用不同的原理进行测量,同一性质的被测量也可由不同的原理测量。

② 测量原理确定后,需要用什么样的方法去测量。

③ 测量原理和方法确定后,需要设计或选择装置组成测量系统。

④ 有了已经标定过的测量系统,就可以进行实际的测量。在实际检测中得到的数据必须加以处理,即数据处理,以得到正确可信的测量结果。

11.2　测 量 方 法

实现被测量与标准量比较得出比值的方法,称为测量方法。对具体的测量任务进行具体情况分析后,找出切实可行的测量方法,然后根据测量方法选择合适的检测技术工具,组成测量系统,进行实际测量。

对于测量方法,从不同的角度有不同的分类方法。根据获得测量值的方法可分为直接测量、间接测量和组合测量;根据测量方式可分为偏差式测量、零位式测量与微差式测量;根据测量条件不同可分为等精度测量与不等精度测量;根据被测量变化快慢可分为静态测量与动态测量;根据测量敏感元件是否与被测介质接触可分为接触式测量与非接触式测量;根据测量系统是否向被测对象施加能量可分为主动式测量与被动式测量等。

11.2.1　直接测量、间接测量与组合测量

1. 直接测量

在使用仪表或传感器进行测量时,对仪表读数,不需要经过任何运算,直接得到被测量的数值,这种测量方法称为直接测量。被测量与测得值之间关系可以表示为

$$y = x \tag{11.1}$$

其中,y 为被测量的值;x 为直接测得值。

例如,用磁电式电流表测量电路的某一支路电流,用弹簧管压力表测量压力等都属于直接测量。

直接测量的优点是测量过程简单而又迅速,缺点是测量精度不容易达到很高。

2. 间接测量

有的被测量无法或不便于直接测量,这就要求在使用仪表或传感器进行测量时,首先对与被测量有确定函数关系的几个量进行直接测量,将测得值代入函数关系式,经过计算得到需要的结果,这种测量称为间接测量。间接测量与直接测量不同,被测量 y 是一个测得值 x 或几个测得值 $x_1, x_2, \cdots, x_n$ 的函数,即

$$y = f(x) \quad \text{或} \quad y = f(x_1, x_2, \cdots, x_n) \tag{11.2}$$

如直接测量电压值 U 和电阻值 R,根据式 $P = U^2/R$ 求电功率 P,即为间接测量的实例。

间接测量手续较多,花费时间较长,一般用在直接测量不方便或者缺乏直接测量手段的场合。

3. 组合测量(联立测量)

在应用传感器仪表进行测量时,若被测量必须经过求解联立方程组才能得到最后结果,则称这样的测量为组合测量。如有若干个被测量 $y_1, y_2, \cdots, y_m$,直接测得值为 $x_1, x_2, \cdots, x_n$,把被测量与测得值之间的函数关系列成方程组,即

$$\begin{cases} x_1 = f_1(y_1, y_2, \cdots, y_m) \\ x_2 = f_2(y_1, y_2, \cdots, y_m) \\ \quad\vdots \\ x_n = f_n(y_1, y_2, \cdots, y_m) \end{cases} \tag{11.3}$$

组合测量是一种特殊的精密测量方法,操作手续复杂,花费时间长,多适用于科学实验或特殊场合。

11.2.2 偏差式测量、零位式测量与微差式测量

1. 偏差式测量

用仪表指针的位移(即偏差)决定被测量的量值,这种测量方法称为偏差式测量。其测量过程简单、迅速,但测量结果的精度较低。

在偏差式测量仪表中,一般要利用被测物理量产生某种物理作用,在此物理作用下,使仪表的某个元件产生相似,但方向相反的作用,当两者达到平衡时,指针在标尺上对应的刻度值就表示被测量的测量值。如图 11.1 所示的压力表就是典型的偏差式测量的实例。被测介质在压力的作用下,弹簧发生变形、产生一个弹性反作用力。被测介质压力越高,弹簧反作用力越大,弹簧变形位移越大。当被测介质的压力产生的作用力和弹簧变形反作用力相平衡时,活塞达到平衡,这时的指针位移在标尺上对应的刻度值就是被测介质的压力值。显然,此压力表的精度取决于弹簧质量及刻度校准情况,由于弹簧变形力不是力的标准量,必须用标准量校准,因此这种仪器测量精度一般不高。

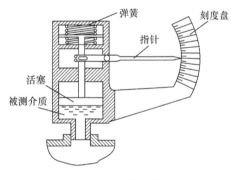

图 11.1　压力表

2. 零位式测量

用指零仪表的零位反映测量系统的平衡状态,在测量系统平衡时,用已知的标准量决定被测量的量值,这种测量方法称为零位式测量。在零位测量时,已知标准量直接与被测量相比较,标准量应连续可调,指零仪表指零时,被测量与已知标准量相等,如天平测量物体的质量、电位差计测量电压等都属于零位式测量。如图 11.2 所示为电位差计的简化等效电路。在测量之前,应先调节 R_1,将回路工作电流 I 校准;在测量时,要调整 R 的活动触点,使电流计 G 回零。这样,标准电压的值 U_h 即为未知电压值 U_x。

零位式测量的优点是可以获得比较高的测量精度,但测量过程比较复杂,费时

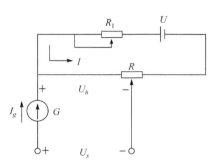

图 11.2　电位差计简化等效电路

较长,不适用于测量变化迅速的信号。

3. 微差式测量

微差式测量是综合偏差式测量与零位式测量的优点提出的一种测量方法。它将被测量与已知的标准量相比较,取得差值后,再用偏差法测得此差值。应用这种方法进行测量时,标准量具装在仪表内,标准量值直接与被测量进行比较。由于二者的值很接近,因此测量过程中不需要调整标准量,只需要测量二者的差值。

设 N 为标准量,x 为被测量,Δ 为二者之差,则 $x=N+\Delta$。由于 N 是标准量,其误差很小,且 $\Delta \ll N$,因此可以选用高灵敏度的偏差式仪表测量 Δ,即使测量 Δ 的精度不高,由于 $\Delta \ll x$,因此总的测量精度仍很高。

例如,可用高灵敏度电压表和电位差计,采用微差法测量当电荷变动时,稳压电流输出电压的微小变化值。如图 11.3 所示,R_0 和 U 表示稳压源的等效内阻和电动势,R_L 表示稳压电源的负载,R_{p1}、R、U_1 组成电位差计。在测量前,应预先调整 R_{p1} 值,使电位差计的工作电流 I_i 为标准值,然后使稳压电源的负载电阻 R_L 为额定值,进而调整 R 的活动触点的位置,使得高灵敏度电压表 G 指到零位置。增加或减小 R_L 值,即改变稳压源的负荷。这时,高灵敏度电压表的偏差值即为负荷变动所引起的稳压电源输出电压的微小波动值。在这种电路中,要求高灵敏度电压表的内阻 R_m 要足够高,即要求 R_m 远远大于 R、R_{p1}、R_0、R_L 的值,否则,测量误差会较大。

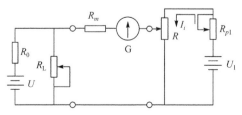

图11.3　微差法测量稳压电源输出电压的微小变化

微差式测量的优点是反应快,而且测量精度高,特别适用于在线控制参数的测量。

11.3　测　量　系　统

测量系统是测量仪表的有机组合,对于比较简单的测量工作,只需要一台仪表就可以解决问题。对于比较复杂,要求高的测量工作,往往需要使用多台测量仪表,并且按照一定规划将它们组合起来,构成一个有机整体——测量系统。

11.3.1　测量系统的组成

测量系统应具有对被测对象的特征量进行检测、传输、处理及显示等功能。图 11.4 为测量系统组成结构框图。

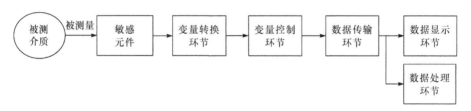

图 11.4　测量系统组成结构框图

1. 敏感元件

从被测介质接收能量,同时产生一个与被测物理量有某种函数关系的输出,敏感元件的输出信号是某些物理量,如位移或电压,这些物理量比被测物理量易于处理。

2. 变量转换环节

将原始敏感元件的输出变量进一步转换,变换成适合处理的变量。要求它保存原始信号包含的全部信息,变换成便于传输和处理的信号,大多数输出信号是统一的标准信号(多为 4～20mA 直流电流),信号标准是系统各环节之间的通信协议。

3. 变量控制环节

为完成测量任务,要求用某种方式"控制"以某种物理量表示的信号。这里所说的"控制"是在保持变量物理性质不变的前提下,根据某种固定的规律改变变量的数值。

4. 数据传输环节

当测量系统的几个功能环节独立地分隔开时,必须由一个地方向另一个地方传输信号,传输环节就是完成这种传输功能。传输通道将测量系统各环节间的输入、输出信号连接起来,通常用电缆或光导纤维连接。目前,先进的系统常采用无线通信方式来传输数据。

5. 数据显示环节

将被测量信息变成人能接受的形式,达到监视、控制或分析的目的。测量结果可以采用模拟显示、数字显示或图形显示,也可以由记录装置自动记录或打印机将数据打印出来。

6. 数据处理环节

信号处理环节对传感器输出信号进行处理和变换。例如,对信号进行放大、运算、线性化、数-模或模-数转换,使其输出信号便于显示、记录。这种信号处理环节可用于自动控制系统,也可与计算机系统连接,以便对测量信号进行信息处理。

11.3.2　开环测量系统与闭环测量系统

根据信号的传输方向可以将测量系统分为开环式和闭环式两种。

1. 开环测量系统

开环测量系统全部信息变换只沿着一个方向进行,如图 11.5 所示。其中 x 为输入量,y 为输出量,G_1、G_2 和 G_3 为各个环节的传递系数。输入输出关系表示为

$$y = G_1 G_2 G_3 x \tag{11.4}$$

开环测量系统是由多个环节串联而成的,因此系统的相对误差等于各环节相对误差之和,即

$$\delta = \delta_1 + \delta_2 + \cdots + \delta_n = \sum_{i=1}^{n} \delta_i \tag{11.5}$$

其中,δ 为系统的相对误差;δ_i 为各环节的相对误差。

采用开环方式构成的测量系统,结构较简单,但各环节特性的变化都会造成整个系统的测量误差。

2. 闭环测量系统

闭环测量系统有两个通道,一为正向通道,一为反馈通道,其结构如图 11.6 所示。其中 Δx 为正向通道的输入量,β 为反馈环节的传递系数,正向通道的总传递

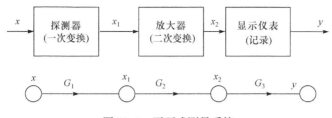

图 11.5　开环式测量系统

系数 $G=G_2G_3$。由图 11.6 可知

$$\Delta x=x_1-x_f, \quad x_f=\beta y, \quad y=G\Delta x=G(x_1-x_f)=Gx_1-G\beta y$$

由此可得

$$y=\frac{G}{1+G\beta}x_1=\frac{1}{\frac{1}{G}+\beta}x_1$$

当 $G\gg1$ 时,则

$$y\approx\frac{1}{\beta}x_1 \tag{11.6}$$

由 $x_1=G_1x$,得到系统的输入输出关系为

$$y=\frac{GG_1}{1+G\beta}x\approx\frac{G_1}{\beta}x \tag{11.7}$$

显然,这时整个系统的输入输出关系由反馈环节的特性决定,放大器等环节特性的变化不会造成测量误差,或者说造成的误差很小。

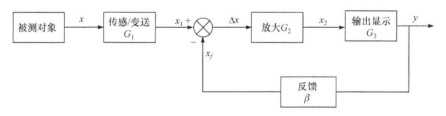

图 11.6　闭环式测量系统

对于闭环测量系统,只有采用大回路闭环才更有利。对于开环测量系统,容易造成误差的部分应该考虑采用闭环方法。根据以上分析可知,在构成测量系统时,应将开环系统与闭环系统巧妙地组合在一起加以应用,才能达到期望的目的。

11.4　测量误差及处理方法

在工程技术和科学研究中,为确定某一参数(被测量)的量值而进行测量时,总是希望测得的数值越准确越好,希望测量结果就是被测量的真实状态,即真值。随着人们认识的提高,经验的积累,以及科学技术的发展,测量结果会越来越逼近真值,但不会完全相等。一切测量都具有误差,研究误差的目的是找出适当的方法减小误差,使测量结果更接近真值。

11.4.1 误差的基本概念

1. 测量误差的定义

检测系统(仪表)不可能绝对精确,测量原理的局限、测量方法的不尽完善、环境因素和外界干扰的存在,以及测量过程可能会影响被测对象的原有状态等,使得测量结果不能准确地反映被测量的真值而存在一定的偏差,这个偏差就是测量误差。

2. 真值

真值是一个变量本身具有的真实值,是一个理想的概念,即在理想条件下的理论数据,例如地球上的重力加速度 9.8m/s^2,一般无法直接测量。因此,在计算误差时,一般用约定真值或相对真值来代替。

约定真值是一个接近真值的值,它与真值之差可忽略不计。实际测量中以在没有系统误差的情况下,足够多次测量值的平均值作为约定真值。根据国际计量委员会通过并发布的各种物理参量单位的定义,利用当今最高科学技术复现的这些实物单位基准,其值被公认为国际或国家基准,称为约定真值。

相对真值是指用精度等级更高的仪器作为标准仪器测量被测量,其示值可作为低一级仪表的真值,相对真值有时称为标准。如果高一级检测仪器(计量器具)的误差仅为低一级检测仪器误差的 $1/3 \sim 1/10$,则可认为前者是后者的相对真值。

3. 标称值

计量或测量器具上标注的量值称为标称值。例如,标准砝码上标出的 1kg,标准电池上标出来的电动势 1.0186V 等。由于制造和测量精度不够,以及环境等因素的影响,标称值并不一定等于其真值或实际值。为此,在标出测量器具的标称值时,通常还要标出其误差范围或精度等级。例如,某电阻标称值为 $1\text{k}\Omega$,误差 $\pm 1\%$,即意味着该电阻的实际值在 $990 \sim 1010\Omega$。

4. 示值

检测仪器(或系统)指示或显示(被测参量)的数值叫示值,也叫测量值或读数。

5. 准确度

准确度是测量结果中系统误差与随机误差的综合,表示测量结果与真值的一致程度,由于真值未知,准确度只是个定性概念。

6. 重复性

在相同条件下,对同一被测量进行多次测量得到的结果之间的一致性。相同条件包括相同的测量程序、测量方法、观测人员、测量设备和测量地点等。

11.4.2　误差的表示方法

1. 绝对误差

检测系统的测量值 x 与被测量的真值 A 之间的代数差值 Δx 称为检测系统测量值的绝对误差,表示为

$$\Delta x = x - A \tag{11.8}$$

其中,真值可为约定真值,也可是由高精度标准器所测得的相对真值。

绝对误差说明系统示值偏离真值的大小,其值可正可负,具有和被测量相同的量纲单位。

绝对误差可以说明被测量的测量结果与真实值的接近程度,但不能说明不同值的测量精确程度。例如,用一种方法称 100kg 的重物,绝对误差为 ± 0.1kg;用另一种方法称 10kg 的重物,绝对误差为 ± 0.1kg。

2. 相对误差

检测系统测量值的绝对误差 Δx 与被测参量真值 A 的比值,称为检测系统测量的相对误差 δ,常用百分数表示,即

$$\delta = \frac{\Delta x}{A} \times 100\% = \frac{x - A}{A} \times 100\% \tag{11.9}$$

在实际计算相对误差时,一般取绝对误差 Δx 与测量值 x 之比来计算相对误差,即

$$\delta = \frac{\Delta x}{x} \times 100\% \tag{11.10}$$

例 11.1　用一种方法称 100kg 的重物,绝对误差为 ± 0.1kg;用另一种方法称 10kg 的重物,绝对误差为 ± 0.1kg。哪种方法的精确程度高?

解　第一种的相对误差为

$$\pm (0.1\text{kg}/100\text{kg}) \times 100\% = \pm 0.1\%$$

第二种的相对误差为

$$\pm(0.1\mathrm{kg}/10\mathrm{kg})\times100\%=\pm1\%$$

第一种方法误差小。

3. 引用误差

相对误差可用来比较两种测量结果的准确程度,但不能评价不同仪表的质量,因为同一台仪表在整个测量范围内的相对测量误差不是定值,随被测量的减小,相对误差增大。因此,只用测量结果的相对误差来评价仪表的质量时会出现不合理的结论。

为了更合理地评价仪表的测量质量,采用引用误差的概念,将测量的绝对误差与测量仪表的上量限(满度)值 L 的百分比定义为引用误差。引用误差 γ 通常以百分数表示,即

$$\gamma=\frac{\Delta x}{L}\times100\% \tag{11.11}$$

所有测量值中最大绝对误差(绝对值)与量程比值的百分数,称为该系统的最大引用误差,用符号 γ_{max} 表示为

$$\gamma_{max}=\frac{\Delta x_{max}}{L}\times100\% \tag{11.12}$$

最大引用误差是检测系统的基本误差,是检测系统的最主要质量指标,能很好地表征检测系统的测量精确度。

为了全面衡量测量精度,通常采用相对误差和引用误差的综合表示法表达测量结果的准确度。

(1) 精度等级

精度等级是取最大引用误差去掉百分号(%)为检测仪器(系统)精度等级的标志,即 $|\gamma_{max}|$。精度等级用符号 G 表示,分为 0.1、0.2、0.5、1.0、1.5、2.5、5.0 七个等级,是我国工业检测仪器(系统)常用的精度等级。检测仪器(系统)的精度等级按选大不选小的原则套用标准化精度等级值。

例 11.2 量程为 0~1000V 的数字电压表,如果其整个量程中最大绝对误差为 1.05V,则有

$$\gamma_{max}=\frac{|\Delta x_{max}|}{L}\times100\%=\frac{1.05}{1000}\times100\%=0.105\%$$

由于 0.105 不是标准化精度等级值,因此该仪器需要就近套用标准化精度等级值。0.105 位于 0.1 级和 0.2 级,尽管该值与 0.1 更为接近,但按选大不选小的原则,该数字电压表的精度等级 G 应为 0.2 级。仪表精度等级的数字越小,仪表的精度越高。例如,0.5 级的仪表精度优于 1.0 级仪表,而劣于 0.2 级仪表。

值得注意的是,精度等级的高低仅说明该检测仪表的引用误差最大值的大小,并不意味着该仪表某次实际测量中出现的具体误差值。如果用满量程为 50V 的 0.1 级电压表测量 5V 电压,其绝对误差不超过 ± 0.05V,而相对误差不超过 $\pm 1\%$;当变用 0.5 级的电压表测量同一被测量时,绝对误差不超过 ± 0.025V,相对误差则不超过 $\pm 0.5\%$。比较它们的测量结果,等级低的仪表的测量准确度反而高。

（2）容许误差

容许误差是指检测仪器在规定使用条件下可能产生的最大误差范围。检测仪器的准确度、稳定度等指标都可用容许误差来表征。

例 11.3　被测电压实际值约为 21.7V,现有四种电压表:1.5 级,量程为 $0\sim$ 30V 的 A 表;1.5 级,量程为 $0\sim 50$V 的 B 表;1.0 级,量程为 $0\sim 50$V 的 C 表;0.2 级,量程为 $0\sim 360$V 的 D 表。请问选用哪种规格的电压表进行测量所产生的测量误差较小?

解　分别用四种表进行测量可能产生的最大绝对误差如下。

A 表: $|\Delta x_{max}| = |\gamma_{max}| \times L = 1.5\% \times 30 = 0.45$

B 表: $|\Delta x_{max}| = |\gamma_{max}| \times L = 1.5\% \times 50 = 0.75$

C 表: $|\Delta x_{max}| = |\gamma_{max}| \times L = 1.0\% \times 50 = 0.50$

D 表: $|\Delta x_{max}| = |\gamma_{max}| \times L = 0.2\% \times 360 = 0.72$

四者比较,通常选用 A 表进行测量产生的测量误差较小。

不难看出,检测仪表产生的测量误差不但与所选仪表精度等级 G 有关,而且与所选仪表的量程有关。通常量程和测量值相差越小,测量准确度越高,因此在选择仪表时,应选择测量值尽可能接近的仪表量程。

11.4.3　测量误差的分类

按测量误差的性质和出现的特点,可将测量误差分为系统误差、随机误差和粗大误差。

1. 系统误差

在相同测量条件下,多次重复测量同一量值时,测量误差的大小和符号都保持不变,或在测量条件改变时按一定规律变化的误差,称为系统误差。

系统误差产生的原因主要有:测量系统性能不完善;检测设备和电路等安装、布置、调整不当;因温度、气压等环境条件发生变化;测量方法不完善或测量理论依据不完善等。例如,当用电子管电压表测量电压时,由于未校准零点就测量,造成读数偏高或偏低的现象。当用热电偶测量锅炉时,由于热电偶的热接点温度与热电偶输出电压并不是线性关系,因此按照线性关系处理会产生非线性误差。

2. 随机误差

在相同测量条件下(指在测量环境、测量人员、测量技术和测量仪器都相同的条件下),多次重复测量同一量值,叫等精度测量。每次测量误差的大小和符号均不可预知,这样的误差称为随机误差。随机误差是由测量过程中许多独立的、微小的偶然因素引起的综合结果。它既不能用实验方法消除,也不能修正。

随机误差产生原因主要有实验条件的偶然性微小变化,如温度波动、噪声干扰、电磁场微变、电源电压的随机起伏或地面振动等。

就测量来说,随机误差的数值大小和符号难以预测,但在多次重复测量时,其总体服从统计规律。从随机误差的统计规律可了解到它的分布特性,并能对其大小和测量结果的可靠性等做出估计。

系统误差和随机误差是两种不同性质的误差,但在测量中难以区分。一般系统误差表现为测量结果偏离真值的程度大小,而随机误差表现为测量结果的分散程度。

3. 粗大误差

在相同条件下,多次重复测量同一量时,会明显歪曲测量结果的误差,称粗大误差,又称为疏失误差。粗大误差是由于疏忽大意、操作不当,或测量条件的超常变化而引起的。含有粗大误差的测量值称为坏值,所有的坏值都应去除,必须科学地舍弃。正确的实验结果不应该包含粗大误差。

三种误差同时存在及其综合表现可以用打靶的例子加以说明。如图 11.7(a)所示的三种误差都有,而且系统误差,以及随机误差都很大,左下角的一枪即为粗大误差;如图 11.7(b)所示的系统误差很大而随机误差很小;如图 11.7(c)所示的系统误差与随机误差都较小。

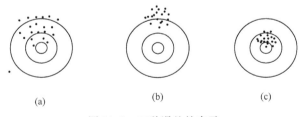

(a)　　　　　　　　　(b)　　　　　　　　　(c)

图 11.7　三种误差的表示

11.4.4　随机误差的处理与测量不确定度的表示

1. 随机误差的分布

多次等精度地重复测量同一量值时,可以得到一系列不同的测量值,即使剔除坏值,并采取措施消除系统误差,然而每个测量值数据各异,可以肯定每个测量值还会含有误差。这些误差的出现没有确定的规律,具有随机性,但总体而言是服从统计规律的。

随机误差具有如下特点。

① 有界性。随机误差的幅度均不超过一定的界限。

② 单峰性。幅度小的随机误差比幅度大的随机误差出现的概率大。

③ 对称性。等值而符号相反的随机误差出现的概率接近相等。

④ 抵偿性。随机误差的均值为零。

对某一被测量进行测量次数为 n 的等精度测量,得到有限多个数据 $x_1, x_2,$ $\cdots, x_n$。设被测量的真值为 A,则测量的随机误差 $\delta_i = x_i - A$,当测量次数 n 足够大,测量数据的算术平均值为被测量真值的最佳估计值。

（1）正态分布

对同一被测量进行无限多次重复性测量时,出现的随机误差绝大多数是服从正态分布的。高斯于 1795 年提出的连续型正态分布随机变量 x 的概率密度函数表达式为

$$\varphi(x) = \frac{1}{\sqrt{2\pi}\sigma} \exp\left(-\frac{(x-\mu)^2}{2\sigma^2}\right) \tag{11.13}$$

其中,μ 为随机变量的数学期望值;σ 为随机变量 x 的标准偏差（标准差）;σ^2 为随机变量的方差。

μ 和 σ 是决定正态分布曲线的特征参数。μ 是正态分布的位置特征参数。σ 是正态分布的离散特征参数。μ 值改变,σ 值保持不变,正态分布曲线的形状保持不变而位置根据 μ 值改变而沿横坐标移动。当 μ 值不变,σ 值改变,则正态分布曲线的位置不变,但形状改变,如图 11.8 所示。

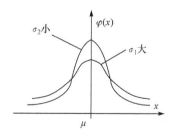

图 11.8　正态分布曲线

（2）均匀分布

均匀分布的特点是,在某一区域内,随机误差出现的概率处处相等,而在该区域外随机误差出现的概率为零。均匀分布的概率密度函数 $\varphi(x)$ 为

$$\varphi(x)=\begin{cases}\dfrac{1}{2a}, & -a\leqslant x\leqslant a \\[2mm] 0, & |x|>a\end{cases} \tag{11.14}$$

其中,a 为随机误差 x 的极限值。

均匀分布的随机误差概率密度函数的图形呈直线,如图 11.9 所示。

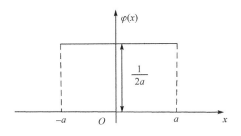

图 11.9　均匀误差分布曲线

均匀分布可能出现的情况主要有:数据切尾引起的舍入误差;数字显示末位的截断误差;瞄准误差;数字仪器的量化误差;多中心值不同的正态误差总和服从均匀分布。

(3) t 分布

当测量数据个数 n 小于 30 时,样本平均数服从自由度为 $n-1$ 的 t 分布,其概率密度函数为

$$\varphi(t,k)=\frac{\Gamma\left(\dfrac{k+2}{2}\right)}{\sqrt{k\pi}\Gamma\left(\dfrac{k}{2}\right)}\left(1+\frac{t^2}{k}\right)^{-\frac{k+1}{2}} \tag{11.15}$$

其中,$t=(\overline{A}-A)/(\hat{\sigma}/\sqrt{n})$,$\hat{\sigma}$ 是标准差 σ 的估计值,$\overline{A}$ 是测量平均值,A 是测量真值;$k=n-1$ 为自由度;$\Gamma(x)=\displaystyle\int_0^\infty t^{x-1}\mathrm{e}^{-t}\mathrm{d}t$ 是伽马函数。

t 分布适用于处理小样本的测量数据($n<30$),当 $n\geqslant30$ 时,t 分布趋于正态分布,正态分布是 t 分布的极限分布。图 11.10 为 t 分布的分布曲线。

2. 测量数据的随机误差估计

(1) 测量真值估计

所有的测量,无论采用什么方法,都是为了求得某一被测量的真实值。由于多种原因(测量仪表、测量方法、测试环境、人的观察力等),任何被测量的真实值都是无法得到的,所能测得的只是近似值,因此怎样提高近似值的近似程度是统计处理问题的关键。

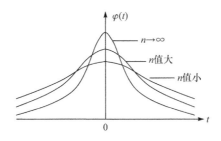

图 11.10　t 分布曲线

根据偶然误差的性质可以知道,在系统误差小到可以忽略的前提下,对同一个物理量重复的次数越多,其测量的算术平均值越稳定,因此可以用多次测量值的算术平均值近似代替被测量的真实值。在实际工程测量中,测量次数 n 不可能无穷大,而测量真值 A 通常也不可能已知。根据对已消除系统误差的有限次等精度测量数据样本 $x_1, x_2, \cdots, x_i, \cdots, x_n$,求其算术平均值,即

$$\bar{x} = \frac{1}{n} \sum_{i=1}^{n} x_i \tag{11.16}$$

其中,$\bar{x}$ 为被测参量真值 A(或数学期望 μ)的最佳估计值。

(2) 测量值的均方根误差估计

对已消除系统误差的一组 n 个等精度测量数据 $x_1, x_2, \cdots, x_i, \cdots, x_n$,采用其算术平均值近似代替测量真值 A 后,总会有偏差,偏差的大小,工程上常用剩余误差代替随机误差而获得方差和标准差的估计值。剩余误差(也叫残差)是单次测量值 x_i 与被测量的算术平均值之差,可以用数学公式表示为

$$\nu_i = x_i - \bar{x} \tag{11.17}$$

用剩余误差计算近似标准差的贝塞尔公式(Bessel)为

$$\sigma(x) = \sqrt{\frac{\sum_{i=1}^{n} (x_i - \bar{x})^2}{n-1}} = \sqrt{\frac{\sum_{i=1}^{n} \nu_i^2}{n-1}} \tag{11.18}$$

(3) 算术平均值的标准差

算术平均值不能等于真实值,算术平均值也存在着偶然误差,引入算术平均值的标准差,即

$$\sigma(\bar{x}) = \frac{1}{\sqrt{n}} \ \sigma(x) = \sqrt{\frac{\sum_{i=1}^{n} (x_i - \bar{x})^2}{n(n-1)}} \tag{11.19}$$

测量次数 n 是一个有限值,为了不产生误解,建议用算术平均值的标准差和方

差的估计值 $\hat{\sigma}(\bar{x})$ 与 $\hat{\sigma}^2(\bar{x})$ 代替式中的 $\sigma(\bar{x})$ 与 $\sigma^2(\bar{x})$。

算术平均值的方差仅为单次测量值 x_i 方差的 $1/n$，算术平均值的离散度比测量数据 x_i 的离散度要小。因此，在有限次等精度重复测量中，用算术平均值估计被测量值要比用测量数据序列中的任何一个都更为合理和可靠。

（4）（正态分布时）测量结果的置信度

对于正态分布，测量值在某一区间出现的概率与标准差 σ 的大小相关，故一般把测量值 x_i 与真值 A 的偏差 Δx 的置信区间取为 σ 的若干倍，即

$$\Delta x = \pm k\sigma \tag{11.20}$$

其中，k 为置信系数。

对于正态分布，测量误差测量偏差 Δx 落在某区间的概率表达式为

$$P\{|x-\mu| \leqslant k\sigma\} = \int_{\mu-k\sigma}^{\mu+k\sigma} \frac{1}{\sqrt{2\pi}\sigma} \mathrm{e}^{\frac{-(x-\mu)^2}{2\sigma^2}} \mathrm{d}x$$

令 $\delta = x-\mu$，则有

$$P(|\delta| \leqslant k\sigma) = \int_{-k\sigma}^{+k\sigma} \frac{1}{\sqrt{2\pi}\sigma} \mathrm{e}^{\frac{-\delta^2}{2\sigma^2}} \mathrm{d}\delta = \int_{-k\sigma}^{+k\sigma} \varphi(\delta) \mathrm{d}\delta \tag{11.21}$$

置信系数 k 值确定后，置信概率便可确定。当 k 分别选取 1、2、3 时，则测量误差 Δx 分别落入正态分布置信区间 $\pm\sigma$、$\pm 2\sigma$、$\pm 3\sigma$ 的概率值分别为 0.6827、0.9545、0.9973。图 11.11 为不同置信区间的概率分布示意图。

对给定置信概率，测出的置信区间越小，表明系统的测量精度越高；测出的置信概率越大，表明系统越可靠。

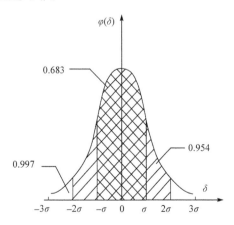

图 11.11　不同置信区间的概率分布示意图

当等精度测量次数 n 大于 30 次时，其测量误差趋近于正态分布，因此可以用以上方法估计测量误差的大小和相应的置信概率。在工程上，为保证等精度测量

条件和提高测量效率,一般测量次数仅为几次,有的一二十次,此时因测量样本小,误差已不符合正态分布,而成为 t 分布。

11.4.5 系统误差及处理

在一般工程测量中,系统误差与随机误差总是同时存在的,但系统误差往往远大于随机误差。为保证和提高测量精度,需要研究与发现系统误差,进而设法校正和消除系统误差。

1. 系统误差特点

系统误差的特点是其出现具有规律性。系统误差的产生原因一般可以通过实验和分析研究确定和消除。

系统误差(Δx)随测量时间变化的几种常见关系曲线如图 11.12 所示。曲线 1 表示测量误差的大小与方向不随时间变化的恒差型系统误差;曲线 2 表示测量误差随时间以某种斜率呈线性变化的线性变差型系统误差;曲线 3 表示测量误差随时间作某种周期性变化的周期变差型系统误差;曲线 4 表示上述三种关系曲线的某种组合形态,呈现复杂规律变化的复杂变差型系统误差。

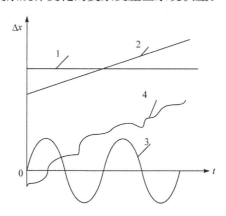

图 11.12 系统误差的几种常见关系曲线

2. 系统误差出现的原因

系统误差出现的原因,主要有下列几项。

① 工具误差(又称仪器误差或仪表误差)。由于测量仪表或仪表组成元件本身不完善所引起的误差。例如,测量仪表所用标准量具的误差(标准电阻的准确度),仪表灵敏度不足的误差,仪表刻度不准确误差,变换器、衰减器、放大器本身的误差。这项误差比较常见,为了减小此项误差只有不断提高仪表及组成元件本身

的质量。

②　方法误差。由于对测量方法研究得不够所引起的误差。例如,仪表绝缘不好而漏电,热电势、引线电阻的压降、电表内阻等。

③　定义误差。由于对被测量的定义不够明确而形成的误差。例如,测量随机振动的平均值时,测量的时间间隔 Δt 取值不同得到的平均值就不同。即使在相同的时间间隔下,由于测量时刻的不同得到的平均值也会不同。引起这种误差的根本原因在于没有规定测量时应该用多长的平均时间。

④　理论误差。由于测量理论本身不够完善,而只能进行近似的测量引起的误差。例如,测量任意波形电压的有效值,理论上应该实现完整的均方根变换,但实际通常以折线近似代替真实曲线,理论本身存在误差。

⑤　环境误差。由于测量仪表工作环境(温度、气压、湿度等)不是仪表校验时的标准状态,而是随时间在变化,从而引起的误差。

⑥　安装误差。由于测量仪表的安装或放置不正确所引起的误差。例如,应严格水平放置的仪表,未调好水平位置;电气测量仪表误放在有强电磁场干扰的地方或温度变化剧烈的地方等。

⑦　个人误差。个人误差是指由于测量者本人不良习惯或操作不熟练,以及生理上的最小分辨力、反应速度等所引起的误差。

3. 系统误差的判断方法

(1) 恒差系统误差的确定

①　实验对比法。

通过改变产生系统误差的条件从而进行不同条件的测量来发现系统误差。例如,一台仪器本身存在着固定的系统误差,即使采用多次测量也不能发现,只有用更高一级精度的测量仪测量,才能发现原测量仪表的系统误差。实验对比法又可分为标准器件法(简称标准件法)和标准仪器法(简称标准表法)两种。

②　原理分析与理论计算。

可通过原理分析与理论计算来加以修正。此类误差的表现形式为在传感器转换过程中存在零位、传感器输出信号与被测参量间存在非线性、传感器内阻大而信号调理电路输入阻抗不够高,处理信号时略去高次项或采用精简化的电路模型等。

③　改变外界测量条件。

有些检测系统在工作环境或被测参量数值变化的情况下,测量系统误差也会随之变化。这类检测系统需要通过逐个改变外界测量条件,以发现和确定仪器在不同工况条件下的系统误差。

（2）变差系统误差的确定

① 剩余误差观察法。

剩余误差观察法（也称残差观察法）根据测量数据的各个剩余误差大小和符号的变化规律，直接由误差数据或误差曲线图形来判断有无系统误差。这种方法的使用条件是系统误差比随机误差大，且主要适用于发现有规律变化的系统误差。

具体是把测量值及其剩余误差按先后次序分别列表，观察和分析剩余误差值的大小和符号的变化。若剩余误差大小正负相间，无显著变化规律，则无根据怀疑存在系统误差，如图 11.13(a)所示。剩余误差有规律的递增，且在测量开始与结束时误差符号相反，说明存在线性递增的系统误差，如图 11.13(b)所示。剩余误差由正变负，再由负变正，遵循正反交替的变化，则说明存在周期性系统误差，如图 11.13(c)所示。剩余误差的变化既有线性递增，又有周期性变化，则说明存在复杂规律的系统误差，如图 11.13(d)所示。

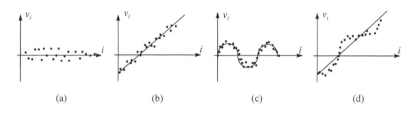

(a)　　　　　　　(b)　　　　　　　(c)　　　　　　　(d)

i—测量次数；ν_i—剩余误差

图 11.13　剩余误差示意图

② 不同公式计算标准误差比较法。

对等精度测量，同一条件下重复测量得到的一组测量值 $x_1, x_2, \cdots, x_i, \cdots, x_n$，可用不同公式计算标准误差，通过比较标准误差以发现系统误差，一般采用贝塞尔公式和佩捷斯公式计算比较，分别表示为

$$\sigma_1 = \sqrt{\frac{\sum\limits_{i=1}^{n} \nu_i^2}{n-1}}, \quad \sigma_2 = \sqrt{\frac{\pi}{2}} \, \frac{\sum\limits_{i=1}^{n} |\nu_i|}{\sqrt{n(n-1)}} \tag{11.22}$$

其中，n 为测量次数。

令 $\dfrac{\sigma_2}{\sigma_1} = 1 + u$，若 $|u| > \dfrac{2}{\sqrt{n-1}}$，则怀疑测量中存在系统误差。

③ 马利科夫准则。

马利科夫准则适用于判断、发现和确定线性系统误差。准则的使用方法是将同一条件下重复测量得到的一组测量值 $x_1, x_2, \cdots, x_i, \cdots, x_n$ 按序排列，并求出相应的剩余误差 $\nu_1, \nu_2, \cdots, \nu_i, \cdots, \nu_n$，将剩余误差序列以中间值 ν_k 为界分为前后两组分别求和，然后把两组剩余误差和相减，即

$$D = \sum_{i=1}^{k} \nu_i - \sum_{i=s}^{n} \nu_i \qquad (11.23)$$

当 n 为偶数时,取 $k=n/2$,$s=n/2+1$;当 n 为奇数时,取 $k=s=(n+1)/2$。

若 D 近似等于零,表明不含线性系统误差;若 D 明显不为零(且大于 ν_i),则表明存在线性系统误差。

④ 阿贝-赫梅特准则。

阿贝-赫梅特准则适用于判断、发现和确定周期性系统误差。准则的使用方法是将同一条件下重复测量得到的一组测量值 $x_1, x_2, \cdots, x_i, \cdots, x_n$ 按序排列,并求出相应的剩余误差 $\nu_1, \nu_2, \cdots, \nu_i, \cdots, \nu_n$,然后计算下式,即

$$A = \left| \sum_{i=1}^{n-1} \nu_i \nu_{i+1} \right| = \left| \nu_1 \nu_2 + \nu_2 \nu_3 + \cdots + \nu_{n-1} \nu_n \right| \qquad (11.24)$$

如果 $A > \sigma^2 \sqrt{n-1}$ 成立(σ^2 为本测量数据序列的方差),则表明存在周期性系统误差。

4. 减小系统误差的方法

对测量过程中可能产生的系统误差的环节仔细分析,寻找产生系统误差的主要原因,并采取相应针对性措施是减小和消除系统误差最基本和最常用的方法。

(1)引入更正值法

若通过对测量仪表的校准,知道仪表的更正值,则将测量结果的指示值加上更正值,就可以得到被测量的实际值。这时的系统误差不是被完全消除了,而是大大被削弱了,因为更正值本身也是有误差的。

只有更正值本身的误差小于所要求的测量误差时,引入更正值法才有意义。引入更正法还可以应用到环境误差上。例如,干扰信号很大而无法消除情况下,可以先使测量信号为零,测出干扰信号带来的指示值,然后对实际信号进行测量,将得到的读数减去干扰指示值即可。这种方法的前提是再次测量的干扰影响相同,否则也无意义。

(2)替换法

替换法是用可调的标准量具代替被测量接入测量仪表,然后调整标准量具,使测量仪表的指标与被测量接入时相同,则此时的标准量具的数值,即等于被测量。例如,待测电阻(图 11.14),要求误差小于 0.01%,但只有误差为 0.5% 电桥,这时可以先接入被测电阻 R_x,调节到电桥平衡,然后把 0.01 级的标准电阻箱 R_N 接入电桥,调节标准电阻直到电桥平衡。这时 R_N 电阻值即为被测电阻 R_x 的电阻值。

(3)差值法

差值法是将标准量与被测量相减,然后测量二者的差值。例如,在需要标定标

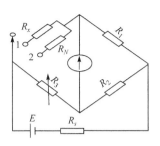

图 11.14 替换法测量电阻

准电池时,一个是标准的,其电压是 $U_N = 1.0865V$,一个是被测的,其电压是 U_x,如果用一台 0.01 级电位差计标定可将两个标准电池对接,然后用电位差计测量二者之差。如实测得 $\Delta U = U_x - U_N = 0.00014V$,则 $U_x = U_N + \Delta U = 1.0879V$。取电位差计测量 ΔU 的相对误差为 1‰(实际上不可能这样大),可求得测量 ΔU 的绝对误差是 $0.00014 \times 1‰ = 0.0000014$,对整个测量带来的相对误差是

$$\delta = \frac{1.4 \times 10^{-6}}{1.01879} \times 100\% = 1.4 \times 10^{-4}\%$$

差值法优点很多,但必须有灵敏度很高的仪表,因为差值一般总是很小。

(4)正负误差相消法

当测量仪表内部存在着固定方向的误差因素时,可以改变被测量的极性,作两次测量,然后取两者的平均值,以消除固定方向的误差因素。例如,天平的不等臂误差。m 为被测物体的质量,第一次把测量物体放到天平左侧,得到 $m = (l_1/l_2)P$,第二次把测量物体放到天平右侧得到 $m = (l_2/l_1)P'$,则被测物体的质量为 $\sqrt{PP'}$。

(5)选择最佳测量方案

所谓最佳测量方案是指总误差为最小的测量方案,而多数情况下是指选择合适的函数形式及在函数形式确定之后,选择合适的测量点,如通过对电流、电压和电阻的测量,间接测量功率。功率的表达式有 $P = IU$、$P = I^2R$、$P = U^2/R$ 三种形式。给定 U、I、R 的测量误差后,可以确定最小的 P 表达式。

5. 系统误差的综合与分配

(1)系统误差的综合

① 绝对误差的综合。

由于系统误差实际上是非常小的,因此被测量的变化可以近似于一个微分量,从而利用全微分法求系统误差的一般综合规律。

设被测量 y 与仪表组成环节的中间输出变量 x_i 之间关系为

$$y = f(x_1, x_2, \cdots, x_i, \cdots, x_n)$$

取全微分可得到

$$dy = \frac{\partial y}{\partial x_1} dx_1 + \frac{\partial y}{\partial x_2} dx_2 + \cdots + \frac{\partial y}{\partial x_n} dx_n \tag{11.25}$$

上式说明,仪表组成环节的各局部的系统误差 $dx_i(i=1,2,\cdots,n)$ 与整台仪表系统误差之间的关系是全微分关系。

下面以简单电桥为例说明上式的应用方法。对于四臂电桥处于平衡时,有

$$R_x = R_N \frac{R_2}{R_3}$$

成立,对此式取全微分可得到

$$dR_x = \frac{\partial R_x}{\partial R_N} dR_N + \frac{\partial R_x}{\partial R_2} dR_2 + \frac{\partial R_x}{\partial R_3} dR_3 = \frac{R_2}{R_3} dR_N + \frac{R_N}{R_3} dR_2 - \frac{R_N R_2}{R_3^2} dR_3$$

若已知 $R_{20}=100\Omega$,$R_{N0}=100\Omega$,$R_{30}=1000\Omega$,各电阻均为正的系统误差,即 $\Delta R_2 = 0.1\Omega$,$\Delta R_N=0.01\Omega$,$\Delta R_3=1.0\Omega$,则可得到 R_x 的绝对误差为

$$\Delta R_x = \frac{100}{1000} \times 0.01 + \frac{100}{1000} \times 0.1 - \frac{100 \times 100}{1000^2} \times 1.0 = +0.001\Omega$$

若各环节局部系统误差 dx_i 的符号不清楚,为保险起见,式(11.25)中每项应取绝对值,即

$$dy = \sum_{i=1}^{n} \left| \frac{\partial y}{\partial x_i} dx_i \right| \tag{11.26}$$

由式(11.26)可知,要计算整台仪表系统的绝对误差。先对被测量取全微分,然后将各环节的局部绝对误差代入全微分表达式,即可得到被测量的绝对误差。

② 相对误差的综合。

用被测量 y 除绝对误差综合表达式(11.25)的两边,可以得到相对误差综合的表达式,即

$$\frac{dy}{y} = \frac{\partial y}{\partial x_1} \cdot \frac{dx_1}{y} + \frac{\partial y}{\partial x_2} \cdot \frac{dx_2}{y} + \cdots + \frac{\partial y}{\partial x_n} \cdot \frac{dx_n}{y} \tag{11.27}$$

式(11.27)是求相对误差综合的普遍公式。

现以四臂电桥为例说明相对误差综合的计算方法,用 $R_x = R_N \dfrac{R_2}{R_3}$ 除绝对误差综合表达式两边,可得到下式,即

$$\frac{dR_x}{R_x} = \frac{dR_N}{R_N} + \frac{dR_2}{R_2} - \frac{dR_3}{R_3}, \quad \delta_x = \delta_N + \delta_2 - \delta_3$$

其中,δ_N 为标准电阻的相对误差;δ_2 和 δ_3 为非标准电阻相对误差。

可以看出,相对误差的综合表达式的形式上更简单,凡分母中的量,在综合时相对误差应取负号。分子中的量,在综合时相对误差都取正号。但是,当各环节系统误差的符号不清楚时,应取绝对值的和式。

(2) 系统误差的分配

系统误差的分配,是指在设计一台测量仪表时,应当怎样合理分配各环节和各元件的系统误差。方法和原则如下。

① 无论是一个复杂测量装置,还是一个环节或原件都可以用全微分方法来综合和分配其误差。

② 全微分公式可以给出绝对误差的综合公式,经变换后可得到相对误差综合公式。

③ 根据系统误差综合公式合理分配误差,避免不必要的过高要求。

④ 必须照顾到元件、环节、变换器等可能达到的误差水平,进行可行的误差分配。

⑤ 充分利用正、负符号的局部系统误差可以相互抵消的特点,减小整台仪表的系统误差,故可采用一项质量较低的原件,使整台仪表的成本降低。

下面以四臂电桥的系统误差分配,举例说明系统误差的分配方法。

已知四臂电桥的系统误差综合公式是 $\delta_x = \delta_N + \delta_2 - \delta_3$,$\delta_2$ 与 δ_3 的数值相对较大,但是 δ_3 前面有负号,若取 $\delta_2 = \delta_3$,则 δ_2 与 δ_3 的相对误差相互抵消,可以大大提高测量精度,即 R_x 的测量误差 δ_x 仅取决于标准电阻的误差 δ_N。实际上,要做到 $\delta_x = \delta_N$ 很不容易,因此设计中规定 R_2 和 R_3 的制造误差应该具有相同的单一方向,其次也要尽量减小其误差数值。

对于非电量电测装置的误差分配,以测振仪为例进行说明。仪表的结构框如图 11.15 所示。δ_S 表示电压传感器的相对误差,δ_K 表示电荷放大器的相对误差,δ_M 表示峰值保持器的相对误差,δ_Z 表示数字电压表的相对误差。整台仪器的相对误差表示为 δ_N。

设传感器的灵敏度为 S,电荷放大器的灵敏度为 K,峰值保持器的灵敏度 M,数字电压表的灵敏度为 Z,整台仪表的特性为

$$N = SKMZ$$

根据系统误差综合公式,可以得出

$$\delta_N = \delta_S + \delta_K + \delta_M + \delta_Z$$

如果要求 $\delta_N < 8\%$,其误差分配方案如下考虑,即传感器的误差不易减小,取 5%;电荷放大器和峰值保持器易实现较小误差,各取 1%;数字电压表误差很小,取 0.5%。

图 11.15　　测振仪结构框图

11.4.6　粗大误差的处理

由于实验人员在读取或记录数据时疏忽大意,或者由于不能正确地使用仪表、测量方案错误,以及测量仪表受干扰或失控等原因,测量误差明显地超出正常测量条件下的预期范围,是异常值,有可能含有粗大误差。如果这些异常值确实是坏值,应该剔除,否则测量结果会被严重歪曲。

1. 拉伊达(莱因达)准则

拉伊达准则是在测量误差符合标准误差正态分布,即重复测量次数较多的前提下得出的。当置信系数 $k=3$ 时,置信概率为 $P=99.73\%$,而测量值落于区间之外的概率,即偏差概率 α 仅为 $0.27\%(\alpha=1-P)$。

设对被测量进行多次测量,计算剩余误差(残差)ν_i,按贝塞尔公式计算出标准偏差 σ。如果某个测得值 x_k 的残差 ν_k,满足 $|\nu_k|>3\sigma$,则认为该测得值 x_k 是含有粗大误差的坏值,应剔除,重新计算标准偏差,再进行检验,直到判定无粗大误差为止。

值得注意的是,拉伊达准则只适用于测量次数较多($n>30$)、测量误差分布接近正态分布的情况使用。当等精度测量次数较少($n\leqslant30$)时,采用基于正态分布的拉伊达准则,其可靠性将变差,且容易造成鉴别值界限太宽而无法发现坏值。当测量次数 $n<10$ 时,拉伊达准则将彻底失效,不能判别任何粗大误差。

2. 格鲁布斯(Grubbs)准则

在一般实际工程中,等精度测量次数大都较少,测量误差分布往往和标准正态分布相差较大,因此须采用格鲁布斯准则。

格鲁布斯准则是以小样本测量数据,以 t 分布为基础用数理统计方法推导得出的。在小样本测量数据中,测得值 x_k 满足下式,即

$$|\nu_k|=|x_k-\bar{x}|>K_G(n,\alpha)\hat{\sigma}(x) \qquad (11.28)$$

则认为该测得值 x_k 是含有粗差的坏值,应剔除。格鲁布斯准则的鉴别值 $K_G(n,\alpha)$ 是和测量次数 n、危险概率 α 相关的数值,可通过查相应的表获得。表 11.1 是工程常用 $\alpha=0.05$ 和 $\alpha=0.01$ 在不同测量次数时,对应的格鲁布斯准则鉴别值 $K_G(n,\alpha)$ 表。

表 11.1　$K_G(n,\alpha)$数值表

n \ α	0.01	0.05	n \ α	0.01	0.05	n \ α	0.01	0.05
3	1.16	1.15	12	2.55	2.28	21	2.91	2.58
4	1.49	1.46	13	2.61	2.33	22	2.94	2.60
5	1.75	1.67	14	2.66	2.37	23	2.96	2.62
6	1.94	1.82	15	2.70	2.41	24	2.99	2.64
7	2.10	1.94	16	2.75	2.44	25	3.01	2.66
8	2.22	2.03	17	2.78	2.48	30	3.10	2.74
9	2.32	2.11	18	2.82	2.50	35	3.18	2.81
10	2.41	2.18	19	2.85	2.53	40	3.24	2.97
11	2.48	2.23	20	2.88	2.56	50	3.34	2.96

当 $\alpha=0.05$ 或 0.01 时,可得到鉴别值 $K_G(n,\alpha)$ 的置信概率 P 分别为 0.95 和 0.99。也就是说,按式(11.28)得出的测量值大于按表 11.1 查得的鉴别值 $K_G(n,\alpha)$ 的可能性为 5% 和 1%,说明该数据是正常数据的概率很小,可以认定该测量值为坏值并予以剔除。

若按式(11.28)和表 11.1 查出多个可疑测量数据时,只能舍弃误差最大的可疑数据,然后按剔除后的测量数据序列重新计算算术平均值 $\bar{x}$ 及标准差估计值 $\hat{\sigma}(x)$,并重复进行以上判别,直到判明无坏值为止。

格鲁布斯准则理论推导严密,是在 n 较小时就能很好地判别出粗大误差的准则,因此应用相当广泛。

例 11.4　对某物体温度进行 15 次等精度测量,测量结果列于表 11.2,求取这一物体温度的测量结果。

解　① 列出测量数据列表。

表 11.2　测量数据表

序号	测量值 x_i/℃	残余误差 v_i		v_i^2	
1	154.2	+0.16	+0.09	0.0256	0.0081
2	154.3	+0.26	+0.19	0.0676	0.0361
3	154	−0.04	−0.11	0.0016	0.0121
4	154.3	+0.26	+0.19	0.0676	0.0361
5	154.2	+0.16	+0.09	0.0256	0.0081
6	154.3	+0.26	+0.19	0.0676	0.0361
7	153.9	−0.14	−0.21	0.0196	0.0441
8	153	−1.04	剔除	1.0816	剔除

序号	测量值 $x_i/℃$	残余误差 v_i		v_i^2	
9	154	−0.04	−0.11	0.0016	0.0121
10	154.3	+0.26	+0.19	0.0676	0.0361
11	154.2	+0.16	+0.09	0.0256	0.0081
12	154.1	+0.06	−0.01	0.0036	0.0001
13	153.9	−0.14	−0.21	0.0196	0.0441
14	153.9	−0.14	−0.21	0.0196	0.0441
15	154	−0.04	−0.11	0.0016	0.0121
	$\bar{x}=154.04/$ $\bar{x}=154.11$	$\sum\limits_{i=1}^{15}\nu_i=0$	$\sum\limits_{i=1}^{14}\nu_i=0$	$\sum\limits_{1}^{15}v_i^2=1.496$	$\sum\limits_{1}^{14}v_i^2=0.337$

② 计算测量结果的算术平均值,即

$$\bar{x}=\sum_{i=1}^{15}x_i/15=154.04$$

③ 计算残余误差 $\nu_i=x_i-\bar{x}$,检查 $\sum\limits_{i=1}^{15}\nu_i=0$。

④ 计算 v_i^2 列于表中,用贝塞尔公式计算标准差,即

$$\sigma=\sqrt{\frac{\sum\limits_{i=1}^{n}v_i^2}{n-1}}=\sqrt{\frac{1.496}{15-1}}\approx0.327$$

⑤ 判断是否有粗大误差,即

用拉伊达准则判断:$3\sigma=0.327\times3=0.98$

由 $|\nu_8|=1.04>0.98$,可得 $x_8=153.0$,因此内含有粗大误差,应该剔除。

⑥ 剔除后再计算得到:

$$\bar{x}=154.11, \quad \sum_{i=1}^{14}v_i^2=0.337, \quad \sigma=\sqrt{\frac{0.337}{14-1}}\approx0.161$$

剔除 x_8 后的 14 个数据中不含有粗大误差。

⑦ 检查测量数据中是否含有系统误差,这里用不同公式计算标准误差比较法。

贝塞尔公式计算:$\sigma_1=0.161$

佩捷斯公式计算:$\sigma_2=1.253\dfrac{\sum|v_i|}{\sqrt{n(n-1)}}=1.253\dfrac{2}{\sqrt{14(14-1)}}\approx0.186$

$$\frac{\sigma_2}{\sigma_1}=1+\mu, \quad \mu=\frac{\sigma_2}{\sigma_1}-1=0.155$$

$$\frac{2}{\sqrt{n-1}}=\frac{2}{\sqrt{14-1}}=0.55, \quad |\mu|<\frac{2}{\sqrt{n-1}}$$

因此,系统误差可忽略。

⑧ 计算算术平均值的标准差,即

$$\bar{\sigma}=\frac{\sigma}{\sqrt{n}}=\frac{0.161}{\sqrt{14}}=0.043$$

⑨ 测量结果的表达式。

取置信区间为 $\pm3\sigma$ 时,置信概率为 99.73%,则

$$x=\bar{x}\pm3\bar{\sigma}=154.11\pm0.129$$

取置信区间为 $\pm2\sigma$ 时,置信概率为 95.45%,则

$$x=\bar{x}\pm2\bar{\sigma}=154.11\pm0.086$$

取置信区间为 $\pm1\sigma$ 时,置信概率为 68.3%,则

$$x=\bar{x}\pm\bar{\sigma}=154.11\pm0.043$$

习　题

11.1　什么是测量原理?测量方法有哪几种?

11.2　什么是系统误差?系统误差产生的原因是什么?如何减小系统误差?

11.3　给出一只 0.1 级 150V 电压表的检定结果(表 11.3),试编制修正值表并绘制其误差曲线,求出指示在 105 及 135 分度时,经过修正后的电压值。

表 11.3　检定结果

示值	实际值	示值	实际值	示值	实际值
30	29.98	80	79.96	120	119.92
40	40.04	90	90.06	130	130.08
50	49.94	100	100.08	140	139.92
60	59.98	110	109.88	150	149.98
70	69.94				

11.4　检定一只精度为 1.0 级 100mA 的电流表,发现最大误差在 50mA 处为 1.4mA,请问这只表是否合格?

11.5　被测电压的实际值为 10V,现有 150V,0.5 级和 15V,2.5 级两只电压表,选择哪一只表误差较小?

11.6　用晶体管毫伏表 30V 挡,分别测量 6V 和 20V 电压,已知该挡的满量程误差为 $\pm2\%$,求示值的相对误差。

11.7　有一测量范围为 0~1000kPa 的压力计,校准时发现 ±15kPa 的绝对误

差,试计算该压力计的引用误差;在测量压力中读数为 200kPa 时,可能产生的示值相对误差。

11.8　有一数字温度计,测量范围为-50~150℃,精度 0.5 级。试求:

① 当示值分别为-20℃,100℃时的绝对误差和示值相对误差。

② 欲测量 250V 电压,要求测量示值相对误差不大于±0.5%,问选用量程为 250V 电压表,其精度为哪一级? 若选用量程为 300V 和 500V 的电压表,其精度又分别为哪一级?

③ 已知待测电压为 400V 左右,现有两只电压表,一只 1.5 级,测量 0~500V;另一只 0.5 级,测量 0~1000V,请问选用哪只表测量较好? 为什么?

11.9　用游标卡尺对某一试样尺寸测量 10 次,假定测量服从正态分布,并已消除系统误差和粗大误差,得到数据如下(单位 mm):75.01,75.04,75.07,75.00,75.03,75.09,75.06,75.02,75.05,75.08。求算术平均值及其标准差,并估计标准差的信赖程度。

11.10　对某一电压进行 12 次等精度测量,测量值为 20.42、20.43、20.40、20.39、20.41、20.31、20.42、20.39、20.41、20.40、20.40、20.43mV。若这些测量值已消除系统误差,请判断有无粗大误差,并写出测量结果。

第 12 章　传感器的标定

一根光杆,怎样把它变成尺子? 需要拿标准尺子对照画上刻度才可以测量长度。标定就像给一个杆秤画刻度。传感器的标定是指利用精度高一级的标准器具对传感器进行定度,从而确立传感器输出与输入之间的关系,并确定不同使用条件下误差的过程。

一般来说,对传感器进行标定时,必须以国家和地方计量部门的有关检定规程为依据,选择正确的标定条件和适当的仪器设备,按照一定的程序进行。为保证各种被测量量值的一致性和准确性,很多国家都建立了计量器具(包括传感器)鉴定组织和规程、管理办法。

任何一种传感器在装配后都必须按照设计指标进行全面严格的性能鉴定。使用一段时间后(我国一般为一年)或经过修理后,也必须对主要技术指标进行校准实验,以确保传感器的各项性能指标达到要求。

传感器的标定分为静态标定和动态标定两种。静态标定的目的是确定传感器静态特性指标,如线性度、灵敏度和迟滞等。动态标定的目的是确定传感器的动态特性指标,如时间常数、自然振荡频率和阻尼比等。

12.1　传感器的静态特性标定

12.1.1　静态标准条件

传感器静态特性的标定是在静态标准条件下进行的。所谓静态标准条件是指没有加速度、振动、冲击(除非这些参数本身是被测物理量),环境温度一般为室温(20 ± 5℃),相对湿度不大于 85%,大气压力为 101.32 ± 7.998kPa 的情况。

12.1.2　标定仪器设备精度等级的确定

为保证标定精度,须选择与被标定传感器的精度要求相适应的一定等级的标准器具(一般所用的测量仪器和设备的精度至少要比被标定传感器的精度高一个量级),所选器具应符合国家计量量值传递的规定,或经计量部门检定合格。这样通过标定确定的传感器的静态性能指标才是可靠的。

12.1.3　静态特性标定的方法

对于传感器进行静态特性标定时,首先建立一个符合静态标准条件的环境,并选择比被标定传感器的精度至少高一个量级的用于标定的仪器设备,然后才能对传感器进行静态特性指标的标定。标定具体过程如下。

① 将传感器全量程(测量范围)分成若干等间距点,作为标准输入量值。

② 根据传感器量程分点情况,沿正行程由小到大的输入标准量值,并记录与各输入值相对应的输出值。

③ 沿反行程由大到小的输入标准量值,并记录与各输入值相对应的输出值。

④ 按②和③所述过程,对传感器进行正、反行程往复循环多次测量(一般为3~10次),将得到的测量数据用表格列出或绘成曲线。

⑤ 对测量数据进行必要的处理,根据处理结果确定传感器的线性度、灵敏度、迟滞和重复性等静态特性指标。

例 12.1　表 12.1 给出了某压力传感器的实际标定值,参考直线选为最小二乘法拟合直线,$y = -2.5350 + 96.7125x$。根据所给结果求出非线性误差、迟滞误差和重复性误差。

表 12.1　某压力传感器的实际标定值

行程	输入压力 $\times 10^{-5}$/Pa	传感器输出电压 y/mV				
		第 1 循环	第 2 循环	第 3 循环	第 4 循环	第 5 循环
正行程	2	190.9	191.1	191.3	191.4	191.4
	4	382.8	383.2	383.5	383.8	383.8
	6	575.8	576.1	576.6	576.9	577.0
	8	769.4	769.8	770.4	770.8	771.0
	10	963.9	964.6	965.2	965.6	966.1
反行程	10	964.4	965.1	965.7	965.7	966.1
	8	770.6	771.0	771.4	771.4	772.0
	6	577.3	577.4	578.1	578.1	578.5
	4	384.7	384.2	384.1	384.9	384.9
	2	191.6	191.6	192.0	191.9	191.9

解　（1）列表计算（表 12.2）

表 12.2　计算数据

计算内容	输入压力×10⁻⁵/Pa					备注
	2	4	6	8	10	
正行程平均输出	191.22	383.42	576.48	770.28	965.08	
反行程平均输出	191.80	384.56	577.88	771.28	965.4	
总平均输出	191.51	383.99	577.18	770.78	965.24	
最小二乘法拟合直线输出	190.89	384.32	577.74	771.17	964.59	
非线性偏差 ΔL_i	0.62	−0.33	−0.56	−0.39	0.65	$\Delta L_{max}=0.65$
迟滞 ΔH_i	1.1	2.1	2.7	2.6	2.2	$\Delta H_{max}=2.7$
重复性 ΔR_i	0.5	1	1.2	1.6	2.2	$\Delta R_{max}=2.2$

（2）计算相关参数

非线性误差

$$\gamma_L=\pm\frac{\Delta L_{max}}{y_{FS}}\times100\%=\pm\frac{0.65}{773.70}\times100\%=\pm0.084\%$$

迟滞误差

$$\gamma_H=\pm\frac{\Delta H_{max}}{y_{FS}}\times100\%=\pm\frac{2.7}{773.70}\times100\%=\pm0.349\%$$

重复性误差

$$\gamma_R=\pm\frac{\Delta R_{max}}{y_{FS}}\times100\%=\pm\frac{2.2}{773.70}\times100\%=\pm0.284\%$$

12.2　传感器的动态特性标定

传感器的动态标定主要用于确定传感器的动态技术指标。动态技术指标主要是研究传感器的动态响应，以及与动态响应有关的参数，一阶传感器只有一个时间常数 τ，二阶传感器有固有频率（自然振荡频率）ω_n 和阻尼比 ξ 两个参数。

确定这些参数的方法有很多，一般是通过实验确定，如测量传感器的阶跃响应、正弦响应、线性输入响应、白噪声等，还可以用机械振动法确定。最常用的是测量传感器的阶跃响应。

12.2.1　一阶传感器

对于一阶传感器，输出值达到稳态值的 63.2% 所经历的时间为传感器的时间常数 τ。但这样确定的时间常数 τ 实际上没有涉及响应的全过程，测量结果的可靠性仅取决于某些个别的瞬时值。若采用下述方法确定时间常数,可以获得更可靠的结果。

一阶传感器的阶跃响应函数为

$$y(t) = 1 - e^{-t/\tau} \tag{12.1}$$

令 $z = -t/\tau$,式(12.1)可改写为

$$z = \ln[1 - y(t)] \tag{12.2}$$

根据测得的 $y(t)$ 可由式(12.2)求出对应的 z,作出 $z\text{-}t$ 曲线,如图 12.1 所示。由于 z 和 t 呈线性关系,根据 $\tau = \Delta t / \Delta z$ 可确定时间常数 τ。

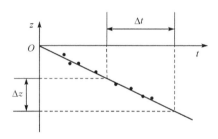

图 12.1　求一阶传感器时间常数的方法

这种方法考虑瞬态响应的全过程,具有较高的可靠性。此外,还可以根据 $z\text{-}t$ 曲线与直线的符合程度判断传感器与一阶线性传感器的符合度。

12.2.2　二阶传感器

二阶传感器一般设计成欠阻尼系统,即阻尼比 ξ 小于 1,这样传感器的过冲量不会太大,稳定时间也不会过长。当静态灵敏度 $k = 1$ 时,欠阻尼二阶传感器的单位阶跃响应为

$$y(t) = \left[1 - \frac{e^{-\xi\omega_n t}}{\sqrt{1-\xi^2}} \sin\left(\sqrt{1-\xi^2}\,\omega_n t + \arctan\frac{\sqrt{1-\xi^2}}{\xi} \right) \right] \tag{12.3}$$

其中,ξ 为阻尼比;ω_n 为固有频率。

由式(12.3)可知,$y(t)$ 以角频率作衰减振荡,即

$$\omega_d = \sqrt{1-\xi^2}\,\omega_n \tag{12.4}$$

其曲线如图 12.2 所示。按求极值的方法可得各振荡峰值的过冲量 $a_1, a_2, a_3, \cdots$ 所对应的时间 $t_p = \pi/\omega_d, 3\pi/\omega_d, 5\pi/\omega_d, \cdots$。其间隔周期为 $T_d = 2\pi/\omega_d$,即 $T_d = 2\pi/[\sqrt{1-\xi^2}\,\omega_n]$,将 π/ω_d 代入式(12.3),可得最大过冲量,即

$$a_1 = e^{\frac{-\xi\pi}{\sqrt{1-\xi^2}}} \tag{12.5}$$

从而得到

$$\xi = \sqrt{\frac{1}{\left(\dfrac{\pi}{\ln a_1}\right)^2 + 1}} \tag{12.6}$$

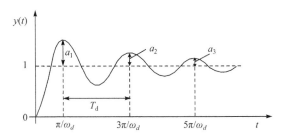

图 12.2　欠阻尼二阶传感器($\xi < 1$)的阶跃响应

其图形化的表示如图 12.3 所示,因此测得 a_1 后可由式(12.6)或图 12.3 求出阻尼比 ξ。由标定测得的 t_p,求出 ω_d 后,结合已求出的阻尼比 ξ,可进一步由式(12.4)给出固有频率 ω_n。

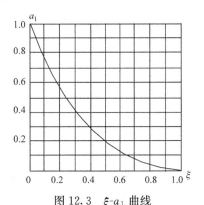

图 12.3　ξ-a_1 曲线

在实际标定时,起点往往难以准确确定,可通过测量 a_i 和 a_{i+n} 求阻尼比 ξ,其中 n 为两峰值相隔的周期数。设 a_i 对应的时间为 t_i,则 a_{i+n} 对应的时间为

$$t_{i+n} = t_i + n T_d = t_i + \frac{2n\pi}{\omega_n \sqrt{1-\xi^2}} \tag{12.7}$$

将 t_i 和 t_{i+n} 分别代入欠阻尼二阶传感器的阶跃响应式(12.3),可得

$$\ln \frac{a_i}{a_{i+n}} = \ln \frac{\mathrm{e}^{-\xi \omega_n t_i}}{\mathrm{e}^{-\xi \omega_n [t_i + 2n\pi/(\omega_n \sqrt{1-\xi^2})]}} = \frac{2n\pi\xi}{\sqrt{1-\xi^2}} \tag{12.8}$$

整理后得

$$\xi = \sqrt{\frac{\delta_n^2}{\delta_n^2 + 4\pi^2 n^2}} \tag{12.9}$$

其中,$\delta_n = \ln(a_i/a_{i+n})$。

若衰减振荡缓慢,过程较长,可认为 $\xi < 0.1$,即 $\sqrt{1-\xi^2} \approx 1$,则式(12.8)可改写为

$$\xi = \frac{\ln(a_i/a_{i+n})}{2n\pi} \tag{12.10}$$

从理论上来讲,也可以利用正弦信号作为输入,测定传感器输出与输入的幅值比和相位差来确定传感器的幅频特性和相频特性,从而求出一阶传感器的时间常数 τ 和欠阻尼二阶传感器的阻尼比 ξ 和固有频率 ω_n。一般来说,测量准确的相角比较困难,所以很少通过相频特性对传感器进行标定。下面介绍通过幅频特性对传感器进行标定的过程。

对于一阶传感器,由式(1.32)可得灵敏度系数 k 为 1 时的幅频特性为 $A(\omega) = 1/\sqrt{1+(\omega\tau)^2}$,如图 12.4 所示,$A_0$ 为零频增益,因此 $A(\omega)$ 下降 3dB 处对应的频率 ω 即为 $1/\tau$。

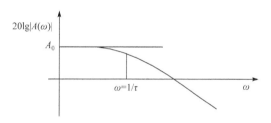

图 12.4 由幅频特性求一阶传感器时间常数 τ

对于欠阻尼二阶传感器,由式(1.41)可得灵敏度系数 k 为 1 时的幅频特性为 $A(\omega) = 1/\sqrt{[1-(\omega/\omega_n)^2]^2+(2\xi\omega/\omega_n)^2}$,如图 12.5 所示。从幅频特性曲线可以测得零频增益 A_0、谐振频率增益 A_r 和谐振频率 ω_r。令 $dA(\omega)/d\omega = 0$,可得谐振频率为

$$\omega_r = \omega_n \sqrt{1-2\xi^2} \tag{12.11}$$

将 ω_r 代入 $A(\omega)$ 的表达式可得,即

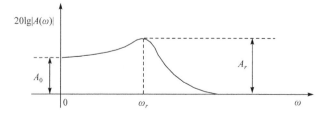

图 12.5 由幅频特性求二阶欠阻尼传感器的 ξ 和 ω_n

$$A_r = A(\omega_r) = \frac{1}{2\xi \sqrt{1-\xi^2}} \qquad (12.12)$$

根据式(12.11)和式(12.12)可确定 ξ 和 ω_n。

例 12.2 给某加速度传感器突然加载,得到的阶跃响应曲线如图 12.6 所示,$a_1 = 15\text{mm}$,$a_3 = 4\text{mm}$,在 0.01s 内有 4.1 个衰减波形,求该传感器的阻尼比和固有频率。

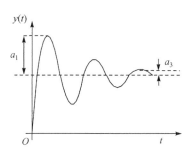

图 12.6 传感器的阶跃响应曲线

解 (1)计算阻尼比

$$\delta_n = \ln \frac{a_1}{a_3} = \ln \frac{15}{4} = 1.322$$

$n = 2$ 时,阻尼比 ξ 为

$$\xi = \sqrt{\frac{\delta_n^2}{\delta_n^2 + 4\pi^2 n^2}} = \frac{1.322}{\sqrt{1.322^2 + 4\pi^2 \times 2^2}} = 0.105$$

(2)计算固有频率

衰减振荡周期为

$$T_d = \frac{0.01}{4.1} = 0.00244(\text{s})$$

则固有频率 ω_n 为

$$\omega_n = \frac{2\pi}{T_d \sqrt{1-\xi^2}} = \frac{2\pi}{0.00244 \sqrt{1-0.105^2}} = 2589(\text{rad/s})$$

习 题

12.1 为什么要对传感器进行标定?

12.2 什么是传感器的静态标定和动态标定?

12.3 给出传感器的静态标准条件。

12.4 给某加速度传感器突然加载,得到的阶跃响应曲线如图 12.7 所示,图

中 $M=0.20$，$t_1=0.001\mathrm{s}$，求该传感器的阻尼比和固有频率。

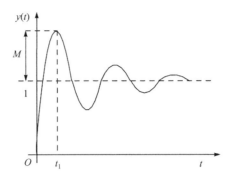

图 12.7　阶跃响应曲线

第 13 章　多传感器数据融合技术

13.1　概　　述

13.1.1　多传感器问题的引入

传感器技术是把传感器的信息传送给独立的处理系统。由于复杂的电磁环境,使检测的目标信号可能淹没在大量噪声及不相关信号与杂波中;当检测对象为多目标或快速机动目标时,单一传感器测量困难;若对不同传感器采集的数据单独、孤立地进行加工,不但会导致数据处理工作量的剧增,而且割断了各传感器数据之间的有机联系,丢失数据有机组合蕴涵的特征,造成数据资源的浪费。因此,要对多传感器的数据进行综合处理,即数据融合,从而得出更为准确、可靠的结论,使系统圆满地完成各种操作任务。

一种新的信息处理方法——多传感器数据融合(multi-sensor data fusion)应运而生。数据融合也称为信息融合(information fusion),是将来自多个传感器或多源的信息进行综合处理,从而得出更为全面、准确和可靠的结论。数据融合出现于 20 世纪 70 年代,源于军事领域的需要,称为多源相关或多传感器混合数据融合,并于 20 世纪 80 年代建立其技术。美国是数据融合技术起步最早的国家,在随后的十几年时间里各国的研究开始逐步展开,并相继取得一些具有重要影响的研究成果。与国外相比,我国在数据融合领域的研究起步较晚。海湾战争结束后,数据融合技术引起国内有关单位和专家的高度重视。一些高校和科研院所相继对数据融合的理论、系统框架和融合算法展开大量研究,但基本上处于理论研究的层次,在工程化、实用化方面尚未取得有成效的突破,许多关键技术问题尚待解决。

归纳起来,多传感器数据融合有如下主要特点。

① 生存能力强。在有若干传感器不能利用或受到干扰,或某个目标/事件不在覆盖范围时,根据接收到数据的有机组合蕴涵的特征,可以对目标/事件做出判断。

② 高的可靠性和容错能力。一种或多种传感器对同一目标/事件加以确认,降低了信息的模糊度、目标/事件的不确定性,改进探测性能。

③ 在空间上扩展了观测的范围。通过多个交叠的传感器作用区域,扩展空间覆盖范围,增加测量空间的维数,使用工作在不同频段的传感器可以测量陆、海、空、天等多维空间目标,同时不易受到敌方行动或自然现象的破坏。

④ 低的系统成本。对单个传感器的精度要求相对降低,可以用相对便宜的不同传感器进行联合测量,降低系统的成本。

13.1.2　数据融合的基本原理

多传感器数据融合是人类及其他生物系统中普遍存在的一种基本功能。人类本能地具有将身体上的各种功能器官探测到的信息与先验知识进行融合的能力,以便对周围的环境和正在发生的事件做出估计。多传感器数据融合的基本原理就像是人脑综合处理信息的过程一样,充分利用多个传感器资源,通过对这些传感器及其获得信息的合理支配和使用,将其在时间或空间上的冗余或互补信息依据某种准则进行综合,以获得被测对象的一致性解释或描述,使该系统由此获得比其各组成部分的子集构成的系统具备更优越的性能。

多传感器数据融合与经典的信号处理方法之间有着本质的差别。其关键在于信息融合所处理的多传感器信息具有更复杂的形式,而且通常在不同的信息层次上出现。具体而言,多传感器数据融合基本原理如下。

① 多个不同类型的传感器获取目标的数据。

② 对输出数据进行特征提取,从而获得特征矢量。

③ 对特征矢量进行模式识别,完成各传感器关于目标的属性说明。

④ 将各传感器关于目标的属性说明数据按同一目标进行分组,即关联。

⑤ 利用融合算法对每一目标各传感器数据进行合成,得到该目标的一致性解释与描述。

13.1.3　应用领域

多传感器数据融合最初是围绕军用系统开展研究的,此后该项技术在军事和非军事领域的工程应用日益拓宽。在军事上它已经应用到海上监视、空-空防御和地-空防御、战场侦察、监视和目标捕获、战略防御与告警等领域。同时,在非军事领域也得到广泛应用,如智能机器人、监测、交通管制、遥感、辅助医疗检测和诊断、工业控制领域等。多传感器数据融合具有十分重要的应用价值和广阔的应用前景。

13.2　多传感器数据融合模型

13.2.1　数据融合处理的一般过程

数据融合处理的一般过程如图 13.1 所示。

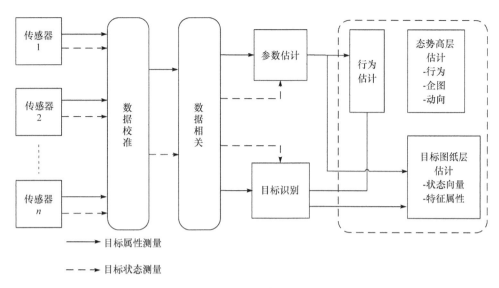

图 13.1　数据融合一般过程

数据校准。若各传感器在时间和空间上是独立的或异步工作的,则必须利用数据校准统一各传感器的时间和空间基准。

数据相关又称数据关联,将收集到的数据与其他传感器的观测数据,以及该传感器过去观测数据进行关联处理,判别不同时间和空间的数据是否来自同一对象。在此基础上,将收到的每个新的观测数据指派给以下假设中的一个。

① 新增对象观测集。建立目前尚未观测到的新观测对象。

② 已存在对象观测集。根据以往观测到对象标记、更新或补充数据。

③ 虚警。传感器观测不形成一个实际对象,删除数据。

参数估计也称目标跟踪。传感器每次扫描结束后即将新的观测结果与数据融合系统原有的观测结果融合,对下一次扫描可得的参数进行预测。预测值被反馈给随后的扫描过程,以便进行相关处理,调整扫描状态。参数估计单元的输出是目标的状态估计值。

目标识别也称属性分类或身份估计。根据传感器的观测结果形成一个多维特征向量,其中每一维代表对象的一个独立特征。若被观测对象有多个类型且每类对象的特征已知,则可将实测特征向量与已知类型的特征向量进行比较,从而确定对象的类别。对象识别也可以看做是对象属性估计和比较。

行为估计是将所有对象数据集与此前确定的可能态势行为模式相比较,以确定哪种行为模式与对象状态最匹配。

13.2.2　数据融合结构

数据融合的结构分为串联型、并联型和混联型结构。

1. 串联型结构

数据融合的串联型结构如图 13.2(a)所示。其中，$c_1,c_2,\cdots,c_n$表示各传感器；$s_1,s_2,\cdots,s_n$表示来自各个传感器数据融合中心的数据；$Y_1,Y_2,\cdots,Y_n$表示融合中心。

串联结构的数据融合过程如下：第 $j-1$ 级的传感器 c_{j-1} 将获得的信息送到融合中心 Y_{j-1}，由它将此信息及其来自上一级融合中心 Y_{j-2} 的判断数据 s_{j-2} 综合成一个新的判断数据 s_{j-1}，然后传给第 j 级融合中心 Y_j。融合中心 Y_j 将来自第 j 级的传感器 c_j 将获得的信息与判断数据 s_{j-1} 进行综合，得到一个新的数据 s_j，并传到下一级融合中心 Y_{j+1} 进行综合。这个过程持续下去，直到最后一级融合中心得到最终判定信息。

信息融合串联结构的优点是具有很好的性能和融合效果，缺点是对线路的故障非常敏感。

2. 并联型结构

信息融合的并联型结构如图 13.2(b)所示。并联结构只有当收到来自所有传感器的信息才会对信息进行融合。与串联结构相比，并联结构的信息化效果好，而且可以防止串联结构数据融合的缺点（即融合的顺序是固定的，若中间任一个传感器发生故障，就没有信息传到下一环节，整个信息融合将停止）。但是，并联结构的信息处理速度比串联结构慢。若并联融合结构中每接收到一个传感器的信息就进行一次融合，而不管是哪个传感器，那并联结构方案就不比串联结构慢了。

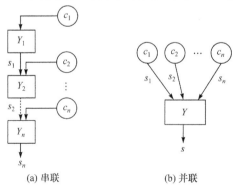

(a) 串联　　　　(b) 并联

图 13.2　信息融合的串联和并联结构

3. 混联型结构

信息融合的混联型结构如图 13.3 所示。在第 1 级,与并联结构类似,传感器 $c_1,c_2,\cdots,c_n$ 获得的信息同时传给融合中心 $Y_1,Y_2,\cdots,Y_m$,融合中心 $Y_1,Y_2,\cdots,Y_m$ 把来自传感器 $c_1,c_2,\cdots,c_n$ 的信息分别进行融合处理,Y_1 融合得到信息 s_1,Y_2 融合得到信息 s_2,依此类推,最终得到融合信息 $s_1,s_2,\cdots,s_m$。然后,这些融合信息 $s_1,s_2,\cdots,s_m$ 输入高级融合中心进行融合处理,得到最终的结果。

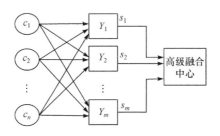

图 13.3 混联型数据融合结构

13.2.3 数据融合的级别

按照信息抽象的五个层次,融合可分为检测级融合、位置级融合、属性级融合、态势评估和威胁评估。

1. 检测级融合

检测级融合是直接在信号层上进行的融合或者在检测判决层上进行的融合,分别对应集中式检测级融合(图 13.4)和分布式检测级融合(图 13.5)。

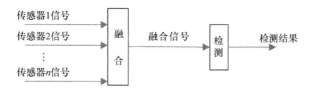

图 13.4 集中式检测级融合

图 13.5 分布式检测级融合

2. 位置级融合

位置级融合是直接在观测报告或测量点迹上进行的融合或在各个传感器状态估计上进行的融合,分别对应集中式位置融合(图 13.6)和分布式位置融合(图 13.7)。

图 13.6　集中式位置级融合

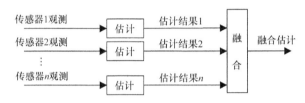

图 13.7　分布式位置级融合

集中式体系结构是将来自多传感器的原始数据传送到中央处理单元集中完成处理,它只有唯一的融合中心,在融合中心完成多个传感器信息的融合。这种方式可以实现时间和空间的融合,首先按照对目标观测的时间先后对观测点迹进行时间融合,然后对各个传感器在同一时刻,对同一目标的观测进行空间融合,包含多传感器综合跟踪与状态估计的全过程。集中式体系结构处理数据精度高,但是数据传递和处理量大,对通信线路和处理器要求高,相对来说可靠性差。

分布式体系结构是每个传感器对自己测量的数据分别进行处理,产生状态矢量和属性参数,然后将处理结果传递到融合中心进行融合处理。在这种方式中,不是以原始数据进行滤波和分类,而是以状态矢量或者特征矢量的方式进行。对通信带宽要求低,计算速度快,可靠性高,但融合精度通常比集中式体系结构低。

3. 属性级融合

属性级融合亦称目标识别或身份估计,对观测体进行识别和表征。如使用雷达截面积数据来确定一个实体是不是一个火箭体、碎片或再入大气层的飞船。敌-我-中识别器使用特征波形和有关数据对观测体判断,是敌机、友机还是不明。

属性级信息融合有决策级融合、特征级融合、数据级融合。

（1）决策级融合

决策级融合方法如图 13.8 所示，每个传感器都完成变换以便获得独立的身份估计，然后顺序融合来自每个传感器的属性判决。

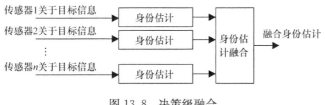

图 13.8　决策级融合

（2）特征级融合

特征级融合方法如图 13.9 所示，每个传感器观测一个目标并完成特征提取获得来自每个传感器的特征向量。然后，融合这些特征向量并获得联合特征向量来产生身份估计。

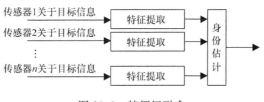

图 13.9　特征级融合

（3）数据级融合

数据级融合方法如图 13.10 所示，对来自同质传感器原始数据直接进行融合，然后基于融合的传感器数据进行特征提取和身份估计。为了完成这种数据层融合，传感器必须是相同或者同类的。为保证被融合的数据对应于相同的目标或客体，要基于原始数据完成关联，如多源图像复合，同质雷达波形的直接合成。

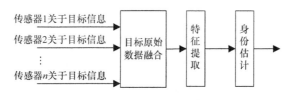

图 13.10　数据级融合

数据级融合比特征级融合精度高，决策级融合最差，但数据级融合仅适用于产生同类观测的传感器。此外，就融合结构而言，位置与属性融合是紧密相关的，并且常常是并行同步处理的。

13.3　多传感器数据融合算法

13.3.1　多传感器数据融合算法基本类型

多传感器数据融合的算法的基本类型有物理模型、参数分类技术，以及基于认知的方法，如图 13.11 所示。

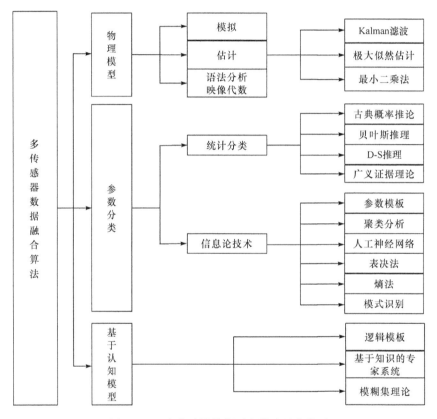

图 13.11　多传感器数据融合算法基本类型

1. 物理模型

根据物理模型模拟出可观测或可计算的数据，并把观测数据与预先存储的对象特征进行比较，或将观测数据特征与物理模型得到的模拟特征进行比较。比较过程涉及计算预测数据和实测数据的相关关系。如果相关系数超过一个预先设定的阈值，则认为两者存在匹配关系（身份相同）。在这类方法中，Kalman 滤波技术最为常用。

2. 参数分类技术

参数分类技术依据参数数据获得属性说明,在参数数据(如特征)和一个属性说明之间建立一种直接的映像。参数分类分为有参技术和无参技术两类,有参技术需要身份数据的先验知识,如分布函数和高阶矩等;无参技术则不需要先验知识。

常用的参数分类方法包括贝叶斯估计、D-S推理、人工神经网络、模式识别、聚类分析、信息熵法等。

3. 基于认知的方法

基于认知的方法主要是模仿人类对属性判别的推理过程,可以在原始传感器数据或数据特征基础上进行。

基于认知的方法在很大程度上依赖于一个先验知识库。有效的知识库利用知识工程技术建立,虽然未明确要求使用物理模型,但认知建立在对待识别对象组成和结构有深入了解的基础上。因此,基于认知的方法采用启发式的形式代替数学模型。当目标物体能依据其组成及相互关系识别时,这种方法尤其有效。

13.3.2　贝叶斯估计理论

贝叶斯估计是融合静态环境中多传感器底层数据的一种常用方法。贝叶斯统计理论认为,人们在检验前后对某事件的发生情况的估计是不同的,而且一次检验结果不同对人们的最终估计的影响是不同的。假定通过传感器完成某个测量得到 n 个互不相容的结果 $A_1, A_2, \cdots, A_n$,它们必然会发生一个,且只能发生一个,用 $P(A_i)$ 表示结果 A_i 发生的概率,这是试验前的知识称为先验知识,则有

$$\sum_{i=1}^{n} P(A_i) = 1 \tag{13.1}$$

传感器单元输出的特征值用 B(包括 m 个特征值: $B_1, B_2, \cdots, B_m$)来表示,由于一次测量输出的特征 B 的出现,改变了人们对事件 $A_1, A_2, \cdots, A_n$ 发生情况的认识,称为后验知识。数据融合的任务就是由特征 B 推导和估计环境结果 A。

在特征为 B 的前提下,事件 $A_1, A_2, \cdots, A_n$ 发生的概率表现为条件概率 $P(A_1 \mid B), P(A_2 \mid B), \cdots, P(A_n \mid B)$,显然有

$$\sum_{i=1}^{n} P(A_i \mid B) = 1 \tag{13.2}$$

对一组互斥事件 $A_i, i=1,2,\cdots,n$,在一次测量结果为 B 时,A_i 发生的概率为

$$P(A_i \mid B) = \frac{P(A_i B)}{P(B)} = \frac{P(B \mid A_i) P(A_i)}{\sum_{i=1}^{n} P(B \mid A_i) P(A_i)} \tag{13.3}$$

其中，$P(A_i)$ 为先验概率；$P(B|A_i)$ 表示已知 A_i 的条件下特征 B 的概率；分母是总体的概率密度，是一个常数，可以忽略不计。

在一次测量结果为 B 时，A_i 发生的概率可以表示为

$$P(A_i|B)=P(B|A_i)P(A_i) \tag{13.4}$$

这就是贝叶斯决策，在类条件概率密度和先验概率已知（或可以估计）的情况下，通过贝叶斯公式可以比较属于哪类事件的后验概率，将事件判别为后验概率最大的那一类事件。某一时刻从多个传感器得到一组数据信息 B，要由这一组数据推导出当前环境下的一个估计结果 A_i。因此，取最大的后验估计 A_k，即

$$P(A_k|B)=\max_{i=1,2,\cdots,n}P(A_i|B)=\max_{i=1,2,\cdots,n}P(B|A_i)P(A_i) \tag{13.5}$$

也就是说，最大后验估计是在已知测量特征数据为 B 的条件下，使后验概率密度 $P(A_i|B)$ 取得最大的值。当 $P(A_i)$ 是均匀分布时，最大后验估计可以表示为

$$P(A_k|B)=\max_{i=1,2,\cdots,n}P(B|A_i) \tag{13.6}$$

在实际应用中，利用贝叶斯统计理论进行测量数据融合充分利用了测量对象的先验信息是根据一次测量结果对先验概率到后验概率的修正。基于贝叶斯统计的目标识别融合模型如图 13.12 所示，一般步骤如下。

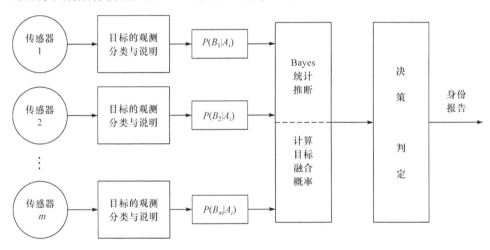

图 13.12　基于贝叶斯统计的目标识别融合模型

① 获得每个传感器单元一次测量中输出的特征值 $B_1,B_2,\cdots,B_m$。

② 计算一次测量中在事件 A_i 发生时，这些特征出现的概率即 $P(B_j|A_i)$，$j=1,2,\cdots,m$。

③ 计算目标身份的融合概率为

$$P(A_i|B_1,B_2,\cdots,B_m)=P(B_1,B_2,\cdots,B_m|A_i)P(A_i) \tag{13.7}$$

如果 $B_1,B_2,\cdots,B_n$ 相互独立，则

$$P(B_1, B_2, \cdots, B_m \mid A_i) = P(B_1 \mid A_i) P(B_2 \mid A_i) \cdots P(B_m \mid A_i) \qquad (13.8)$$

④ 应用判定逻辑进行决策，目标识别决策准则为

$$P(A_k \mid B_1, B_2, \cdots, B_m) = \max_{i=1,2,\cdots,n} \prod_{j=1}^{m} P(B_j \mid A_i) P(A_i) \qquad (13.9)$$

运用贝叶斯方法中的条件概率进行推理，能够在出现某一特征时给出假设事件在此特征发生的条件概率，嵌入一些先验知识，实现不确定的逐级传递。但是，它要求各特征之间都是相互独立的，当存在多个可能假设和多条件相关事件时，计算复杂性增加。此外，贝叶斯方法要求有统一的识别框架，不能在不同层次上组合特征。

13.3.3　神经网络方法

人工神经网络是一种应用类似于大脑神经突触联接的结构进行信息处理的数学模型，工程与学术界也常简称为神经网络或类神经网络。采用不同的数学模型可以得到不同的神经网络方法，最有影响的模型应该是多层感知器（mult-layer perception，MLP）模型，具有从训练数据中学习任意复杂的非线性映射的能力。

神经网络由大量的节点（或称神经元）之间相互连接构成，常用的神经元模型如图 13.13 所示。一个典型的神经元的工作过程是这样的：$x_1 \sim x_N$ 为输入向量的各个分量，N 为输入向量的维数；$w_1 \sim w_N$ 为神经元各个突触的权值，反映各个输入信号的作用强度；b 为偏置。神经元的作用是将这些信号加权求和，当超过一定的阈值后神经元即进入激活状态，否则神经元处于抑制状态，y 为神经元输出，神经元的数学模型表示为

$$y = f\left(\sum_{i=1}^{N} w_i x_i - b\right) \qquad (13.10)$$

其中，$f(\cdot)$ 为传递函数，通常为非线性函数，常用的函数有阶跃函数。

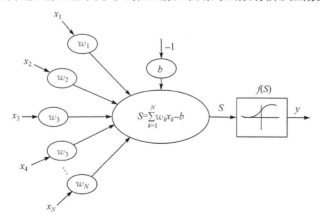

图 13.13　神经元模型

　　人们常把多个计算神经元相互连接组成的系统称为人工神经网络,图 13.14 为人工神经网络结构。神经网络中处理单元的类型可以分为输入层单元、输出层单元和隐层单元。输入层单元接受外部世界的信号与数据;输出层单元实现系统处理结果的输出;隐层单元是处在输入和输出单元之间,不能由系统外部观察的单元。神经元间的连接权值反映单元间的连接强度,信息的表示和处理体现在网络处理单元的连接关系中。

　　神经网络多传感器数据融合的应用步骤如下。

　　① 根据系统的要求以及传感器数据融合形式,进行神经网络的设计,包括确定网络结构、作用函数和学习算法。

　　② 进行神经网络初始化工作,确定神经网络权值和阈值的初始值等。

　　③ 通过实验方法获得神经网络的训练数据和测试数据。

　　④ 利用得到的实验数据对网络进行训练和测试。

　　⑤ 利用训练后的网络处理新的输入信息,得到结果。

　　人工神经网络由大量处理单元互联组成的非线性、自适应信息处理系统。决定神经网络性能的几个因素如下。

　　① 神经网络的网络结构包括神经网络的层数、每层神经元数量。

　　② 每层神经元的作用函数。

　　③ 神经网络训练的目标函数和学习算法。

　　④ 神经网络权值和阈值的初始值。

　　⑤ 神经网络的训练数据。

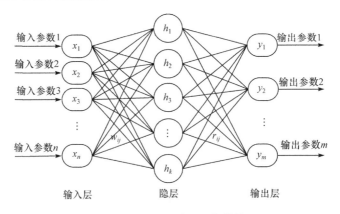

图 13.14　人工神经网络结构

13.4　多传感器数据融合实例

13.4.1　多传感器信息融合技术在林业生产中的应用

依靠传统的人工抚育和采伐技术已经不能满足现代化林业生产的需要,未来的林业生产将由劳动力集约型向技术集约型转变,以增加单位劳动力的生产效率。此外,人工林的抚育也具有季节性和应急性,在最佳的季节完成除草、间伐、整枝和应急性病虫害防治及运输,必须通过机械化提高效率。对于抚育间伐材的搬运和大中径材的整枝抚育作业,人工无法高质、高效地完成有关作业,需要机械化装备实现安全高效作业。

多功能林木采育作业装备可以实现机器自主行走、机器视觉对图像的三维深度信息、方位、动态响应和暂不可视信息的获取和解释,机械臂和末端执行器对视觉传感器解释信号的理解等都需要多传感器信息融合技术的支撑。其主要的功能如下。

1. 作业装备的半自主导航

为了适应作业环境的变化,装备配置小转弯半径轮式车辆底盘,以及适合陡坡地人工林作业,同时利用分布式多传感器系统及其信息融合技术,辅助驾驶员实现半自主导航。该装备可以利用自身的测距装置,如超声波和远红外传感器等,测量其与预先设定的目标之间的距离,利用 CCD 传感器获取周边环境及边界信息,同时结合地理信息系统和全球定位系统,通过信息融合技术对多个传感器反馈信息进行综合决策,形成对环境某一方面特征的综合描述,推算出自身的位姿,完成行走机构的半自主导航。

2. 目标的识别与定位

由于人工林作业环境的特殊性和复杂性,对于机械臂的视觉系统而言,不但要探测目标的存在,还要计算目标的空间坐标。获取对象三维坐标的方法有两种:一种是多目立体视觉,融合多个摄像机观察到的目标特征,重构这些特征的三维原像,并计算出目标的空间坐标;另一种是结构光法,选择激光、微波或超声波等光源,采用光栅法、移动投光法获取距离图像和反射图像,经联合分析测出物体的形状和空间分布。利用多传感器融合技术,将二者结合起来,由视觉系统获取原始平面图像,计算其形心坐标,再利用结构光法测量目标的深度信息,就能够实现更精确的路径规划和自主避障。

3. 执行机构的柔顺控制

根据不同作业对象的物理特性,应采取不同的抓持专用机构。这些机构主要包括判断模块、状态识别模块、控制模块和反馈控制模块。在判断模块和状态识别模块中,目标定位主要依据分布式视觉传感器和接近觉传感器的信息融合;抓取状态的判断是通过将分布式触觉传感器、关节力矩传感器和关节角度传感器的输出融合起来,得到腕部力矩的变化量、抓取力的变化量、滑动量和抓取位置的变化量,进而实现对目标的稳定抓取。

4. 故障检测

作业装备中的开发和应用有许多液压控制子系统,如液压抓、液压阀木头等,因此其故障诊断技术也变得举足轻重。由于液压设备运行工况复杂,同时受外界环境的干扰,以及传感器老化等因素的影响,因此传统的基于单参数的故障诊断得到的结论已不能准确确定设备是否有故障。利用多传感器信息融合技术,从各个不同的角度获得有关系统运行状态的特征参量,如压力、振动、污染度等,并将这些信息进行有效的集成和融合,能够准确地完成液压设备的故障分类与识别。

13.4.2　多传感器信息融合技术在军事上的应用

多传感器数据融合在军事中得到了广泛的应用,如美国的 ROME 实验室设计了一个大型的先进传感器实验装置系统 C^3I,用于研究战况估计,如图 13.15 所示。C^3I 作为指挥自动化技术系统,用计算机将指挥、控制、通信和情报各系统密切联系在一起的综合系统,采用二阶数据融合算法,可以完成景象产生、传感器仿真、C^3I 仿真、数据融合评估和控制等。

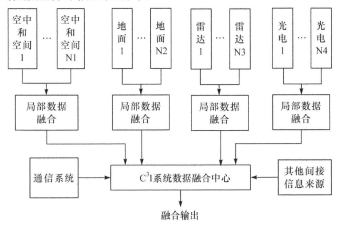

图 13.15　军事指挥系统数据融合结构模型

C^3I 的功能模型如图 13.16 所示,主要包括如下功能。

① 预处理器,对同类传感器的数据进行融合。

② 时间和空间配准,为多传感器提供统一参照。

③ 信息融合处理器,将测量参数进行合并,提高目标的分类及态势估计的准确性。

④ 态势数据库,存储实时或历史的态势数据。

⑤ 控制计算机,对目标分类、进行态势估计,并对信息源的使用进行协调。

⑥ 显示与控制,显示融合与评估的结果。

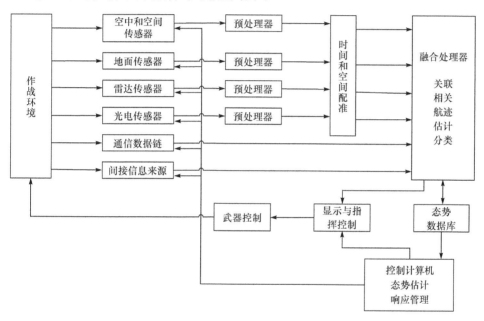

图 13.16　军事作战系统功能模型

13.4.3　多传感器信息融合技术在无人驾驶汽车上的应用

如图 13.17 所示为汽车无人驾驶综合控制系统,通过惯性传感器、数字地图和差分全球定位系统,确定汽车行驶的地理位置和方向。通过立体图像传感器辨识、跟踪汽车行驶路面边缘,以及路面的几何形状。通过激光探测器和雷达,完成汽车行驶过程中路况和前方障碍物等信息的检测。将各个传感器输出信号通过卡尔曼滤波进行数据融合,识别汽车行驶路面情况,通过控制机构实现汽车无人驾驶。

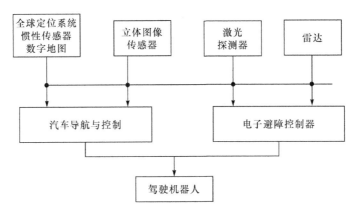

图 13.17 汽车无人驾驶综合控制系统

习 题

13.1 什么是传感器的数据融合技术?

13.2 简述数据融合的一般过程?

13.3 传感器的数据融合技术结构分为哪几种?

13.4 简述传感器的数据融合技术的级别?

第 14 章　传感器网络技术

14.1　概　　述

14.1.1　背景

近年来,随着传感技术、集成电路、微机电系统,以及无线通信技术的飞速发展与日益成熟,低成本、低功耗、多功能的传感器大量生产成为可能,并逐渐向微型化、网络化、集成化和智能化方向快速发展。与有线传感器网络相比,无线传感器网络(wireless sensor networks,WSN)由大量低成本、低功耗的微型传感器节点通过自组织方式连接而成,能够实时感知、监测和采集覆盖区域内的各种环境信息并进行处理,报告给感兴趣的用户。

一般长期监测的传感器通常运行在人无法接近的恶劣,甚至危险的远程环境中,不可能给传感器充电或更换电池,要求不会由某些节点在恶意攻击中的损坏而导致整个系统的崩溃。与传统的无线网络(如 WLAN 及蜂窝移动电话网络)有不同的设计目标。无线传感网主要特征如下。

①　节点数量大、密度高。

②　节点资源受限,特别是能量非常有限。传感器节点体积微小,通常携带能量十分有限的电池。

③　通信能力有限。传感器节点的无线通信带宽有限,通常仅有几百 Kbit/s 的速率。

④　分布式与自组织。没有预先指定的中心,所有节点通过分布式算法相互协调;网络的部署和初始化等不需要外界干预。

⑤　拓扑动态变化。由于能量限制和环境因素,无线传感器网络节点易损坏出故障,无线传感器网络的拓扑结构频繁变化。

⑥　以数据为中心的网络,节点具有数据处理的能力。

⑦　与应用紧密耦合的网络。

无线传感器网络的研究源于 20 世纪 90 年代,是一种综合传感器技术、嵌入式计算技术、分布式信息技术、数据库技术等多种技术的新兴网络。无线传感器网络系统研究有着巨大的科学意义和应用前景,已经成为当今前沿性的热点研究方向之一,必将成为对 21 世纪产生巨大影响力的高新技术之一。

14.1.2 传感器网络的应用领域

微机电系统支持下的微小传感器技术和节点间的无线通信能力为传感器网络赋予了广阔的应用前景,主要表现在军事、环境、健康、家庭和其他商业领域。当然,在空间探索和灾难拯救等特殊的领域,传感器网络也有其得天独厚的技术优势。

1. 军事应用

传感器网络非常适合应用于恶劣的战场环境中,包括监控我军兵力、装备和物资,监视冲突区,侦察敌方地形和布防,定位攻击目标,评估损失,侦察和探测核、生物和化学攻击。

在战场,指挥员往往需要及时准确地了解部队、武器装备和军用物资供给的情况,铺设的传感器将采集相应的信息,并通过汇聚节点将数据送至指挥所,再转发到指挥部,最后融合来自各战场的数据形成完备的战区态势图。

另外,对冲突区和军事要地的监视也是至关重要的,通过铺设传感器网络,以更隐蔽的方式近距离地观察敌方的布防。当然,也可以直接将传感器节点撒向敌方阵地,在敌方还未来得及反应时迅速收集利于作战的信息。传感器网络也可以为火控和制导系统提供准确的目标定位信息。

在生物和化学战中,利用传感器网络及时、准确地探测爆炸中心将为军队提供宝贵的反应时间,从而最大限度地减小伤亡。传感器网络也可避免核反应部队直接暴露在核辐射的环境中。

在军事应用中,与独立的卫星和地面雷达系统相比,传感器网络的潜在优势表现在以下几个方面。

① 分布节点中多角度和多方位信息的综合有效地提高了信噪比,这一直是卫星和雷达这类独立系统难以克服的技术问题之一。

② 传感器网络低成本、高冗余的设计原则为整个系统提供了较强的容错能力。

③ 传感器节点与探测目标的近距离接触大大消除了环境噪声对系统性能的影响。

④ 节点中多种传感器的混合应用有利于提高探测的性能指标。

⑤ 多节点联合,形成覆盖面积较大的实时探测区域。

⑥ 借助个别具有移动能力的节点对网络拓扑结构的调整能力,可以有效地消除探测区域内的阴影和盲点。

2. 环境科学

随着人们对环境的日益关注,环境科学涉及的范围越来越广泛。通过传统方式采集原始数据是一件困难的工作。传感器网络为野外随机性的研究数据获取提供了方便,如跟踪候鸟和昆虫的迁移,研究环境变化对农作物的影响,监测海洋、大气和土壤的成分等。环境预警系统中就有数种传感器来监测降雨量、河水水位和土壤水分,并依此预测爆发山洪的可能性。类似地,传感器网络对森林火灾准确、及时地预报也是有帮助的。此外,传感器网络也可以应用在精细农业中,监测农作物中的害虫、土壤的酸碱度和施肥状况等。

3. 医疗健康

如果在住院病人身上安装特殊用途的传感器节点,如心率和血压监测设备,利用传感器网络,医生就可以随时了解被监护病人的病情,进行及时处理。还可以利用传感器网络长时间地收集人的生理数据,这些数据在研制新药品的过程中是非常有用的,而安装在被监测对象身上的微型传感器也不会给其正常生活带来太多的不便。此外,在药物管理等诸多方面,它也有新颖而独特的应用。总之,传感器网络为未来的远程医疗提供了更加方便、快捷的技术实现手段。

4. 空间探索

探索外部星球一直是人类梦寐以求的理想,借助航天器布撒的传感器网络节点实现对星球表面长时间的监测,应该是一种经济可行的方案。美国国家航空航天局的 JPL(Jet Propulsion Laboratory)实验室研制的 Sensor Webs 就是为将来的火星探测进行技术准备的,已在佛罗里达宇航中心周围的环境监测项目中进行测试和完善。

5. 其他商业应用

自组织、微型化和对外部世界的感知能力是传感器网络的三大特点,这些特点决定了传感器网络在商业领域应该也会有不少的机会。例如,嵌入家具和家电中的传感器与执行机构组成的无线网络与 Internet 连接在一起将会为我们提供更加舒适、方便和具有人性化的智能家居环境;传感器网络也可以应用到城市车辆监测和跟踪系统中,以减小城市交通拥堵;德国某研究机构正在利用传感器网络技术为足球裁判研制一套辅助系统,以减小足球比赛中越位和进球的误判率。此外,在灾难拯救、仓库管理、交互式博物馆、交互式玩具、工厂自动化生产线等众多领域,无线传感器网络都将会孕育出全新的设计和应用模式。

14.2　无线传感器网络系统

14.2.1　网络体系结构

　　无线传感器网络结构如图 14.1 所示,传感网系统通常包括传感器节点(sensor node)、汇聚节点(sink node)和管理中心节点。大量传感器节点随机部署在监测区域内部或附近,能够通过自组织方式构成网络。传感器节点监测的数据沿着其他传感器节点逐跳地进行传输,在传输过程中监测数据可能被多个节点处理,经过多跳后路由到汇聚节点,最后通过互联网、卫星或移动通信网络等到达远程管理中心节点。用户通过中心节点对传感器网络进行配置和管理,发布监测任务,以及收集监测数据。如可以通过卫星链路作汇聚链路,借助游弋在监测区上空的无人飞机回收汇聚节点上的数据。

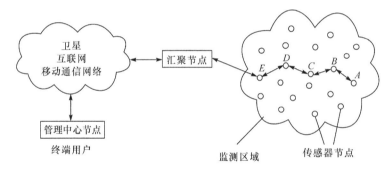

图 14.1　传感器网络的体系结构

　　1. 传感器节点

　　传感器节点通常是一个微型的嵌入式系统,其处理能力、存储能力和通信能力相对较弱。每个传感器节点兼顾传统网络节点的终端和路由器双重功能,除了进行本地信息采集和数据处理外,还要对其他节点转发来的数据进行存储、管理和融合等处理,同时与其他节点协作完成一些特定任务。

　　2. 汇聚节点

　　与普通节点相比,汇聚节点的处理能力、存储能力和通信能力相对更强,它同时连接着传感网与外部网络(如卫星网),实现两种协议栈协议之间的转换,同时发布管理中心节点的监测任务,并将收集到的数据转发到外部网络上。

　　汇聚节点既可以是一个具有增强功能的传感器节点,有足够的能量提供给更

多的内存与计算资源,也可以是没有监测功能仅带有无线通信接口的特定网关
设备。

3. 管理中心节点

管理中心节点在收到传感器网络发送的数据后,对数据进行校验、解析和存
储。管理中心节点还可以提供可视化视图,如实时曲线图、网络拓扑结构图等。用
户通过中心节点,可以远程监控无线传感器网络的运行状况,并对传感器网络进行
配置、管理及发布监测任务。

14.2.2　传感器节点组成

在不同应用中,传感器网络节点的组成也不尽相同,但一般都由传感器模块、
处理器模块、无线通信模块和能量供应模块组成。图 14.2 描述了节点的组成,其
中实心箭头的方向表示数据在节点中的流动方向。

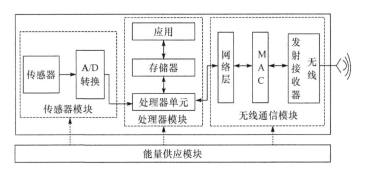

图 14.2　传感器节点体系结构

1. 传感器模块

传感器模块包括传感模块和信号转换模块,负责采集感知监控对象的信息,被
监测物理信号的形式决定了传感器的类型。信号转换模块由 A/D 转换芯片及附
加的外围电路构成。例如,温度传感模块由 LM35 温度传感头、调理电路组成。
LM35 将周围环境的温度信号转换为电信号,经过调理电路的放大、滤波等预处
理,输出 0～5V 电压信号。8 位的信号转换模块其量化级数为 256 级,采取逐次逼
近的方法进行量化。量化的基准电压为 2.5V。

2. 处理器模块

处理器模块由处理器、存储模块和应用模块组成。负责控制整个传感器节点
的设备控制、任务分配与调度、数据整合与传输等。处理器通常选用嵌入式 CPU,

如摩托罗拉的 68HC16、ARM 公司的 ARM7 和英特尔的 8086 等。

3. 无线通信模块

无线通信模块完成节点间的交互通信工作，能够进行全双工通信，如采用
IEEE 802.15.4 标准。它与 CPU 连接并进行数据交换。把从中心节点传送来的
命令信号，转发给处理器模块，并将传感器采集的物理信号转发往管理中心节点。

4. 能量供应模块

能量供应模块负责供给节点工作所消耗的能量，一般为小体积的电池。

有些传感器节点还装配有能源再生装置、移动或执行机构、定位系统及复杂信
号处理（包括声音、图像、数据处理及数据融合）等扩展设备以获得更完善的功能。

14.2.3　无线传感器网络层次

根据无线传感器网络自身的特点，无线传感器网络的体系结构如图 14.3 所
示，包括物理层（PHY）、数据链路层、网络层、传输层和应用层，与互联网协议栈的
五层协议相对应。

此外，协议栈还包括能量管理平台、移动管理平台和任务管理平台。这些管理
平台使得传感器节点能够按照能源高效的方式协同工作，在节点移动的传感器网
络中转发数据，并支持多任务和资源共享。

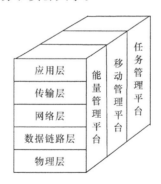

图 14.3　无线传感器网络的分层结构

1. 物理层

物理层负责数据的调制解调、发送与接收。该层的设计将直接影响到电路的
复杂度和能耗。

2. 数据链路层

数据链路层负责数据成帧、帧检测、媒体访问和差错控制。数据链路层的主要协议是媒体访问控制层协议。

3. 网络层

网络层主要负责路由生成与路由选择。无线传感器网络的路由模型与传统网络相比有很大不同，具体体现在以下两个方面。

（1）以数据为中心

传统的路由协议通常以地址作为节点标识和路由的依据，在无线传感器网络中，大量节点随机部署，所关注的是监测区域的感知数据，而不是具体哪个节点获取的信息，每个节点不需要全局唯一的标识或地址。举例来说，在某个监测温度的无线传感器网络应用中，用户并不关心第 27 号传感器的温度，而是需要某区域内多个传感器采集的综合数据，如"给出当前温度超过 300 摄氏度的区域位置"。

（2）面向特定应用

不同的传感器网络监测的对象和获取的信息不同及应用背景的差异，对网络路由协议有着不同的要求，需要针对每个特定的应用而设计不同的路由协议。目前，传感器网络协议路由表的维护方式分成路由表驱动（table driven）和基于需求（on demand）的路由算法。

4. 传输层

传输层负责控制数据流的传输，是保障通信质量的重要部分。TCP 协议是 Internet 上通用的传输层协议，但无线传感器网络的节点资源受限、高错误率、拓扑结构动态变化的特点将严重影响 TCP 协议的性能。不像 TCP 协议，在传感器网络中终端对终端的通信方式不是基于全局映射。这些方法必须考虑基于属性的命名被用来指定数据报的目标。能量消耗及规模性的因素和以数据为中心的路由特性要求传感器网络需要不同的传输层处理方式。

5. 应用层

应用层负责规范节点的特定任务，并为用户提供一个友好的管理界面。

6. 能量管理平台

管理整个节点的各个模块的能量使用，尽量地节约能量消耗。

7. 移动管理平台

控制节点的移动,并记录相关信息,维护节点到汇聚节点的路由,使节点能够动态跟踪其邻居节点的位置。

8. 任务管理平台

在给定的区域内(指定的一群节点)分配、调度、平衡任务。

14.2.4　IEEE 802.15.4 介绍

IEEE 802.15.4 是 IEEE 针对低速率无线个人区域网(low-rate wireless personal area networks,LR-WPAN)制定的无线通信标准。该标准把低能量消耗、低速率传输、低成本作为重点目标,旨在为个人或者家庭内不同设备之间低速率无线互连提供统一标准。该标准定义的 LR-WPAN 网络的特征与无线传感器网络有很多相似之处,很多研究机构把它作为无线传感器网路的通信标准。目前,IEEE 802.15.4-2003 已经被 ZigBee 联盟采用,成为整个 ZigBee 无线解决方案的一部分。

IEEE 802.15.4 标准包括物理层(PHY)规范和媒体访问控制层(MAC)规范两个部分。

1. 物理层

物理层主要任务是在物理媒介上透明的传输比特流。IEEE 802.15.4 的物理层定义了无线传感网络的物理信道、调制方式、扩频方式等。它在 3 个频段上共定义了 27 个物理信道。如图 14.4 所示,在频带 868MHz,915MHz 和 2.45GHz 上的数据率分别为 20Kbit/s、40Kbit/s 和 250Kbit/s。868/915MHz 上 11 个信道均采用 BPSK 调制,而 2.45GHz 上的 16 个信道采用 O-QPSK 调制。

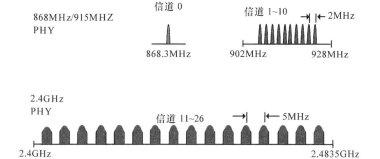

图 14.4　IEEE802.15.4 物理层信道

根据标准的定义,物理层可以实现如下功能。

① 激活/关闭射频收发单元。

② 信道能量检测。测量目标信道中接收信号的功率强度,检测本身不进行解码操作,检测结果是有效信号功率和噪声信号功率之和,为网络层提供信道选择依据。

③ 链路质量指示。为上层提供接收数据帧的无线信号的强度和质量信息,与信道能量检测不同,它要对信号进行解码,生成一个信噪比指标。这个信噪比指标和物理层数据单元一起提交给上层进行处理。

④ 接收/发送数据。

⑤ 空闲信道评估。评估判断信道是否空闲。IEEE 802.15.4 定义了三种空闲信道评估模式:第一种简单判断信道的信号能量,当信号能量低于某一门限值就认为信道空闲;第二种是通过判断无线信号的特征,主要包括扩频信号特征和载波频率;第三种模式是前两种模式的综合,同时检测信号强度和信号特征,给出信道空闲判断。

2. 媒体访问控制层

媒体访问控制层(MAC)主要的职责是规范信道访问的方式,通过一定的共享机制使网络中的节点能有序平等的访问物理信道。

IEEE 802.15.4 协议规定了两种设备:网络协调器和节点设备。网络协调器是整个网络的中心,它的功能除了直接参与应用以外,还包括网络的建立、维护和管理,以及分组转发等。节点设备只用于简单的控制应用,传输的数据量较少,对传输资源和通信资源占用不多,可以采用非常廉价的实现方案。

在 IEEE 802.15.4 选用以超帧为周期组织网络内设备间的通信。具体的帧结构如图 14.5 所示,每个超帧都以网络协调器发出信标帧(beacon)开始,信标帧中包含超帧将持续的时间以及超帧时间的分配等信息。网络中普通节点设备接收到超帧开始时的信标帧后,就可以根据指示的内容安排自己的任务。

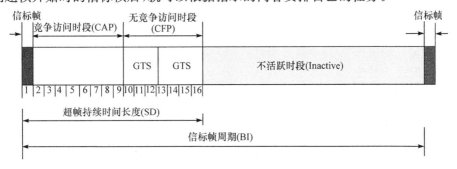

图 14.5　MAC 帧结构

超帧将通信时间划分为活跃和不活跃两个部分。在不活跃期间,网络中的设备不会相互通信,进入休眠状态以节省能量。

超帧的活跃部分被划分为 16 个等长的时槽,每个时槽的长度、竞争访问时段包含的时槽数等参数,都由协调器设定,并通过超帧开始时发出的信标帧广播到整个网络。这 16 个时槽又划分为信标帧发送时段、竞争访问时段(contention access period,CAP)和非竞争访问时段(contention-free period,CFP)。

(1) 竞争访问时段

节点设备采用带冲突避免的载波侦听多路访问机制(carrier sense multiple access with collision avoidance,CSMA-CA)进行数据传输。在 CSMA-CA 机制下,每当设备需要发送数据帧或命令帧时,首先定位下一个时槽的边界,然后等待随机数目个时槽。等待完毕后,设备开始检测信道状态:如果信道忙,设备需要重新等待随机数目个时槽,再检查信道状态,重复这个过程直到有空闲信道出现才进行数据发送。目的节点收到数据,紧跟着发送确认帧(ACK)给源节点设备。CSMA-CA 具有较小的数据延迟,适用于数据传输频率较低但实时性要求高的应用场合。

(2) 非竞争时段

非竞争时段划分成若干个保障时槽(guaranteed time slot,GTS)。每个 GTS 由若干个时槽组成,指定分配给某个特定节点设备。该设备可以在这个指定的 GTS 中发送/接收信息。GTS 机制适用于需要频繁传输数据,但实时性要求较低的场合。

除了信道访问方式,MAC 还提供 MAC 帧的封装和解封装、MAC 帧之间的同步、节点之间的关联的建立、无线通信信道的安全等服务。具体实现如下功能。

① 实现 20Kbit/s、40Kbit/s、100Kbit/s 和 250Kbit/s 四种不同的传输速率。

② 支持星型和点到点两种拓扑结构。

③ 在网络中采取 16 位地址和 64 位地址两种地址方式。其中 16 位地址是由协调器分配的,64 位地址是全球唯一的扩展地址。

④ 支持确认(ACK)机制以保证可靠传输。

⑤ 低功耗机制。

⑥ 信道能量检测(energy detection,ED)。

⑦ 链路质量指示(link quality indication,LQI)。

⑧ 数据安全策略。

14.2.5 ZigBee 技术简介

ZigBee 是一组基于 IEEE 802.15.4 无线标准研制开发的,有关组网、安全和应用软件方面的技术。IEEE 802.15.4 仅处理 MAC 层和物理层协议,ZigBee 采取 IEEE 802.15.4 强有力的无线物理层所规定的全部优点,定义了网络层、安全层、应用层,以及各种应用产品的资料。

1. ZigBee 技术优势

随着通信距离的增大,设备的复杂度、功耗,以及系统成本都在增加。相对于现有的各种无线通信技术,ZigBee 技术优势如下。

① 数据传输速率低。10～250Kbit/s,专注于低传输应用。

② 功耗低。在低功耗待机模式下,两节普通 5 号电池可使用 6～24 个月。

③ 成本低。ZigBee 节点数据传输速率低,协议简单,所以大大降低了成本。

④ 网络容量大。网络可容纳 65 000 个设备。

⑤ 时延短。典型搜索设备时延为 30ms,休眠激活时延为 15ms,活动设备信道接入时延为 15ms。

⑥ 网络的自组织、自愈能力强,通信可靠。

⑦ 数据安全。ZigBee 提供了数据完整性检查和鉴权功能,采用 AES-128 加密算法(美国新加密算法,是目前最好的文本加密算法之一),各个应用可灵活确定其安全属性。

⑧ 工作频段灵活。使用频段为 2.4GHz、868MHz(欧洲)和 915MHz(美国),均为免执照(免费)频段。

如表 14.1 所示是 ZigBee 和其他无线网络的性能比较。

表 14.1　ZigBee 和其他无线网络的性能比较

市场名/标准	GPRS/GSM 1xRTT /CDMA	Wi-Fi™ 802.11b	Bluetooth™ 802.15.1	ZigBee™ 802.15.4
应用重点	广阔范围声音 & 数据	Web,Email,图像	电缆替代品	监测 & 控制
系统资源	16Mbit+	1Mbit+	250Kbit+	4Kbit～32Kbit
电池寿命/天	1～7	0.5～5	1～7	100～1000+
网络大小	1	32	7	255/65 000
带宽/(Kbit/s)	64～128+	11 000+	720	20～250
传输距离/m	1000+	1～100	1～10+	1～100+
性能优势	覆盖面大,质量好	速度,灵活性	价格便宜,方便	可靠,低功耗,价格便宜

2. ZigBee 网络节点

网络节点按照功能不同可以分为全功能设备(full functional device,FFD)和精简功能设备(reduced function device,RFD)。

（1）全功能设备

全功能设备附带由标准指定的全部 802.15.4 功能和所有特征。让其他的 FFD 或是 RFD 连接，可提供信息双向传输。具体功能如下。

① 担任网络协调器。

② 更多的存储器、计算能力可使其在空闲时起网络路由器作用。

③ 也能用作终端设备。

（2）精简功能设备

精简功能设备只能传送信息给 FFD 或从 FFD 接收信息。具体性能包括。

① 附带有限的功能来控制成本和复杂性。

② 在网络中通常用作终端设备。

③ RFD 省掉了内存和其他电路，配置简单的 8 位处理器和小协议栈，降低了 ZigBee 部件的成本。

3. ZigBee 网络拓扑结构

ZigBee 网络根据应用的需要可以组织成星形网络，也可以组织成点对点网络，如图 14.6 所示。

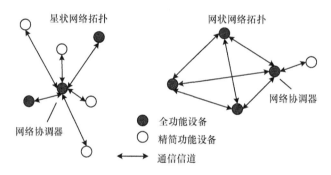

图 14.6　星形网络和点对点网络

（1）星形网络结构

星形网络以网络协调器为中心，所有设备只能与网络协调器进行通信，星形网络中的两个设备如果需要互相通信，都是先把各自的数据包发送给网络协调器，然后由网络协调器转发给对方。网络协调器一般使用持续电力系统供电，而其他的设备采用电池供电。星形网络适合家庭自动化、个人计算机的外设以及个人健康护理等小范围的室内应用。

（2）点对点网络

与星形网络不同，点对点网络只要彼此都在对方的无线辐射范围之内，任何两个设备之间都可以直接通信。点对点网络中也需要网络协调器，负责实现管理链路状态信息、认证设备身份等功能。点对点网络允许通过多跳路由的方式在网络中传输数据,可以构造更复杂的网络结构,适合于设备分布范围广的应用,如工业检测与控制、货物库存跟踪和智能农业等方面有非常好的应用前景。

4. ZigBee 应用场合

由于 ZigBee 技术的低数据速率和通信范围较小的特点,决定了 ZigBee 技术适合于承载数据流量较小的业务。其具体应用场合如下。

① 带负载管理功能的自动抄表(AMR)系统。
② 智能交通、油气生产遥测遥控通信系统。
③ 监控照明、暖通空调(HVAC)和写字楼安全。
④ 农田耕作、环境监测、水利水文监测无线通信。
⑤ 工业制造、过程控制遥测遥控。
⑥ 对患病、设备及设施进行医疗和健康监控。
⑦ 家庭监控、安防报警系统运用。
⑧ 有源 RFID 应用,用于产品运输、产品跟踪、存储较大物品和财产管理。
⑨ 军事应用,包括战场监视和机器人控制。
⑩ 汽车应用,配合传感器网络报告汽车所有系统的状态。

习　题

14.1　传感器节点的组成分为哪几部分?
14.2　传感器网络的特点有哪些?
14.3　ZigBee 技术的优势有哪些?
14.4　简单描述无线传感器网络结构?

参 考 文 献

曹建国,周建辉,缪存孝,等,2017.电子皮肤触觉传感器研究进展与发展趋势[J].哈尔滨工业大学学报,49(1):1-13.

陈超,2006.数据融合中目标跟踪与识别技术研究[D].哈尔滨:哈尔滨工业大学硕士学位论文.

陈建元,2008.传感器技术[M].北京:机械工业出版社.

陈圣林,王东霞,2009.图解传感器技术及应用电路[M].北京:中国电力出版社.

陈文涛,2013.传感器技术及应用[M].北京:机械工业出版社.

陈显平,张平,杨道国,2015.传感器技术[M].北京:北京航空航天大学出版社.

崔志刚,李小京,2005.基于HART协议的微差压智能变送器[J].仪表技术与传感器,(11):22-23.

党安明,张钦军,2011.传感器与检测技术[M].北京:北京大学出版社.

邓海龙,2008.传感器与检测技术[M].北京:中国纺织出版社.

邓雷,2014.远程多点油库温度检测系统研究[D].长春:长春理工大学硕士学位论文.

丁洪林,2010.核辐射探测器[M].哈尔滨:哈尔滨工程大学出版社.

樊尚春,2016.传感器技术及应用[M].北京:北京航空航天大学出版社.

范茂军,2012.物联网与传感器技术[M].北京:机械工业出版社.

付华,2017.传感器技术及应用[M].北京:电子工业出版社.

付家才,沈显庆,孙毅男,2008.传感器与检测技术原理及实践[M].北京:中国电力出版社.

付晓军,舒金意,2016.传感器与自动检测技术[M].武汉:华中科技大学出版社.

高晓蓉,李金龙,彭朝勇,2013.传感器技术[M].第2版.成都:西南交通大学出版社.

郭艳艳,康桂霞,张平,等,2009.网络生命周期最大化的虚拟MIMO协作中继节点选择[J].北京邮电大学学报,32(5):137-140.

郭艳艳,康桂霞,张平,等,2010.基于认知无线电系统的协作中继分布式功率分配算法[J].电子与信息学报,32(10):2463-2467.

海涛,李啸聪,韦善革,等,2016.传感器与检测技术[M].重庆:重庆大学出版社.

韩莉,陶菡,张义明,等,2012.酶传感器的应用[J].传感器世界,(4):9-12.

韩梅梅,董国君,孙哲,等,2004.生物传感器在环境监测中的应用[J].环境污染治理技术与设备,5(8):83-87.

韩裕生,乔志花,张金,2013.传感器技术及应用[M].北京:电子工业出版社.

何道清,张禾,谌海云,2018.传感器与传感器技术[M].第3版.北京:科学出版社.

何希才,薛永毅,姜余祥,2005.传感器技术及应用[M].北京:北京航空航天大学出版社.

何新洲,何琼,2009.传感器与检测技术[M].武汉:武汉大学出版社.

何友,王国宏,陆大绘,等,2000.多传感器信息融合及应用[M].北京:电子工业出版社.

胡向东,刘亲诚,余成波,2013.传感器与检测技术[M].第2版.北京:机械工业出版社.

胡杨,2013.多雷达传感器优化控制方法研究[D].沈阳:沈阳理工大学硕士学位论文.

黄玉兰,2014.物联网传感器技术与应用[M].北京:人民邮电出版社.

贾伯年,2011.传感器技术[M].南京:东南大学出版社.

贾海瀛,2011.传感器技术与应用[M].北京:清华大学出版社.

贾石峰,2009.传感器原理与传感器技术[M].北京:机械工业出版社.

蒋全胜,林其斌,2013.传感器与检测技术[M].北京:中国科学技术大学出版社.

金发庆,2017.传感器技术及其工程应用[M].北京:机械工业出版社.

康高强,2015.基于结构光视觉的钢轨轮廓高速测量系统研究[D].成都:西南交通大学博士学位论文.

康耀红,1997.数据融合理论与应用[M].西安:西安电子科技大学出版社.

雷星宇,2014.基于多传感器的曲轴测量系统研究[D].济南:山东理工大学硕士学位论文.

李川,李英娜,赵振刚,等,2016.传感器技术与系统[M].北京:科学出版社.

李国厚,2011.导电结构涡流/超声检测与评估技术的研究[D].杭州:浙江大学博士学位论文.

李海波,2012.风力机桨叶机械动力学特性实验研究[D].长沙:长沙理工大学硕士学位论文.

李金辉,2010.大马力拖拉机电液提升系统设计研究[D].杭州:浙江工业大学硕士学位论文.

林若波,陈耿新,陈炳文,等,2016.传感器技术与应用[M].北京:清华大学出版社.

刘传玺,王以忠,2012.自动检测技术[M].第2版.北京:机械工业出版.

刘光定,2016.传感器与检测技术[M].重庆:重庆大学出版社.

刘继承,2013.基于神经网络的数控机床诊断技术现状及展望[J].机电信息,(3):96-97.

刘婕,2013.传感器技术[M].北京:化学工业出版社.

刘少强,2014.现代传感器技术[M].北京:电子工业出版社.

刘少强,黄惟一,王爱民,等,2002.机器人触觉传感器技术研发的历史现状与趋势[J].机器人,24(4):362-366,374.

刘水平,杨寿智,2009.传感器与检测技术应用[M].北京:人民邮电出版社.

刘同明,夏祖勋,解洪成,1998.数据融合技术及其应用[M].北京:国防工业出版社.

芦锦波,2014.传感器技术应用[M].北京:机械工业出版社.

陆明,郭淳芳,2015.传感器及应用[M].北京:电子工业出版社.

吕勇军,2012.传感器技术实用教程[M].北京:机械工业出版社.

马莉,崔建升,王晓辉,等,2004.微生物传感器研究进展[J].河北工业科技,21(6):50-52.

马林联,2013.传感器技术及应用教程[M].北京:中国电力出版社.

聂辉海,2012.传感器技术及应用[M].北京:电子工业出版社.

牛彩雯,2016.传感器与检测技术[M].北京:机械工业出版社.

钱军民,奚西峰,黄海燕,等,2002.我国酶传感器研究新进展[J].石化技术与应用,20(5):333-337.

钱裕禄,2013.传感器技术及其应用电路项目化教程[M].北京:北京大学出版社.

乔向东,2003.信息融合系统中目标跟踪技术研究[D].西安:西安电子科技大学博士学位论文.

秦志强,谭立新,刘遥生,2010. 现代传感器技术及应用[M]. 北京:电子工业出版社.

任晓娜,刘莉琛,2016. 传感器技术及应用[M]. 成都:西南交通大学出版社.

沈燕卿,2013. 传感器技术[M]. 北京:中国电力出版社.

施文康,余晓芬,2015. 检测技术[M]. 第 4 版. 北京:机械工业出版社.

宋德杰,2014. 传感器技术与应用[M]. 北京:机械工业出版社.

宋光明,葛运建,等,2003. 智能传感器网络研究与发展[J]. 传感器技术学报,(2):107-112.

宋雪臣,单振清,郭永欣,2011. 传感器与检测技术[M]. 北京:人民邮电出版社.

孙全,2000. 多传感器信息融合与多目标跟踪系统的研究[D]. 杭州:浙江大学博士学位论文.

童敏明,唐守锋,董海波,2012. 传感器原理与应用技术[M]. 北京:清华大学出版社.

汪国胜,2011. 线状无线传感网节点布置策略与路由算法研究[D]. 合肥:合肥工业大学硕士学位论文.

王保田,2015. 锂电负极材料石墨化过程实时测控系统设计[D]. 长沙:湖南大学硕士学位论文.

王光辉,2013. 基于时滞多传感器数据的信息融合滤波[D]. 哈尔滨:黑龙江大学硕士学位论文.

王化祥,2009. 自动检测技术[M]. 北京:化学工业出版社.

王建华,逄玉台,张玉峰,等,2006. MAX6225 型温度传感器的原理及应用[J]. 国外电子元器件,(4):34-37.

王珂等,江德臣,刘宝红,2005. 无标记型免疫传感的原理及其应用[J]. 分析化学评述与进展,(3):411-416.

王氢,1994. 组织传感器研究[J]. 化学传感器,14(2):155-157.

王秋鹏,王玲,2013. 传感器与检测技术[M]. 北京:北京邮电大学出版社.

王全,2011. 基于 M-Bus 总线的矿用智能传感器网络的研究[D]. 济南:山东科技大学硕士学位论文.

王晓鹏,2016. 传感器与检测技术[M]. 北京:北京理工大学出版社.

王亚峰,宋晓辉,2009. 新型传感器技术及应用[M]. 北京:中国计量出版社.

王友钊,黄静,戴燕云,2015. 现代传感器技术、网络及应用[M]. 北京:清华大学出版社.

王云汉,2014. 传感器技术应用[M]. 北京:电子工业出版社.

韦兴平,车畅,宋春华,2014. 超声波传感器应用综述[J]. 传感器技术学报,27(11):135-139.

魏学业,2013. 传感器技术与应用[M]. 武汉:华中科技大学出版社.

温ল立,汪世平,沈国励,2001. 免疫传感的发展概述[J]. 生物医学工程学杂志,18(4):642-646.

吴光杰,王海宝,2016. 传感器与检测技术[M]. 重庆:重庆大学出版社.

谢佳胤,李捍东,王平,等,2010. 微生物传感器的应用研究[J]. 农业基础科学,(6):11-13.

谢志萍,2013. 传感器与检测技术[M]. 第 3 版. 北京:电子工业出版社.

熊壮,2014. 基于多传感器融合技术的汽车预警系统的研究与设计[D]. 兰州:兰州交通大学硕士学位论文.

徐军,冯辉,2014. 传感器技术基础与应用实训[M]. 北京:电子工业出版社.

徐科军,2016. 传感器与检测技术[M]. 第 4 版. 北京:电子工业出版社.

徐群和,陈学磊,余威明,2013. 现代传感器技术[M]. 北京:科学出版社.

徐予生,1987. 光纤传感器技术手册[M]. 北京:电子工业出版社.

许改霞,吴一聪,李蓉,等,2002. 细胞传感器的研究进展[J]. 科学通报,47(15):1126-1132.

许吉祥,2015. 基于物联网的数据采集系统软件设计[D]. 成都:电子科技大学硕士学位论文.

许姗,2017. 传感器技术及应用[M]. 北京:清华大学出版社.

杨成,2013. 基于遗传支持向量机和模糊 PID 控制的传感器校正[D]. 兰州:兰州理工大学硕士学位论文.

杨帆,吴晗平,等,2010. 传感器技术及其应用[M]. 北京:化学工业出版社.

杨效春,张伟,2015. 传感器与检测技术[M]. 北京:清华大学出版社.

叶廷东,陈耿新,江显群,等,2016. 传感器与检测技术[M]. 北京:清华大学出版社.

永远,2013. 传感器原理与检测技术[M]. 北京:科学出版社.

于文潇,2016. 奶液电导率检测与奶量自动计量装置设计与实现[D]. 沈阳:东北农业大学硕士学位论文.

俞云强,2013. 传感器与检测技术[M]. 北京:高等教育出版社.

俞志根,2015. 传感器与检测技术[M]. 北京:科学出版社.

曾光宇,杨湖,李博,等,2006. 现代传感器技术与应用基础[M]. 北京:北京理工大学出版社.

张彪,胡慧,2012. 传感器技术及应用[M]. 北京:北京师范大学出版社.

张洪润,傅瑾新,吕泉,2007. 传感器技术大全[M]. 北京:北京航空航天大学出版社.

张俊,2015. 利用线阵 CCD 进行实时测量的研究[D]. 重庆:重庆大学硕士学位论文.

张文杰,2010. 基于信息融合技术的火焰检测算法研究[D]. 济南:山东轻工业学院硕士学位论文.

张文娜,叶湘滨,熊飞丽,等,2011. 传感器技术[M]. 北京:清华大学出版社.

张玉萍,肖忠党,2008. 细胞传感器的研究进展[J]. 传感器与微系统,27(6):5-8.

赵负图,1997. 国内外传感器手册[M]. 沈阳:辽宁科学技术出版社.

赵凯岐,吴红星,倪风雷,2012. 传感器技术及工程应用[M]. 北京:中国电力出版社.

赵巧娥,2005. 自动检测与传感器技术[M]. 北京:中国电力出版社.

赵涛,郝红,管晓玉,等,2009. 生物传感器研究及应用进展[J]. 化学研究与应用,21(11):1481-1485.

赵新宽,杨彦娟,2016. 传感器技术及实训[M]. 北京:机械工业出版社.

郑华耀,2010. 检测技术[M]. 第 2 版. 北京:机械工业出版社.

周军华,任坚,吴文生,等,2015. 基于自组网和物联网的医疗设备综合管理系统设计与实现[J]. 中国医学装备,12(1):41-45.

周润景,刘晓霞,韩丁,2014. 传感器与检测技术[M]. 北京:电子工业出版社.

周杏鹏,孙永荣,仇国富,2010. 传感器与检测技术[M]. 北京:清华大学出版社.

朱晓青,凌云,袁川来,2014. 传感器与检测技术[M]. 北京:清华大学出版社.

Blackman S S, 1986. Multiple-Target Tracking with Radar Application[M]. London: Artech House.

Guo Y Y, Kang G X, Yu C, et al, 2009. Emergency access mechanism in IEEE 802. 15. 4 for wireless body area sensor networks[J]. Journal of China Universities of Posts and Telecommunications,16(6):24-31.

Hall D L, 1992. Mathematical Techniques in Multisensor Data Fusion [M]. London: Artech House.

IEEE Standard for Local and Metropolitan Area Networks: Specifications for LowRate Wireless Personal Area Networks[S]. IEEE Std. 802. 15. 4,20.

Wilson J S,2009. 传感器技术手册[M]. 林龙信,邓彬,张鼎,等译. 北京:人民邮电出版社.

Guo Y Y,Kang G X,2010. Outage performance of cognitive-radio relay system based on the spectrum-sharing environment[C]//Global Telecommunications Conference.

Guo Y Y,Kang G X,Zhang N,et al. 2010. Outage performance of relay-assisted cognitive-radio system under spectrum-sharing constraints[J]. Electronics Letters,46(2):182-184.

Guo Y Y, Kang G X, Yu Y, et al. 2009. A relay selection cooperative MIMO communication scheme for network lifetime maximization[C]//Vehicular Technology Conference.